普通高等教育“十四五”规划教材

环境水力学

王国强　朱　宜　王运涛　薛宝林　［日］石川忠晴　编

中国环境出版集团·北京

图书在版编目 (CIP) 数据

环境水力学 / 王国强等编. -- 北京 : 中国环境出版集团, 2022.12
普通高等教育“十四五”规划教材
ISBN 978-7-5111-5409-5

Ⅰ. ①环… Ⅱ. ①王… Ⅲ. ①环境水力学—高等学校—教材 Ⅳ. ①X52

中国版本图书馆CIP数据核字(2022)第247030号

出 版 人 武德凯
责任编辑 曹 玮
装帧设计 光大印艺

出版发行 中国环境出版集团
（100062 北京市东城区广渠门内大街 16 号）
网 址：http://www.cesp.com.cn
电子邮箱：bjgl@cesp.com.cn
联系电话：010-67112765（编辑管理部）
010-67113412（第二分社）
发行热线：010-67125803，010-67113405（传真）
印 刷 玖龙（天津）印刷有限公司
经 销 各地新华书店
版 次 2022 年 12 月第 1 版
印 次 2022 年 12 月第 1 次印刷
开 本 787 × 1092 1/16
印 张 12.25
字 数 300千字
定 价 40.00 元

前　言

水力学是基于流体力学的基本原理来分析水流运动的科学，是土木工程和机械工程专业的主要科目之一。其主要适用于对河、川、湖、沼及海岸等自然水域现象的阐明，和对水坝、灌溉水渠、输油管等设施及流体机械等的设计工作。

土木工程和机械工程专业的学生在本科的时候需要数个学期学习水力学。因此为方便这些学生的学习，市面上出版了许多相关的教材。与此同时，随着人们越来越关心环境问题，水力学的适用范围也逐渐扩展到环境科学领域。对于自然界的动植物来说，水是不可或缺的自然资源。而且，各种各样的化学物质、能量、悬浮物、溶解性气体等都是通过流体来运输的，所以在研究环境动态方面，水力学的知识也是十分重要的。但由于环境科学专业的学生需要学习的科目涉及多个方面，只有少数大学将水力学设置为环境科学专业必修课。

因此，环境科学专业的学生会在研究生阶段，配合学习研究需要，在短时间内学习水力学的相关知识。但是对他们而言，以工程学专业的学生为对象的水力学教材往往十分难学。这是因为大多数的水力学教材都是以工程学专业必修的力学为基础来编写的，从时间上来说，环境科学专业的学生学习力学基础知识也是比较困难的。

为此，我们以并不一定具备力学知识的环境科学专业的学生为对象，尝试编写一本新形式教材，来讲授“环境水力学”课程。

◆ 本书的主要内容：

(1) 对水力学的初学者来说，在学习过程中一般会遇到一些障碍，其中“连续体假设”“变形和应力的线性假设”“基于欧拉法的偏微分方程”是比较困难的部分。这些概念对水力学的老师来说虽然是不言自明，但对学生来说却难以在脑海中勾勒其“图像”。因此，本书在第一部分中简单地分析讲解了日常生活中的“守恒定律的概念”和“连续体的概念”，并导出了通用的“输送方程”，通过这种方法也许可以降低上述三个概念的难度。此外，输送方程不仅适用于流体的运动，也适用于能量守恒定律，是环境学中最基本的方程。

（2）一般输送方程用于水力学时，会加入水流所特有的条件。其中有几个部分并没有进行详细讲解，随着阅读的深入，也许会有同学产生疑问，比如“为什么我们假定流体不可压缩时，其密度还是会发生变化?”“我可以理解伯努利方程中含有动能和势能，但为什么压力也是能量呢?”“为什么要假设水面上的水粒子一直在水面上呢?”等。编者在研究生时期也持有这些疑问。因此在第二部分中，承接第一部分，对这些点进行了说明。

（3）环境学中的水力学的适用对象是二维或三维的现象，但不熟悉偏微分方程的同学在初次学习的时候总是会感到混乱。因此在第三部分，编者便从三个角度应用了第一、第二部分所讲到的原理，来对一维明渠中的现象进行了解释说明，包括能量守恒、动量守恒和波动现象。虽然大多数的水力学教材中已经包含了这几部分，但本书使用了编者自己编写的例题，比较容易理解。此外，由于在环境学上并非必要，所以在工程学专业的教科书中详细讲解的管路流体在本书中就不再赘述。

（4）前面也已经提到，环境科学专业的学生的研究对象（不是指实验室中的）在野外都是二维或三维现象。而这些在工程学专业也被纳入扩展或研究的范围，只通过一个学期的讲解来学习是比较困难的。但如果完全不涉及的话，也许会有同学觉得“那我们为什么要学习水力学呢?”。因此，在第四部分，我们选取了水平二维及垂直二维的环境现象中最基本的一些内容，对其特征进行讲解。

◆ 本书的亮点特色：

水力学中包含大量的偏微分方程，但仅通过看的方式就能理解方程意思的同学几乎没有，连从事水力学课程研究数十年的编者也无法做到。因此本书为了减轻学习此门水力学的负担，进行了以下努力：

（1）较多使用图解和示意图。

（2）详细展示推导公式的过程。

（3）反复确认语句和符号的意思。

也许水力学专家会认为“只要能够把要点整理得更加清晰就可以”，但是环境科学专业的学生除了水力学以外还要学习其他各种科目（如化学反应工程、生物生态学、地理学等），他们可能并不想再耗费时间去自己展开方程，或者为确认一个符号来回翻页。“只通过阅读就能够马上理解”才是较为理想的状态。所以对他们来说，比起“（教师看来）要点整理清晰的教材”，应该更能接受“反复确认语句和符号意思的教材（因为已经理解的部分可以跳过）”。

（4）在每章之后总结有［补充说明］。

编者认为在学习过程中应该还有对细节部分持有疑问的学生，如果在正文中进行说明的话，那么对没有疑问的同学来说反而是画蛇添足，因此对学生可能会持有疑问的部分以及讲解稍微有些复杂的部分，在每章之后都以［补充说明］的形式加以说明，并在正文中注明。

（5）附录中说明的“本书中使用的公式要点及补充说明”。

本书中所使用的数学原理应该是大家在高中或者大学必修课中已经学过的东西，但是几乎没有研究生能够将这些知识全部记住。即使是编者，现在也经常参考本科时使用的数学教材和数学辞典（有时也使用网络查询）。因此，为节省同学们的时间，编者特将相关的数学原理以及公式的推导过程整理总结在附录中，并在正文中注明。

◆ 本书的适用范围：

本书是为学习“环境水力学”课程的学生而编写的，以便他们进行预习和复习，并将45分钟×32讲的课程内容定为2个学分。设有同样课程的大学也可以使用本教材。此外，正如前面提到的，本书是针对初学者而编写的，所以对想要自学水力学的同学来说也是很有帮助的。另外，由于本书的内容和现有的水力学教材内容不同，本书也可以作为一般水力学课程的辅助教材，或者作为已经学习了水力学的同学从不同角度理解的参考书来使用。

目　　录

第一部分　守恒定律及其数学表达式

第二部分　水力学基础

第三部分 一维明渠流

第四部分 环境水力学基础

附录　本书中使用的公式要点及补充说明

第一部分 守恒定律及其数学表达式

第1章 守 恒 定 律

1.1 “守恒”的概念

在很久之前，人类就有“守恒”的概念。原始人采摘果实储藏起来，将它们作为冬天的食物。这是因为他们知道，他们所采摘的果实的数量是守恒的。而我们现代人，也从小时候就有一种直觉性的“守恒”概念。比如，有的小孩子会马上吃掉父母给的零食，但也有小孩子会将零食放到抽屉里，之后再慢慢地吃。正是通过将这种“守恒”的概念与数学知识结合到一起，现代科学在16世纪以后开始飞速发展。水力学中出现的方程式也将通过守恒的概念推导出来，因此，本书将首先确定“守恒”的概念。

1.1.1 日常生活中的守恒定律

老师准备如图1.1.1所示的空箱子，并将2个苹果放进去盖上盒盖［(a)→(b)］。之后打开盖子，从盒中取出1个苹果，再次盖上盖子［(b)→(c)］。然后老师问道：“现在盒子中有几个苹果?”学生们会自信地回答：“1个!”回答正确。

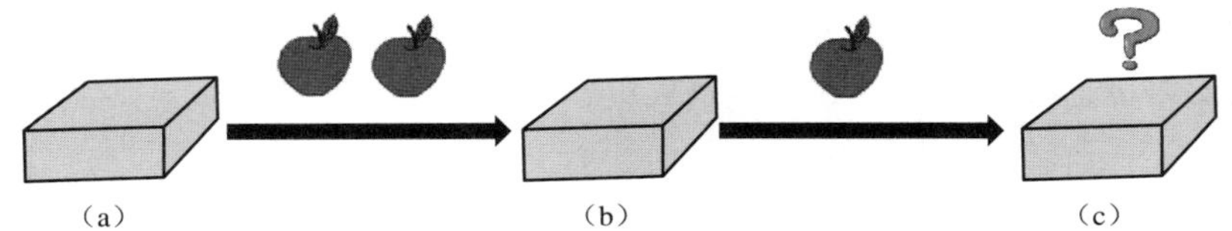

图1.1.1 箱子中有几个苹果

这种情况可以用下面的方程来表示：

$$N_2 = N_1 - O \tag{1.1.1}$$

其中，N_1 为放入苹果的数量；O 为老师从盒中取出的苹果数量；N_2 为盒子中剩余的苹果数量。也就是说，学生们会想到，箱子中剩余的苹果的数量和取出箱子的苹果的数量的总和，就应该是放入箱子中苹果的数量。方程（1.1.1）在苹果数量不同的情况下仍然成立。即，当 N_1 为5、O 为2时，学生们也能够给出正确的回答——N_2 为3。这就是守恒定律的原型。如上述例子所示，我们在孩提时代就已经在使用“守恒定律”。守恒定律的知识在我们的生活中也是不可或缺的常识。

下面，让我们再来思考下一个问题（图1.1.2）。图中有一栋房子，房子的初始状态为空，这时有两个人进入了这间房子，没过多久，一个人走出房子。请问现在房子里有多少人？对于这个问题，编者授课的研究生们都回答道：“一个人！”然而这是不准确的答案。

图 1.1.2 现在房子中有几个人

假如进入房子的两个人是夫妻，妻子怀孕了。在这栋房子里生了一个宝宝，没过多久，妻子离开了。这种情况下，图 1.1.2 的答案是“两个人（丈夫和孩子）”。如果妻子生了双胞胎，答案则是“三个人”，如果生了三胞胎，答案则是“四个人”（图 1.1.3）。

图 1.1.3 现在房子中有 3 个人

所以要想给出这个问题的正确答案，就必须要考虑到不同的条件。比如“没过多久”，这个时间到底是多久；再如，婴儿诞生的可能性又有多少，等等。因此，在这种条件不唯一的情况下，准确的回答为“无法给出一个确定值”。

上述情况可以通过数学表达式来呈现：

$$N_2 = N_1 + I - O + P - D \tag{1.1.2}$$

其中，N_1 为房子里初始条件下的人数；I 为进入房子的人数（流入量，inflow）；O 为离开房子的人数（流出量，outflow）；P 为房子中出生的人数（生成量，production）；D 为房子中去世的人数（损耗量，dissipation）；N_2 为房子中剩余的人数。

这个方程式称为平衡方程（equation of balance）。

将变量的定义进行更改，我们可以运用方程（1.1.2）解决很多的平衡问题。图 1.1.4 显示了你银行账户的收支。你考入大学，离开父母开始了一个人的生活，假设你的父母每个月都会向你的银行账户中汇入生活费，这就是 I。而你之后就会将父母汇入的钱取出来，用于各种生活支出，这就是 O。同时，如果将存款存在银行里，银行就会向你支付利息，那么相应地，这部分存款就会增加，这是 P。另外，在你购买海外商品等的情况下，有的银行除扣取你的购买金额外，还会从你的账户中额外扣除外汇手续费，这就是 D。

当应用方程（1.1.2）时，重要的是，你必须要明确定义你所计算的这个物体数值收支平衡时其所处的“空间”。在图 1.1.1 中，“箱子”就是这个空间，在图 1.1.2 中，“房

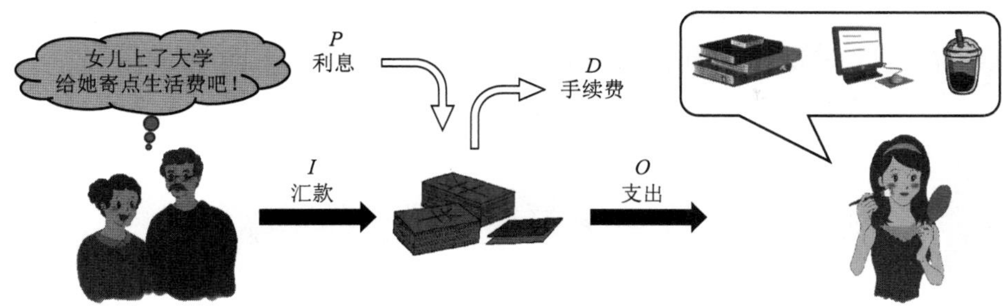

图 1.1.4 银行账户的收支

子”就是这个空间，而图 1.1.4 中提到的并不属于物理上的空间，但因为在计算机上，每个人的银行账户都同他人的账户区分开来，所以我们在此将其定义为亚空间。还有很重要的一点，那就是我们有算出 P 和 D 的方法。在图 1.1.1 的问题中，P 和 D 的数值都为零；而在图 1.1.2 的问题中，并没有足够的信息来帮助我们计算出 P 和 D 的数值；在图 1.1.4 的问题中，如果我们能够知道银行的规则，就能算出 P 和 D。

如果注意到以上几点，那么如表 1.1.1 左侧所示，在环境科学中出现的各项问题都可以适用方程（1.1.2）；而如表 1.1.1 的右侧所示，本书的目的是讲述水力学及流体力学中重要事项随时间和空间的变化，从这一意义上来说，方程（1.1.2）可以说是可记述所有现象的最为普遍的公式。在本书中，几乎所有的公式都是从方程（1.1.2）的微分方程中推导出来的，方程（1.1.2）被称为输送方程（transport equation）。

表 1.1.1 方程（1.1.2）的适用范围几乎无限

环境科学的研究对象	水力学/流体力学项目
以大气中二氧化碳为主的各种气体	流体密度・热量
水中各种溶解物的浓度及其分布	流体流速
水中各种生物的浓度及其分布	流体所具有的动量
土壤中所含污染物的浓度及其分布	流体所具有的能量
……	……

此外，“1.1.1 日常生活中的守恒定律”中还存在一些定义模糊的点，其与“科学（即更具严密性的）守恒定律”存在差异。这些将在本章后文【补充说明-1.1】进行举例说明。

1.1.2 守恒定律中的微分方程式

将方程（1.1.2）中的 N_1 移到等式左侧，两边同除 Δt 可得下式。其中，Δt 即图 1.1.2 的说明中提到的“没过多久”的那段时间。

$$\frac{N_2 - N_1}{\Delta t} = \frac{I - O}{\Delta t} + \frac{P - D}{\Delta t} \tag{1.1.3}$$

其中，$(I-O)$ 为流入减去流出的“净流入”；同样地，$(P-D)$ 为生成减去损耗的“净生成”。下文中将省略“净剩值”的说法，将$(I-O)$仅称作流入，$P-D$仅称作生成。这样一来，等式右侧第一项即单位时间内的流入，第二项即单位时间内的生成，分别写作$I'(t)$、$P'(t)$。此外，由于N的数值随时间变化，则$N_1=N(t)$，那么$N_2=N(t+\Delta t)$。由此可得下式。

$$\frac{N(t+\Delta t)-N(t)}{\Delta t}=I'(t)+P'(t) \tag{1.1.4}$$

此时，取极限$\Delta t\to 0$，则可得下列微分方程。

$$\frac{dN}{dt}=I'(t)+P'(t) \tag{1.1.5}$$

我们今天所提到的“科学”，是从16世纪中叶发展起来的现代科学。而现代科学与之前的科学有所差异的点，就在于现代科学是根据方程（1.1.2）的守恒定律，以“数学方法”来描述自然现象。数学是一门普适性学问。基于公式被认定为正确的事物及理论（定理）永远都是正确的。在历史学、哲学、宗教学、经济学、生态学、地理学等众多学科中，有许多过去被认为是正确的事物和理论，随着时代发展变成了谬误。但在数学中，是非曲直都是绝对的，其结果将永久留存。因此，通过科学和数学的“结合”，科学家可以放心地以前人发现的知识为基础，去思考和推导后续学问。而这也成为科技飞速发展的原动力。

1.2 基础物理中的守恒定律

大家在中学基础物理课上，也学到过一些守恒定律。其中比较具有代表性的当属质量守恒定律、动量守恒定律和能量守恒定律，但其形式与1.1节中十分不同。那么首先，我们来复习一下这些守恒定律，并详细阐明其与1.1节中提到的守恒定律的关系。

1.2.1 质量守恒定律

图1.2.1向我们简单地解释了质量守恒定律。图1.2.1中有一个玻璃酒杯，你不小心将它从桌子上打落，摔到了坚硬的地板上，玻璃酒杯摔成碎片，碎片散落在如图1.2.1（a）所示的范围内。你小心地捡起这个范围内所有的酒杯碎片，然后将它们放到天平的一端，将与原酒杯相同的另外一只酒杯放到天平的另一侧，你会发现碎片的总重量与原酒杯的重量是相等的。也就是说，在测量精度范围内，下式成立。

原酒杯的质量=酒杯碎片A的质量+酒杯碎片B的质量+酒杯碎片C的质量
+酒杯碎片D的质量+……
=全部酒杯碎片的质量总和 （1.2.1）

这就是质量守恒定律的原型。其中，此处的数学符号“=”是非常重要的。如果此处不是“=”（即方程左侧>或者<右侧），我们就无法将数学运用到推导中。因为我们在中

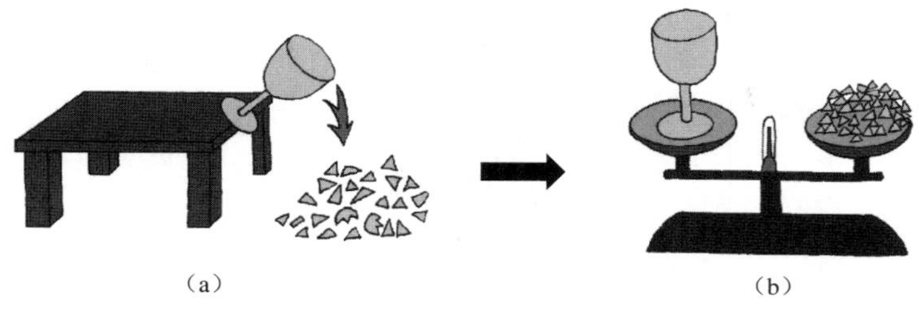

图 1.2.1　初级质量守恒定律示意

学学习了质量守恒定律，所以会认为这种现象存在是理所当然的，那如果我们没有在学校中学习方程（1.2.1），又能怎么去知晓这种现象呢？当然，如果有两只同等质量的玻璃酒杯，其质量就会增加一倍。但是摔碎了的玻璃酒杯的“状态”完全发生了改变，其质量却没有变，这才是一个重大的发现。

在发现质量守恒定律之前，人们认为“物质质量会随着物质状态变化而变化”。比如，苹果长时间放在桌子上就会变轻，而这是因为随着时间的推移，水分逐渐流失，而随着苹果腐烂而产生的气体也会飘到空中。但是由于古人并不理解这一现象，自然就会认为“随着时间的推移苹果的质量会减少”。

然而在现代科学中，质量守恒定律被公认为是最基础的原理之一。如为了分析图 1.2.2 中所示的两个物体的合并现象，设合并后的总质量为合并前两物体的质量和（m_1+m_2），那么就适用于接下来讲到的“动量守恒定律”。

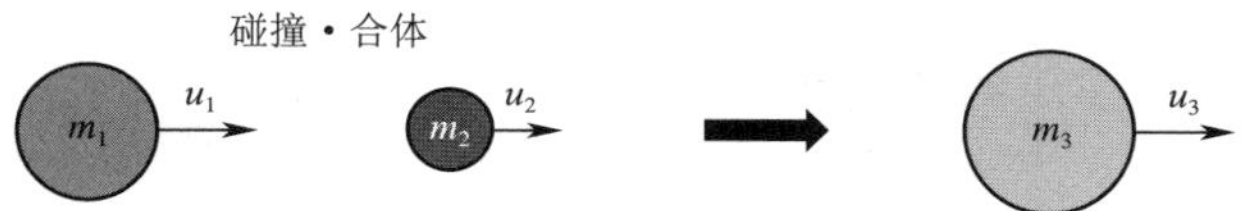

图 1.2.2　碰撞・合体中动量的守恒

1.2.2　动量守恒定律

动量的定义如下式所示，是指质量与速度的乘积。

$$\boldsymbol{M} = m\boldsymbol{V},\quad \begin{pmatrix} M_x \\ M_y \\ M_z \end{pmatrix} = \begin{pmatrix} mu \\ mv \\ mw \end{pmatrix} \tag{1.2.2}$$

其中，黑体符号代表其为矢量。$\boldsymbol{M}$ 为动量矢量，m 为物体质量，$\boldsymbol{V}$ 为速度矢量。（M_x，M_y，M_z）和（u，v，w）分别是 $\boldsymbol{M}$ 和 $\boldsymbol{V}$ 在笛卡尔坐标系（x，y，z）中的分量。

让我们求解出图 1.2.2 中所示状况下，小球冲撞后的速度。此时，我们将冲撞前的量分别添加角标“1”和“2”表示，冲撞后合为一体的量则添加角标“3”，可得下列方程式。

质量守恒定律：

$$m_1 + m_2 = m_3 \tag{1.2.3}$$

动量守恒定律：　　$M_1+M_2=M_3 \rightarrow m_1u_1+m_2u_2=m_3u_3$　　(1.2.4)

此时的运动均发生在 x 轴上，所以写为标量。将方程（1.2.3）中的 m_3 代入方程（1.2.4），可得冲撞后的速度为下式。

$$u_3=\frac{m_1u_1+m_2u_2}{m_1+m_2} \tag{1.2.5}$$

在上述问题中，我们认为小球为不施加外力的状态。接下来，如图 1.2.3 所示，我们来思考一下小球在水平桌面上滚动的情况。用手对静止的小球施加一个推力，则给了小球一个向左运动的动量，之后在另一侧用手停住小球，小球则会失去这个动量。也就是说，一般来说动量并不是一个定值，并不能像质量守恒定律那样使用“=”。因此，科学家进行了各种各样的实验来验证如何能使“=”成立，因为如果“=”不成立便也无法使用数学了。经过多次实验，最终推导出了下述定律。

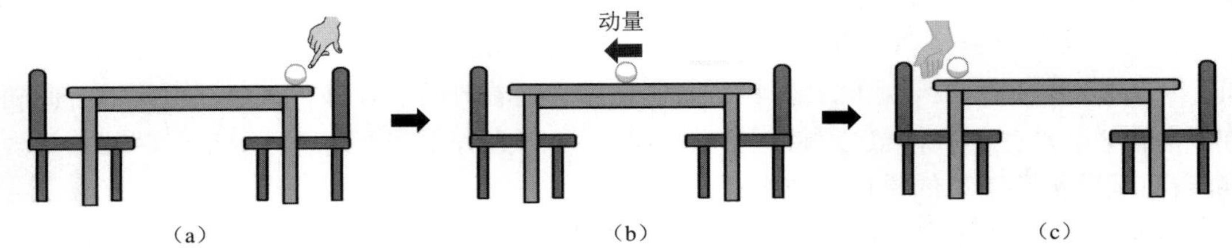

图 1.2.3　小球在桌面滚动时施加外力的情况

$$\boldsymbol{M}(t_1+\Delta t)=\boldsymbol{M}(t_1)+\int_{t_1}^{t_1+\Delta t}\boldsymbol{F}\mathrm{d}t,\ \boldsymbol{F}=\begin{pmatrix}F_x\\F_y\\F_z\end{pmatrix} \tag{1.2.6}$$

其中 $\boldsymbol{F}$ 为作用于物体的力的矢量，它的时间积分同为矢量，称作冲量（impulse）。也就是说，在图 1.2.3（a）中，对小球施加一个向左的冲量后，在图 1.2.3（b）中小球产生了动量，而在图 1.2.3（c）中施加一个大小相同但方向相反的冲量后，小球会停止运动。冲量即方程（1.1.2）中所指的 P（生成量）或 D（损耗量）。那么像这样，对这种实际上不守恒的量，如果能将这个生成量，或者说是损耗量固定为一定形式，就可以推导出“=”成立（也就是守恒定律）的方程了。

将方程（1.2.6）变形，求解动量的时间微分，可得下式。

$$\lim_{\Delta t\to 0}\frac{\boldsymbol{M}(t_1+\Delta t)-\boldsymbol{M}(t_1)}{\Delta t}=\frac{\mathrm{d}\boldsymbol{M}}{\mathrm{d}t}=m\boldsymbol{\alpha}=\boldsymbol{F}\Rightarrow m\frac{\mathrm{d}\boldsymbol{u}}{\mathrm{d}t}=\boldsymbol{F},\ \boldsymbol{\alpha}=\begin{pmatrix}\frac{\mathrm{d}u}{\mathrm{d}t}\\\frac{\mathrm{d}v}{\mathrm{d}t}\\\frac{\mathrm{d}w}{\mathrm{d}t}\end{pmatrix} \tag{1.2.7}$$

其中 $\boldsymbol{\alpha}$ 为受到外力的物体所产生的加速度矢量。此方程即著名的牛顿第二定律。

在此，对伽利略（Galileo）在比萨斜塔进行实验后所发现的自由落体定律，我们将使用方程（1.2.7）来进行推导。如图 1.2.4 所示，初始状态下，球被绳子悬挂在天花板上，处于静止状态［图 1.2.4（a）］，小球向下的重力 mg 与绳子的张力相互抵消，此处

的 m 为小球质量，g 为重力加速度。用剪刀剪断绳子［图 1.2.4（b）］，小球开始具有向下的速度 $-w$［图 1.2.4（c）］，也就是说，此时小球的动量从 0 变为 $-mw$，并随着下落逐渐增大。而这是因为作用于小球的重力 $F=mg$ 转变为了动量。在此，将（0，0，$-mg$）代入方程（1.2.7）中的 $\boldsymbol{F}$ 中，并检查 z 方向中的动量变化，即可得小球在时间 t 时的下落速度 w 和下落高度 h，如下式所示。

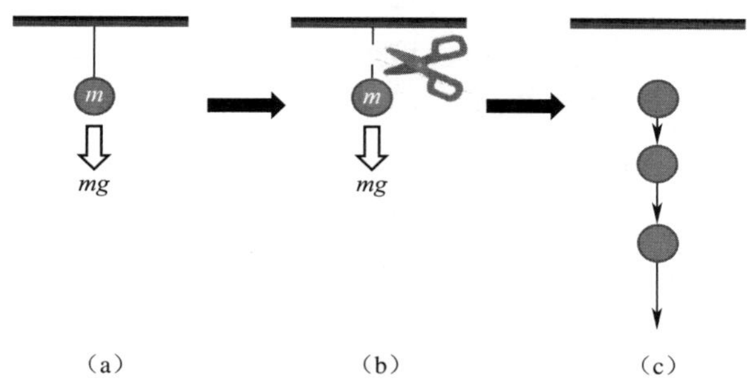

图 1.2.4 自由落体运动

$$\frac{\mathrm{d}(mw)}{\mathrm{d}t} = F = -mg \Rightarrow w = 0 - \int g\mathrm{d}t = -gt \Rightarrow h = \int w\mathrm{d}t = -\frac{1}{2}gt^2 \tag{1.2.8}$$

在此我们再次指出，动量本身是不守恒的。但我们“发现”了生成项（P），或者说损耗项（D），加上这个使“=”成立，获得等式方程。这就是守恒定律。

1.2.3 能量守恒定律

科学教科书中涉及的能量种类繁多，包括动能、重力能、弹簧能、电磁能等。其中，“真正的能量”是动能。这是因为英语中的 energy（能量）的语源是希腊语的 energetikos，这个词义为“活泼的，活跃的”。也就是说，“运动着的物体”是具有能量的。由此，我们将从下式所示的动能的定义，开始讨论能量守恒定律。

$$K = \frac{1}{2}mU^2 = \frac{1}{2}m(u^2 + v^2 + w^2) = \frac{1}{2}\boldsymbol{M} \cdot \boldsymbol{U} \tag{1.2.9}$$

其中，运动物体动能的量为 K，m 为物体质量，（u，v，w）为速度矢量的分量，$\boldsymbol{M}$ 为动量矢量，$\boldsymbol{U}$ 为速度矢量，“·”（点乘）表示矢量内积。

如图 1.2.3 所示，动能随时间变化，也就是说动能并不守恒，这意味着我们必须考虑通过生成项（P）或者损耗项（D）来获得守恒定律。因此，为求得 K 的时间变化，我们进行微分后可得下式。

$$\frac{\mathrm{d}K}{\mathrm{d}t} = \frac{\mathrm{d}(mu)}{\mathrm{d}t}u + \frac{\mathrm{d}(mv)}{\mathrm{d}t}v + \frac{\mathrm{d}(mw)}{\mathrm{d}t}w = \frac{\mathrm{d}\boldsymbol{M}}{dt} \cdot \boldsymbol{U} = \boldsymbol{F} \cdot \boldsymbol{U} \tag{1.2.10}$$

即作用力矢量 $\boldsymbol{F}$ 和速度矢量 $\boldsymbol{U}$ 的内积 $\boldsymbol{F} \cdot \boldsymbol{U}$ 在正数情况下生成动能（P），负数情况下损耗动能（D）。$\boldsymbol{F} \cdot \boldsymbol{U}$ 被称作目标物体上作用力的“功率”。

让我们将上述方程应用于图 1.2.4 中所示的自由落体运动。重力的三个分量表示为 $\boldsymbol{F}=(0,\ 0,\ -mg)$，自由落体的速度矢量 $\boldsymbol{U}=(0,0,-w)$，因此功率变为 mgw。那么方程（1.2.10）也就转化为下式。

$$K = \int mw \frac{\mathrm{d}w}{\mathrm{d}t}\mathrm{d}t = -\int Fw\mathrm{d}t = -\int mgw\mathrm{d}t \Rightarrow m\int w\mathrm{d}w = -mg\int w\mathrm{d}t$$

$$\Rightarrow \frac{1}{2}mw^2 + mgh = \text{const.} \tag{1.2.11}$$

式中，const. 表示常数。对于这个高中基础物理中在方程最后出现的 mgh，大家应该都学过，它就是“势能”。此处需要注意，势能来自于重力的功率，这意味着小球本身并不具备势能。举个例子，如果你将网球装在口袋里，然后你从低处移动到高处，那在移动前后，你口袋中网球的状态会发生变化吗？当你把它从口袋中取出并在重力场中释放时，变化才会发生。是重力作用在小球上，引起动能变化。也就是说，势能这个词表示“得到动能的可能性”（potential），并不是指能量本身。

除重力外，某些势能也能够由其他力引发。我们以图 1.2.5 中所示的弹簧回复力所引发的势能为例。将质量为 m 的物体静置在弹簧上，弹簧会稍稍变短［图 1.2.5（a）］。在稳定状态下，弹簧向上托举质量的力等于作用在质量上的重力。当弹簧可以视为忽略自身质量的理想弹簧时，向上的力与理想弹簧形变量成比例，因此，向上力 F 可以表示为下式。

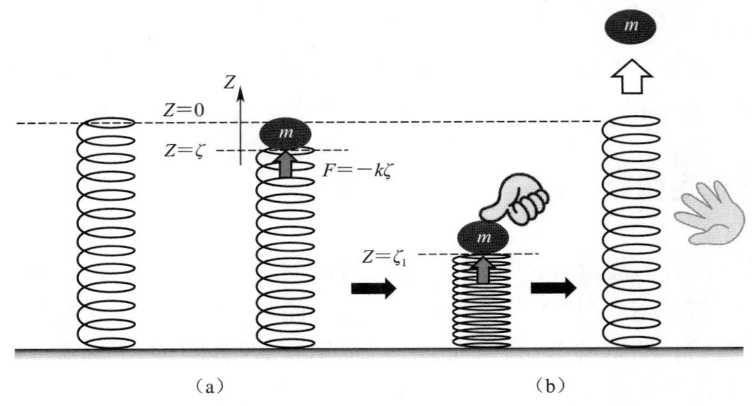

图 1.2.5　弹簧所储存的势能

$$F = -k\zeta \tag{1.2.12}$$

其中，ζ 为没有放置物体时，弹簧顶端位置的位移量；k 为弹簧常数，由弹簧刚度决定。(请注意，图中 ζ 为负值)

接下来，将弹簧从顶端位置压至 $z=\zeta_1$，此时 F 增加为 $-k\zeta_1(>mg)$［图 1.2.5（b）］。移开手指，弹簧开始反弹，使质量向上移动。将方程（1.2.12）代入方程（1.2.11）的 F 中，小球的动能 K 的变化则如下式所示。

$$K = \int mw \frac{\mathrm{d}w}{\mathrm{d}t}\mathrm{d}t = \int_{t_1}^{t} k\zeta w\mathrm{d}t = -k\int_{\zeta_1}^{\zeta}\zeta\mathrm{d}\zeta \Rightarrow \frac{1}{2}mw^2 + \frac{1}{2}k\zeta^2 = \frac{1}{2}k\zeta_1^2 \tag{1.2.13}$$

请注意，此处我们使用 $w\mathrm{d}t=-\mathrm{d}\zeta$ 来转换积分变量。

由上述可知，在原点 $\zeta=0$ 的动能为 $\frac{1}{2}k\zeta_1^2$。因此，用手指将弹簧只缩短 ζ_1 的时候，弹簧内便积蓄了$\frac{1}{2}k\zeta_1^2$大小的势能。

图 1.2.6 表示气体压力产生的势能。将气球充气，内部气压 p_1 会开始超过外部气压 p_0［图 1.2.6（a）］。此时不对其施加作用气球也不会发生运动。之后在气球底部留一个孔，由于气球内外出现压力差（p_1-p_0），气体获得动能，向外喷射而出，气球会向上移动。因此，我们可以说“压力是一种可以转化为动能的势能”。对此我们将在第 2 章中进行具体说明。

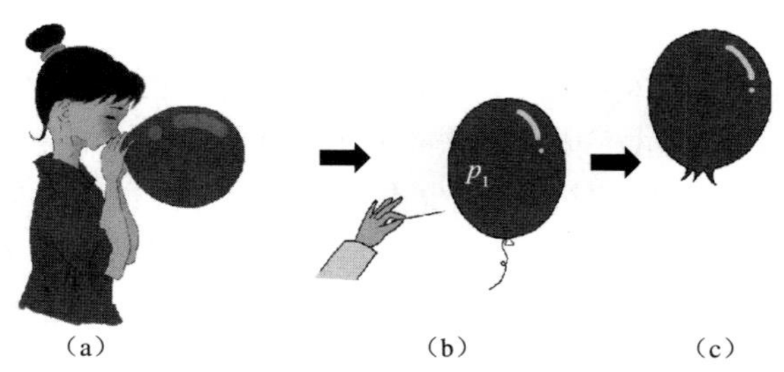

图 1.2.6　通过气压增加的势能

在此我们再次指出，动能本身并不守恒。但我们可以通过“发现”生成项（P）或损耗项（D）使“=”成立，获得守恒定律方程。在守恒定律下，$P \cdot D$ 是外部力所做的功，我们将这种作用的可能性称为“势能”。

那么这里大家可能会出现一个疑问。为什么要像这样将运动假定为能量呢？关于这个问题，将在本章后面【补充说明-1.2】中详述解释。

1.2.4　拉格朗日观察法下的守恒定律

上文中提到的所有守恒定律，都可以用下述形式表达。

$$\frac{\mathrm{d}\boldsymbol{\phi}}{\mathrm{d}t}=\boldsymbol{S}_{\phi} \tag{1.2.14}$$

其中，$\boldsymbol{\phi}$ 为运动物体所特有的量度；$\boldsymbol{S}_{\phi}$ 为 ϕ 的生成率（production rate）。

由于动量为矢量，所以 $\boldsymbol{\phi}$ 和 $\boldsymbol{S}_{\phi}$ 均为矢量。方程（1.2.14）被称作拉格朗日型守恒定律。拉格朗日型守恒定律是当观察视点随物体的移动而移动时，被认可的一种守恒定律。

对此，在方程（1.1.5）的推导过程中，视点就是始终固定的。在图 1.1.1 中，观测视点始终固定在“箱子”上，而从中取出的苹果要放到“哪里”并未构成问题；在图 1.1.2 中，视点则始终固定在“房子”上，妻子到底是“和谁一起”离开的并未构成问题；而在图 1.1.4 中，视点则固定在钱包（银行账户）上，你是“为了什么”而支出的也并未构成问题。像这样，通过固定观测视点而得到的守恒定律则为欧拉型守恒定律。

关于拉格朗日型守恒定律与欧拉型守恒定律的关系，我们将在第 2 章中进行详细说明。

【补充说明-1.1】　日常生活中守恒定律的模糊点

仔细思考一下本章 1.2.1 节中所叙述的日常生活中的事例，你应该也会注意到其中有几处较为模糊的地方吧。在此，我们对这些部分再次进行确认。各位同学所学的“环境科学”由于要处理环境保护等环境问题，所以它是具有“社会性的一面”的。因此，也会存在其中混有和日常经验相同的模糊性。其结果，就是会很有可能在进行科学研究的基础上得出非科学的结论。

（1）院子里有几只麻雀？

“院子里有 3 只麻雀，1 只麻雀飞走了，现在院子里有几只麻雀？”对于这个问题，大部分人都会回答“2”只吧。但是如图 1.3.1（b）中所示，如果麻雀在院子上空盘旋又该如何计算呢？如果其飞行高度为 1 m，也可以说“它还在院子里”吧。那么飞行高度为 2 m 又该怎么算，3 m 又该怎么算呢？这样想的话，答案就会慢慢变得模糊起来。那么我们再看，如图 1.3.1（c）所示，麻雀如果停在了院子中那棵树的树枝上又该如何计算呢？树梢已经长出了院外，在这种情况下答案也是模棱两可的。即使是同一棵树，人们大概也会说，如果是站在院子里的树枝上就认为是在院子里，如果站在院子外的树枝上就认为是在院子外。但是对于院子的占地范围这种由人类来决定的事，麻雀是不明白的。如果想要对上述问题寻求一个“科学性”答案，那我们就要首先给出“院子范围”的定义。像这样，为了平衡计算而框定的空间叫作控制体积（control volume）。

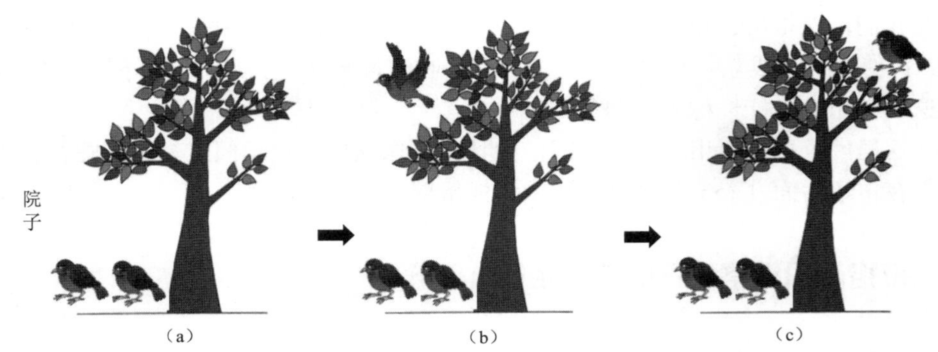

图 1.3.1 院子里有几只麻雀

对于上述问题，虽然大多数人都会回答“2”只，但对于从图 1.1.3 中受到启发的学生来说，他们应该会陷入沉思。这是因为，麻雀也许并没有飞远，过不久就会到院子里。那么在此，我们再来思考一下图 1.3.2 的问题。假设家里有爸爸、妈妈和你三个人，白天的时候，爸爸在公司上班，你在学校学习，家里只有妈妈一个人。如果进行区域普查的工作人员来问你的妈妈“你家里有几口人?”，妈妈也会回答对方“三个人”吧。这是因为到了傍晚，你的爸爸和你都还会回家来。也就是说，这个问题的正确答案取决于计算收支

图 1.3.2 我家里有几口人

平衡的“时间”，因此，在使用方程（1.1.2）时，需要明确定义对象“空间”和“时间”。

（2）剩下了几个苹果？

“原来有三个苹果，你吃了一个还剩几个？”对于这个问题，大部分人都会回答“2”个吧。但是没有人会连苹果核也吃掉。如图1.3.3（b）所示，苹果核还在。那么这样一来，就会有学生苦苦思考，“苹果核算苹果吗？”此处就会混入个人的价值观，大多数人都认为苹果核没有任何价值，所以算0个。但是，存在与否和价值有无是不同的。如图1.3.4所示，现在的社会中会产生各种废弃物，并可能引发各种环境问题。因此，在运用方程（1.1.2）时，我们需要忘却人类所定义的价值。

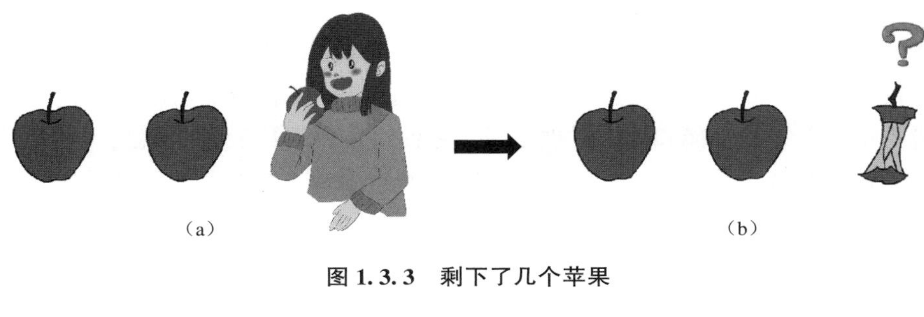

图1.3.3　剩下了几个苹果

图1.3.4　没有价值的物品就不存在了

此外，我们所谓的“个数”，从严格意义上来说并不是守恒的量。如图1.3.5所示，如果我们将橘子切成两半它就会变成两个。而代入方程（1.1.2）的量要必须是守恒的量。我们以重量为例。因为在日常生活的时间和空间尺度中，重量是一个守恒量。“将一

图1.3.5　个数不守恒

个重量为 100 g 的苹果吃掉 15 g，剩余的重量一定为 85 g。”但是对于重力加速度不同的情况，我们将会以质量来取代重量的使用。

我们决不可小看上述讨论，为了能够在科学中运用守恒定律，我们必须要对单词汇和适用条件进行一个严格的定义。

【补充说明-1.2】 动能的定义

17 世纪德国著名哲学家、数学家莱布尼茨（Gottfried Wilhelm Leibniz）曾试图用数学来定义“动量”，他曾将 mv^2 称为活力（vis viva）。此处的 m 为物体的质量，v 为移动速度。之后经过长期的科学和哲学争论，19 世纪初的英国物理学家托马斯·杨（Thomas Young）将活力称为能量（energy）。而现代意义上的动能（kinetic energy）是由 19 世纪中期的英国物理学家汤姆森（William Thomson）定义的。

动能的原名——活力（vis visa）被定义为“与完成某种工作相关联的量”，换句话说，就是物体速度 v 在变成 0 的过程中对外部做功的量，或者说使物质产生速度 v 所必需的做功量。也就是说，动能和功同时被定义，才使得方程（1.2.9）成立。

但是，在描述水流运动的水力学中，力赋予物质动量，力所做的功赋予物质动能，这样去考虑我们所做的说明就十分清晰了。因此在本书中，便也从一开始就采用了这样的描述。

第 2 章　水流中守恒定律的表达式

2.1　连续体和控制体积

2.1.1　连续体假设

1.2 节中所述的基础物理学的力学是以质点为研究对象，质点是指具有一定质量而不计大小尺寸的物体，是与周围空间相比，近似于较小固体的一种假设的存在。但是水和空气这种的流体本质上具有“阔幅”，所以无法用质点去类比研究。因此，我们将流体以一种不留空隙的连续物质去类比，这就叫作“连续体假设”。在水力学中，我们认为水（H_2O）的液体状态是连续体。而对于物质三态（固态、液态和气态）、固体及流体变形规律、连续体假设的详细说明，我们将在本章后文【补充说明-2.1】、【补充说明-2.2】、【补充说明-2.3】中进行讲解；关于流体内表面作用力我们将在【补充说明-2.4】、【补充说明-2.5】中进行讲解。虽然这些并非需要了解的必备知识，但对这些知识感兴趣的同学可以进行阅读。

图 2.1.1 右图中的虚线表示在连续体的水体中，水粒子的运动轨迹。由于一个水粒子是无法和周围水保持间断的，所以我们无法有效追踪。且水粒子的形状时刻在发生变化，因此一般无法去追踪水粒子的移动和形态变化，那么我们就很难运用 1.2 节中讲到的拉格朗日型守恒定律。在此，就考虑应用 1.1 节中讲到的欧拉型守恒定律。类比于图 1.1.1 中的“箱子”和图 1.1.2 中的“房子”，我们需要对计算平衡的空间给出一个定义，即控制体积（control volume），以下简称为“*C. V.*”。

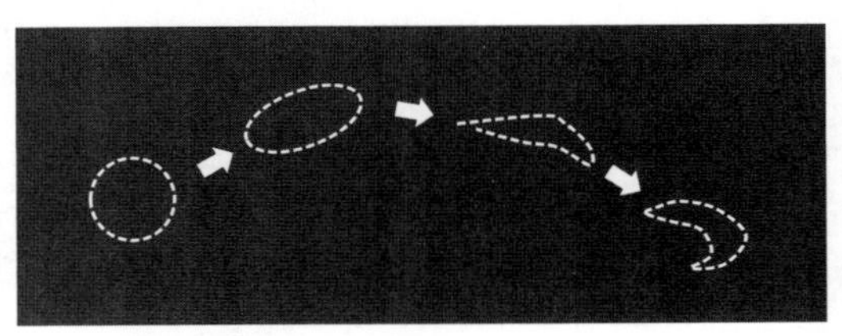

图 2.1.1　用拉格朗日观察法观察水粒子运动

2.1.2　笛卡尔二维坐标系的控制体积（*C. V.*）

如图 2.1.2 所示，我们对固定在水中的 $\Delta x \times \Delta y$ 大小的矩形空间给出定义，并考虑这个空间内的流出和流入平衡情况。为了简单进行说明，我们在此以二维空间为对象，不考虑水的压缩性（以下称为“不可压缩流体”）。水流会通过每个边在空间中进出，坐标系和流速分量均在图中被定义，另外，通过各边的流量以图中箭头的标记来定义。由于在此我们并不考虑水的压缩性，所以流入量与流出量始终相等，那么下式成立。

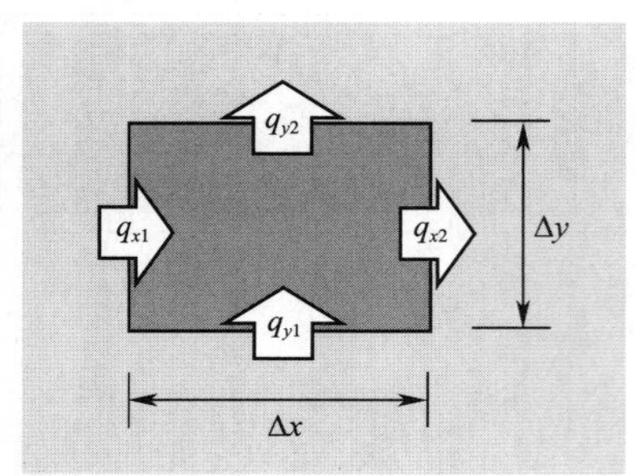

图 2.1.2　2-D 控制体积

$$q_{x1} - q_{x2} + q_{y1} - q_{y2} = 0 \tag{2.1.1}$$

对方程（2.1.1）等式左侧的流入量 q_{x1}，将流速矢量 $\boldsymbol{U}$ 分解为矢量分量（u, v），分量 v 与侧面平行，所以其与流入量无关。由此可将 q_{x1} 写作 $u_1\Delta y$，而此处的 u_1 是此侧面中分量 u 的平均值。同样地，对其他的进出分量也进行整理可得下式。

$$q_{x1} = u_1\Delta y,\ q_{x2} = u_2\Delta y,\ q_{y1} = v_1\Delta x,\ q_{y2} = v_2\Delta x \tag{2.1.2}$$

设此处 *C. V.* 的尺寸（Δx, Δy）极小，并应用本书后文附录 A 中“A-3 函数的线性近似”里所示的方程（A.3.1），便能近似得到 u_2 和 v_2，如下。

$$u_2 \approx u_1 + \frac{\partial u}{\partial x}\Delta x,\ v_2 \approx v_1 + \frac{\partial v}{\partial y}\Delta y \tag{2.1.3}$$

将方程（2.1.3）代入方程（2.1.2），得净流入量 $\tilde{q}$。

$$\tilde{q} = q_{x1} - q_{x2} + q_{y1} - q_{y2} \approx -\left(\frac{\partial u}{\partial x} + \frac{\partial v}{\partial y}\right)\Delta x\Delta y \tag{2.1.4}$$

将（Δx, Δy）设为无限小，上式中的约等（≈）就会变为（=）。另外，流入量与流出量必然相等，即 $\tilde{q}$ 为 0。因此可得下式。

$$\frac{\partial u}{\partial x} + \frac{\partial v}{\partial y} = 0 \tag{2.1.5}$$

在不可压缩流体中，流体粒子的体积是守恒的。方程（2.1.5）是体积守恒定律的表达式，也被称作“连续性方程”。而在三维空间中，同样地，对图 2.1.3 中所示长方体的 *C. V.* 进行上述推导，则可由下式推出连续性方程。

$$\frac{\partial u}{\partial x} + \frac{\partial v}{\partial y} + \frac{\partial w}{\partial z} = 0 \tag{2.1.6}$$

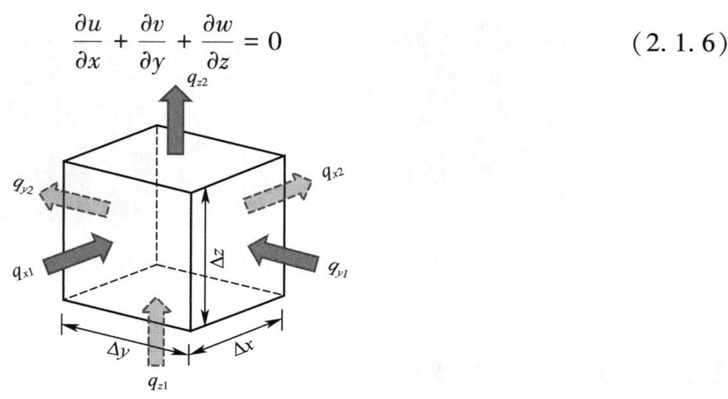

图 2.1.3　三维（3-D）坐标的控制体积

2.2　质量浓度和通量

2.2.1　质量浓度的定义

一般我们将单位水溶液中所含物质的质量称为质量浓度。比如将 1.0 g 的氯化钠（NaCl）溶于 1 cm^3 的水溶液中，就会形成质量浓度为 1.0 g/cm^3 的氯化钠溶液，在 1 m^3 的水中溶入 1 t NaCl，其水溶液的质量浓度就会变为 1.0 t/m^3。又因为 1.0 t = 10^6 g，1.0 m^3 = 10^6 cm^3，换算后可得 1.0 t/m^3 = 1.0 g/cm^3。并且，质量浓度不仅可以定义为溶解物，也可以定义为悬浮物。也就是说，将上述的 NaCl 换为水中所含有的细小微尘，也同样可以定义质量浓度。cm^3 在厘米-克-秒单位制中为“体积单位”，也就是说，质量浓度就是单位体积中所含有的物质的质量。

此外，质量浓度还可以被定义为水中所含有的物理量。因为 1.0 cm^3 水的质量可以写作密度 ρ，那么我们可以认为，ρ 为水的“质量浓度”。此外，如果设 1.0 cm^3 的水粒子以速度 u 进行移动，那么水粒子所具有的动量（质量×速度）可以表示为 ρu，这便是“动量浓度”。同样地，以速度 u 进行移动的单位体积的水粒子所具有的动能 $\rho |u|^3$ 就是“动能的浓度”。因此，我们抛去单位制，下面将质量浓度表示为 ϕ。

2.2.2　通量（flux；流束）

为了能够用与方程（1.1.2）的 I 和 O 相类似的量来对连续体下定义，我们此处将用到通量这个概念。图 2.2.1 为截面积 A 在一定管路中通量的说明图。设流量为 Q，则单位时间内通过截面 A 的水的体积为 Q。在水中溶入质量浓度为 ϕ 的盐分，由于质量浓度为单位体积的水溶液中所溶解的盐的质量，所以在单位时间内通过截面 A 的盐量为 $\phi \times Q$。这就是通量（F）。而用通量除以密度便可得通量密度（f）。

$$F = \phi Q,\ f = \frac{F}{A} = \phi \frac{Q}{A} = \phi u \tag{2.2.1}$$

其中，u 为流速。

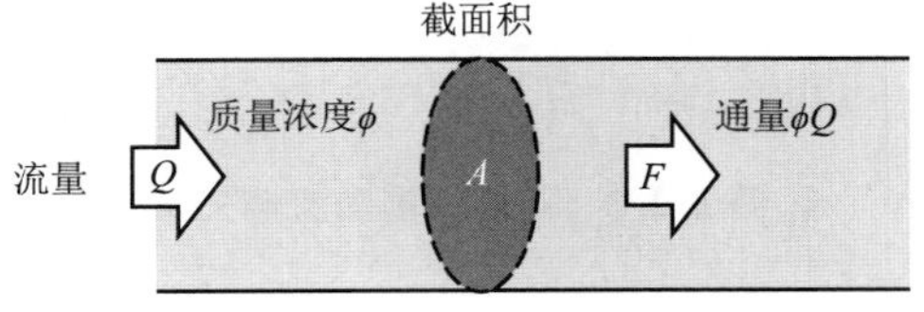

图 2.2.1　管流通量

我们来仔细思考一下。设管路流量 Q 为 200 cm^3/s，则每秒通过截面 A 的水的体积为 200 cm^3。将质量浓度为 0.2 g/cm^3 的 NaCl 溶入水流中，即，1 cm^3 水中所含的 NaCl 的质量为 0.2 g。因此，每秒通过截面 A 的氯化钠的质量为 0.2 g/cm^3×200 cm^3/s = 40 g/s。方程（2.2.1）为一般表达式，与特定情况下所使用的单位无关。

通量一般适用于能够对其浓度和速度给出定义的对象。我们接下来考虑一下图 2.2.2 中所示的商场扶梯的情形。设每阶长度均为 1 m 的电梯以 $u=3$ m/s 的速度移动，在每阶各站 2 人的情况下，“人的密度（ϕ）”为 2 人/m，那么通量（F）即 $\phi\times u=6$ 人/s。也就是说，每秒都会有 6 个人到达第 2 层。

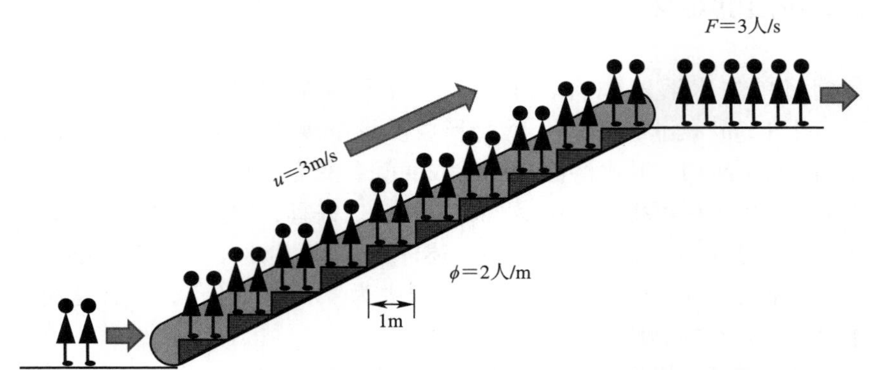

图 2.2.2　扶梯中的通量

此外，在二维或三维空间中，流速皆为矢量，“面”也是矢量。也就是说，其具有“面积大小”和“平面的垂线方向”，因此，在二维及三维空间中的通量（通过平面的量）是通过矢量运算定义的。此时，对通过平面的通量，我们以图 2.2.3 为参照来进行思考。平面矢量 $\boldsymbol{A}$ 的方向与平面垂直，$\boldsymbol{A}$ 和流速矢量 $\boldsymbol{u}$ 之间的夹角角度为 θ，将 $\boldsymbol{u}$ 分解为垂直平面的分量 $u_1=|\boldsymbol{u}|\cos\theta$ 和平行平面的分量 $u_2=|\boldsymbol{u}|\sin\theta$，则通量可用下式表示。

$$F=\phi u_1 A=\phi|\boldsymbol{u}||\boldsymbol{A}|\cos\theta=\phi(\boldsymbol{u}\cdot\boldsymbol{A}) \tag{2.2.2}$$

即通量由流速矢量和平面矢量的内积来决定。而通量密度 f 可以通过上式除以面积求得，如下所示。

$$f=\frac{F}{|A|}=\phi|\boldsymbol{u}|\cos\theta \tag{2.2.3}$$

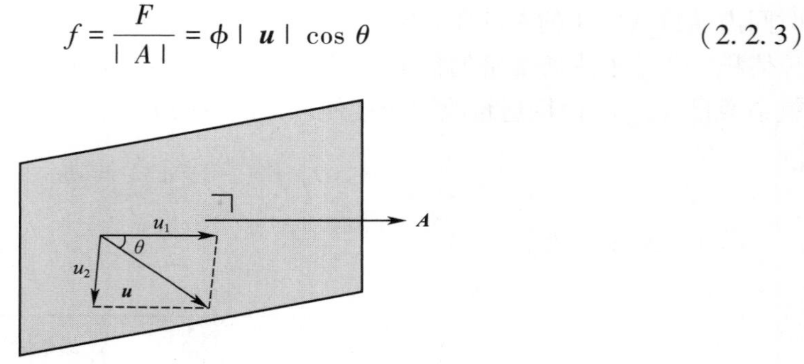

图 2.2.3　平面矢量和流速矢量

2.3　平衡方程

在此，我们用图 2.3.1 来分析一下质量浓度为 ϕ 的包括溶解物、悬浮物、质量、动量、动能等在内的 *C.V.* 的平衡情况。对通过 *C.V.* 各个平面的盐分通量，我们分别以 F_{x1}、F_{x2}、F_{y1}、F_{y2} 表示，则可得。

$$F_{x1}=\phi_{x1}u_1\Delta y,\ F_{x2}=\phi_{x2}u_2\Delta y,\ F_{y1}=\phi_{y1}v_1\Delta x,\ F_{y2}=\phi_{y2}v_2\Delta x \tag{2.3.1}$$

其中，ϕ_{x1}、ϕ_{x2}、ϕ_{y1}、ϕ_{y2} 为通过各个平面的水的盐浓度。请注意，设 *C. V.* 为沿着笛卡尔坐标系的矩形，由于此时方程（2.2.3）中的 θ 皆为90°，则 $\cos\theta=1$。

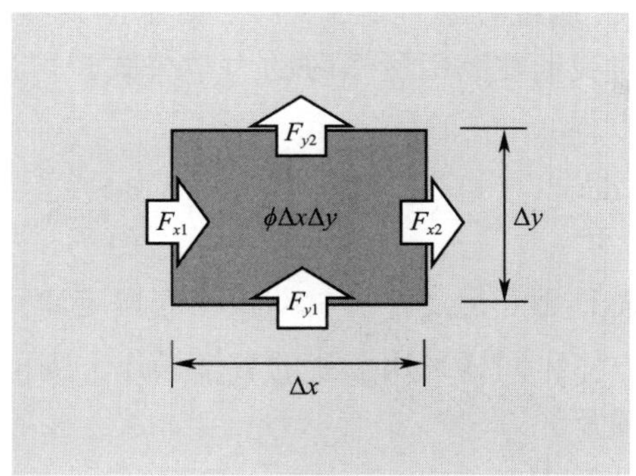

图2.3.1　2-D控制体积中的通量

同样地，类比于方程（2.2.3），取方程（B.2.2）的近似型应用，则 F_{x2} 和 F_{y2} 可表示如下。

$$F_{x2}\approx F_{x1}+\frac{\partial F_x}{\partial x}\Delta x,\ F_{y2}\approx F_{y1}+\frac{\partial F_y}{\partial y}\Delta y \tag{2.3.2}$$

考虑到方程（2.3.2）的关系，则 x 方向和 y 方向的净流入量 ΔF_x、ΔF_y 可表示如下。

$$\Delta F_x=F_{x1}-F_{x2}=-\frac{\partial F_x}{\partial x}\Delta x\Delta y=-\left(\phi\frac{\partial u}{\partial x}+u\frac{\partial \phi}{\partial x}\right)\Delta x\Delta y \tag{2.3.3}$$

$$\Delta F_y=F_{y1}-F_{y2}=-\frac{\partial F_y}{\partial y}\Delta x\Delta y=-\left(\phi\frac{\partial v}{\partial y}+v\frac{\partial \phi}{\partial y}\right)\Delta x\Delta y \tag{2.3.4}$$

由于 *C. V.* 中的全部盐量为浓度和体积的乘积，所以写作 $\phi\Delta x\Delta y$。又这一数值随上述的净流入盐分的变化而变化，则下式成立。

$$\frac{\partial \phi}{\partial t}\Delta x\Delta y=\Delta F_x+\Delta F_y=-\left(\phi\frac{\partial u}{\partial x}+u\frac{\partial \phi}{\partial x}\right)\Delta x\Delta y-\left(\phi\frac{\partial v}{\partial y}+v\frac{\partial \phi}{\partial y}\right)\Delta x\Delta y \tag{2.3.5}$$

消去两边的 $\Delta x\Delta y$，并对右侧各项的顺序进行整理可得下式。

$$\frac{\partial \phi}{\partial t}=-\left(u\frac{\partial \phi}{\partial x}+v\frac{\partial \phi}{\partial y}\right)-\phi\left(\frac{\partial u}{\partial x}+\frac{\partial v}{\partial y}\right) \tag{2.3.6}$$

又方程（2.3.6）的右侧第二项为0，则将右侧第一项移至左侧，可得下式。

$$\frac{\partial \phi}{\partial t}+u\frac{\partial \phi}{\partial x}+v\frac{\partial \phi}{\partial y}=0 \tag{2.3.7}$$

上述内容，是盐这种并不在水中进行生成的物质的守恒定律，更常见的是再加上生成项（或者说损耗项），形成下式。

$$\frac{\partial \phi}{\partial t}+u\frac{\partial \phi}{\partial x}+v\frac{\partial \phi}{\partial y}=S_\phi \tag{2.3.8}$$

此处的 S_ϕ 为单位体积的水溶液中生成 ϕ 的比率。举个例子，假如说 ϕ 是水中浮游生物的浓度，那么 S_ϕ 就是繁殖速度，可以通过光照和水中营养盐浓度的函数来表示。如果

ϕ 为动量，S_ϕ 则为外部施加的力。方程（2.3.8）就被称作欧拉型守恒定律。

那么如方程（1.2.14）所示，在拉格朗日型守恒定律中，ϕ 的常微分是和生成项 S_ϕ 直接相关的。另外，在欧拉型守恒定律中，则是通过时间和空间的偏微分及流速的组合将 ϕ 和 S_ϕ 联系在一起。此时，通过方程（2.3.9）中所示的转换，可将这两个守恒定律从数学上联系起来。因此，对我们在高中所学习的力学公式，可通过下述的置换，（大致）转换为对于连续体的流体方程。

$$\frac{\mathrm{d}\phi}{\mathrm{d}t}=S_\phi \quad \Leftrightarrow \quad \frac{\partial\phi}{\partial t}+u\frac{\partial\phi}{\partial x}+v\frac{\partial\phi}{\partial y}=S_\phi \tag{2.3.9}$$

拉格朗日型守恒定律　　欧拉型守恒定律

对图 2.1.3 所示的长方体，同样采用上述的数学操作，则可得三维空间方程。结果如下。增加带有下划线的一项。

$$\frac{\partial\phi}{\partial t}+u\frac{\partial\phi}{\partial x}+v\frac{\partial\phi}{\partial y}+\underline{w\frac{\partial\phi}{\partial z}}=S_\phi \tag{2.3.10}$$

此外，在方程（2.3.10）中写有（大致）的理由有以下两个。其一，我们假设了“水的不可压缩性”来作为导出方程的前提；其二，我们通过将通量类比于方程（2.3.8）进行假设，那么更普遍地是要考虑到“扩散通量”。在第 3 章中，我们对这些点进行分析，从而推导出一般方程式。

2.4 实质微分

2.4.1 全微分和偏微分

如图 2.4.1 所示，在平静的湖面上漂浮着一艘小船，我们来观测一下这片水域的水温 ϕ。设在时间 t_1 时，观测到地点（x_1，y_1）的水温为 ϕ_1，在时间 t_2 时，观测到地点（x_2，y_2）的水温为 ϕ_2。并设在这个时间段中，小船的移动速度在 x 和 y 方向的分量为（U，V），设水温的增量为 $\Delta\phi=\phi_1-\phi_2$，试用数学方法来将其表达出来。

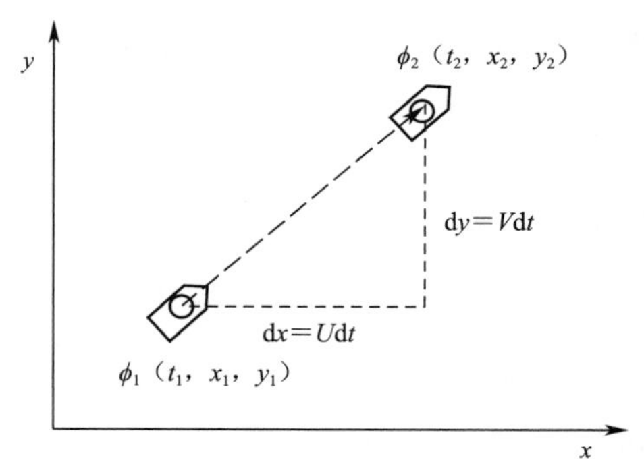

图 2.4.1　通过移动观测所得出的测量数据

在大学本科的必修课数学中，已经学过表示全微分和偏微分关系的表达式，可参照书后附录 A 的“A.2 偏微分”。其中就有对下式成立理由的说明。

$$\mathrm{d}\phi = \frac{\partial \phi}{\partial t}\mathrm{d}t + \frac{\partial \phi}{\partial x}\mathrm{d}x + \frac{\partial \phi}{\partial y}\mathrm{d}y \tag{2.4.1}$$

其中，$\mathrm{d}\phi$ 被称为全微分，相当于观测值 ϕ 的增量。（$\mathrm{d}t$，$\mathrm{d}x$，$\mathrm{d}y$）则为时间及空间的增量。将上式除以 $\mathrm{d}t$，代入图中所示的移动速度的关系，可得下式。

$$\frac{\mathrm{d}\phi}{\mathrm{d}t} = \frac{\partial \phi}{\partial t} + \frac{\mathrm{d}x}{\mathrm{d}t}\frac{\partial \phi}{\partial x} + \frac{\mathrm{d}y}{\mathrm{d}t}\frac{\partial \phi}{\partial y} \Rightarrow \frac{\mathrm{d}\phi}{\mathrm{d}t} = \frac{\partial \phi}{\partial t} + U\frac{\partial \phi}{\partial x} + V\frac{\partial \phi}{\partial y} \tag{2.4.2}$$

方程（2.4.2）左侧的 $\mathrm{d}\phi/\mathrm{d}t$ 即观测值 ϕ 的变化速度。而右侧第一项为随时间的变化率，表示水温受到的影响，比如由于阳光的影响使水域温度升高，或者因水面的热辐射而使温度冷却。另外，第二项和第三项为随小船的移动而带来的影响，当小船从冷水域移动到暖水域时，表示观测值 ϕ 的升高，而相反的，当小船从暖水域移动到冷水域时，表示观测值 ϕ 的降低。

此时，我们假设小船出现了引擎故障，开始随水流移动。如果没有风浪，（U，V）则和水流的速度分量（u，v）相等。因此，方程（2.4.2）变为方程（2.4.3）。

$$\frac{\mathrm{d}\phi}{\mathrm{d}t} = \frac{\partial \phi}{\partial t} + u\frac{\partial \phi}{\partial x} + v\frac{\partial \phi}{\partial y} \tag{2.4.3}$$

其中，（u，v）为水粒子的移动速度。也就是说，我们是在观察一个水粒子的温度变化。因此，水温 ϕ 的升高，是由于太阳辐射对水粒子赋予热量的水温生成（production），反过来则是由于辐射冷却而夺取热量的水温损耗（dissipation）。则拉格朗日型守恒定律转化为下式。

$$\frac{\mathrm{d}\phi}{\mathrm{d}t} = S_\phi \tag{2.4.4}$$

由方程（2.4.3）和方程（2.4.4）可推得下式。

$$\frac{\partial \phi}{\partial t} + u\frac{\partial \phi}{\partial x} + v\frac{\partial \phi}{\partial y} = S_\phi \tag{2.4.5}$$

此方程式与方程（2.3.8）中所示的欧拉型守恒定律相同，并通过下述等式与拉格朗日型守恒定律产生联系。

$$\frac{\mathrm{D}\phi}{\mathrm{D}t} = \frac{\partial \phi}{\partial t} + u\frac{\partial \phi}{\partial x} + v\frac{\partial \phi}{\partial y} = S_\phi \tag{2.4.6}$$

为明确区分方程（2.4.2）和方程（2.4.5）的不同含义，将方程（2.4.6）左侧的微分算子符号 $\mathrm{d}\phi/\mathrm{d}t$ 改写为 $\mathrm{D}\phi/\mathrm{D}t$。在方程（2.4.2）中，（$U$，$V$）是可以任意设定的量，即此方程普遍成立。另外，在导出方程（2.4.5）时，设定了引擎故障这一“物理条件”，其结果，$\mathrm{D}\phi/\mathrm{D}t$ 表示特定水粒子在拉格朗日观察法下的水温变化。

进一步地，若考虑三维空间中的水粒子运动，可由方程（2.3.10）中推导出下述的一般方程式。

$$\frac{\mathrm{D}\phi}{\mathrm{D}t} = \frac{\partial \phi}{\partial t} + u\frac{\partial \phi}{\partial x} + v\frac{\partial \phi}{\partial y} + w\frac{\partial \phi}{\partial z} = S_\phi \tag{2.4.7}$$

此外，我们还可以从方程（2.4.7）中得到微分算子间的关系。

$$\frac{\mathrm{D}}{\mathrm{D}t} = \frac{\partial}{\partial t} + u\frac{\partial}{\partial x} + v\frac{\partial}{\partial y} + w\frac{\partial}{\partial z} \tag{2.4.8}$$

其中，左侧的微分算子称为实质微分（substantial differential）。由于观察者与物质（substance）同时进行移动，则从观察者视角看来，其与一般的常微分相同。

2.4.2 拉格朗日型守恒定律和欧拉型守恒定律的等效性

在此，为明确拉格朗日型守恒定律和欧拉型守恒定律的等效性，我们将基于方程（2.4.7），对图 1.2.5 中的自由落体运动进行分析。取坐标轴 z 垂直向下，观察其下落速度 w，之后推导出其下落距离 h 和下落速度 w_h 之间的关系。在这种情形下的观察项 ϕ 为下落速度 w，速度分量也只包含 w，且 S_ϕ 为重力加速度 g，因此方程（2.4.7）即转化为下式。

$$\frac{\mathrm{D}w}{\mathrm{D}t}=\frac{\partial w}{\partial t}+w\frac{\partial w}{\partial z}=g \tag{2.4.9}$$

如图 2.4.2 所示，我们以两种方法来观察下落物体的运动。左侧的观察方法是一位观察者眼睛追踪着下落的小球，这叫作拉格朗日观察法。观察者将会发现球下落的速度以重力加速度 g 的速率增加。此时，我们会按以下步骤得出答案。

$$\frac{\mathrm{D}w}{\mathrm{D}t}=g\Rightarrow w=\int g\mathrm{d}t=gt\Rightarrow h=\int w\mathrm{d}t=\frac{1}{2}gt^2 \tag{2.4.10}$$

在图 2.4.2 右侧所示的观察法中，多位观察者以固定不变的位置，注视着接连下落的小球的速度，这叫作欧拉观察法。这样一来，根据各位观察者的观测结果，小球的速度并没有随时间而发生变化。因此，比较各观察者的记录，就会发现方程（2.4.10）的左侧第一项同 0 之间的关系。在此，对方程进行积分，得到与拉格朗日观察法相同的结果。

$$\frac{\partial w}{\partial t}+w\frac{\partial w}{\partial z}=g\Rightarrow\int_0^{w_h}w\mathrm{d}w=\int_0^h g\mathrm{d}z\Rightarrow\frac{1}{2}w_h^2=gh\Rightarrow h=\frac{1}{2}\frac{w_h^2}{g} \tag{2.4.11}$$

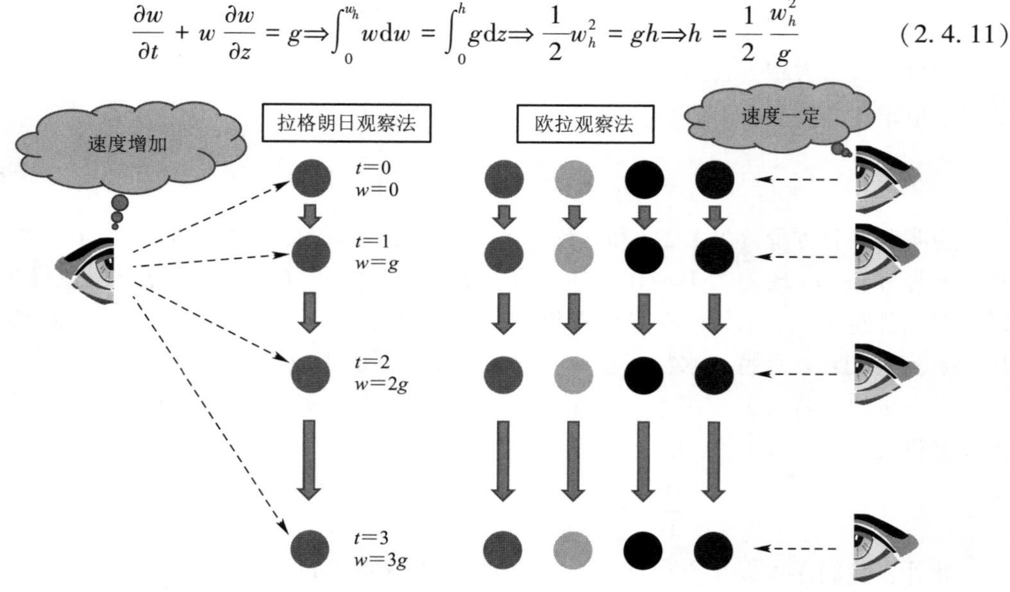

图 2.4.2 通过移动观测所得出的测量数据

【补充说明-2.1】 物质的三态及固体相关的多种简化

一般来说，物质的状态是随温度和压力的改变而改变的，这就叫作物质三态（固态、液态、气态）。以水（H_2O）为例，冰为水的固态，水为液态，水蒸气为气态。在我们所生活的地球表面，压力几乎是恒定的，因此三态之间的变化主要是受温度控制，随着温度的上升，物质的形态会逐渐发生固态→液态→气态的变化。对 H_2O 来说，其在温度为 0℃时会从固态变为液态，温度为 100℃时又会从液态变为气态。

图 2.5.1 便是中学物理教科书中的物质三态。各层的圆圈中的●用来指代分子。在物质的固态中，分子通过分子间的结合力整齐地排列在一起，因而使物体保有“其自身形状”。而温度一旦升高，由于热能作用，分子就会产生细微振动，这种运动就叫作布朗运动。当温度升高到某种程度，布朗运动会变得极为剧烈，从而打破分子间的结合，开始无规则运动，这种状态即液态。但此时，物体还具有作为物质的一个整体。当温度进一步升高，分子就变得可以在空间内自由运动，这就是气态。

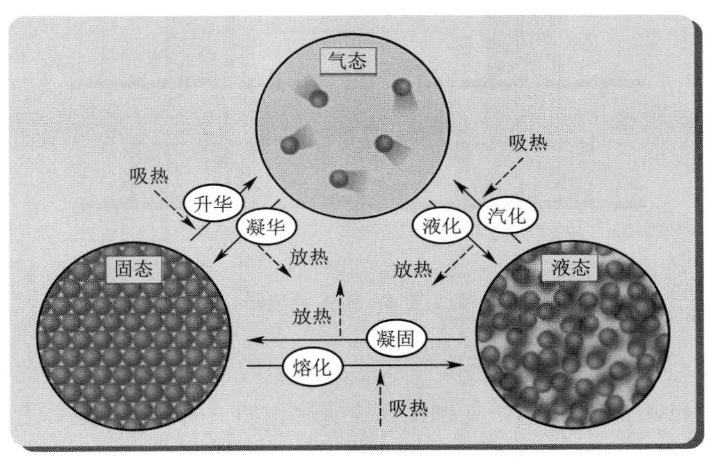

图 2.5.1　物质的三态

物质为并不具备自身形状的液态和气态时，叫作“流体”。物质为固态时，称为“固体”。为从数学上描述固体运动，我们将基于各种概念来对其进行简化（近似）。为描述网球般大小的较小物体的飞行轨迹，我们用到了“质点”这个概念，所谓质点，就是“不具有大小尺寸的质量”。如图 2.5.2 所示，用球拍将小球斜着打出，就会“描绘”出一条抛物线的轨道。控制物体运动的重力仅由质量 m 决定，因此可以在忽略其他因素（物体大小、变形、旋转等）的情况下，以质点这个模型求出近似解。在“1.2 节基础物理学的守恒定律”中，假设物体性质只有质量 m，但实际上网球是具有大小的。因此，可以像图 2.5.3 那样，用球拍对其进行“摩擦”从而使其旋转，而根据其旋转的方向，可以产生抽球、削球、曲球。不仅是网球，也包括棒球和乒乓球，一流的选手一般会让球做出各种旋转来迷惑对手。为了考虑到物体的旋转，我们引入“刚体”这个概念，刚体是指“具有大小尺寸且不会变形的物体”。我们以图 2.5.4 中所示的两种矩形刚体为例。两者体积相同，质量 m 相同，长宽比不同［图 2.5.4（a）］。对这两个矩形刚体的重心慢

慢施加一个水平力 F_1，则细长形的刚体会先倒下。这是因为，重力和水平力的合力 F 的方向线会通过极值点的右侧，使其周围产生顺时针方向的旋转［图 2.5.4（b）］。到这里，（基本上）都是高中力学的范围。

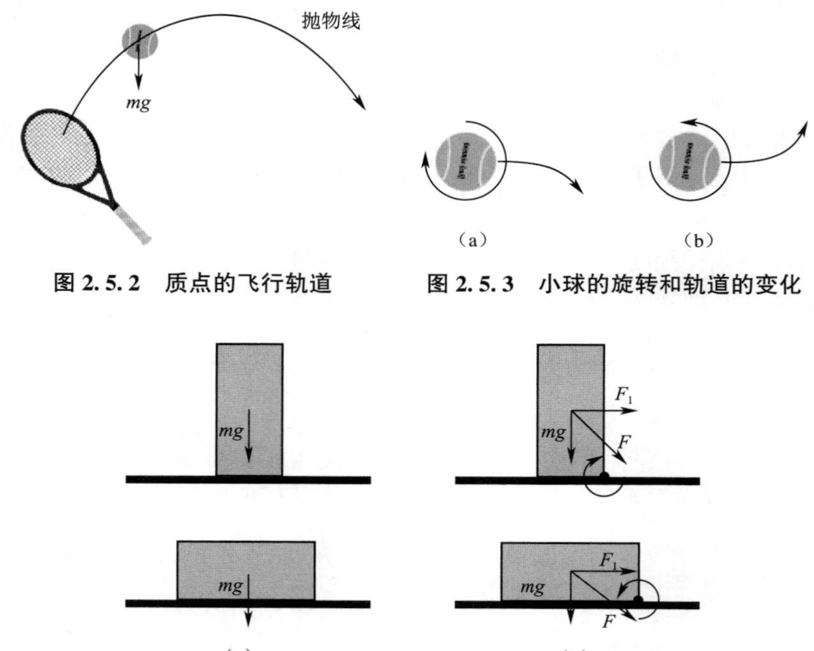

图 2.5.2　质点的飞行轨道

图 2.5.3　小球的旋转和轨道的变化

图 2.5.4　刚体的旋转

但由于固体会发生“变形”，所以并不存在完全意义上的刚体，因此在大学理工科的必修课中，会学习到固体的变形。如图 2.5.5 所示，如果用力按压固体上表面，它多少会发生一些像图 2.5.5（a）那样的凹陷。根据施加力的不同，其变形（凹陷）程度不同，且施加力的大小与变形程度的关系也根据物质的不同而有所不同。像铁那样的硬物的变形程度较小，而像床垫那样的柔软物体的变形程度则会较大。一般来说，硬物的“刚度大”。我们将外力撤销后能恢复原本形状的叫作弹性体，而像黏土这样撤销外力后变形不能恢复的叫作塑性体。另外，对一些发生小的变形后能够恢复原状、而大的变形无法恢复的物体，我们称之为弹塑性体。

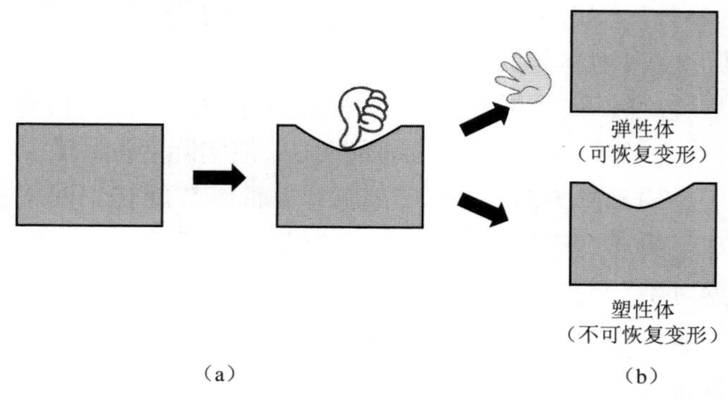

图 2.5.5　物体的变形（弹性体和塑性体）

【补充说明-2.2】 固体和流体变形规律的差异

图 2.5.6 表示横向力在固体的上表面和下表面进行反方向作用时固体的变形。像这样的作用力叫作剪切力，在本书中写作 τ 。物体向侧面扭曲，侧面的角度即会发生改变[2.5.6（a)]，这个角度 θ 就表示物体的扭曲程度。在平衡状态下，τ 和 θ 之间存在一定关系，下式。

$$\tau = f(\theta) \tag{2.5.1}$$

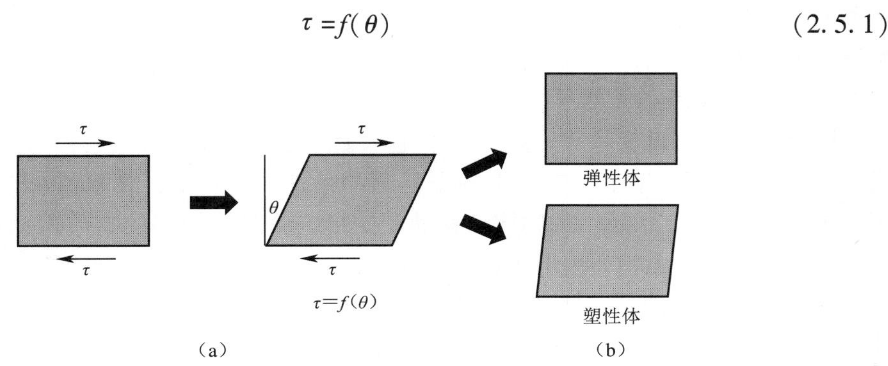

图 2.5.6　剪切力导致的固体变形

此关系式由物质的性质决定。刚度较大的固体，其剪切力的变形就会较小。而对于橡胶这种刚度较小的固体，θ 会随着 τ 的增加而变得极大。且由剪切力导致的变形，在撤销外力后，弹性体会恢复原状，塑性体无法完全恢复原状。

以上是对固体的描述。那么流体又是什么呢？如上所述，流体的显著特征是“并不具备自身形状”。如图 2.5.7 所示，即“水随器之方圆”。那么为什么流体不具有自身形状呢？其原因就在于流体的分子之间并不具有结合力（或者极小）。

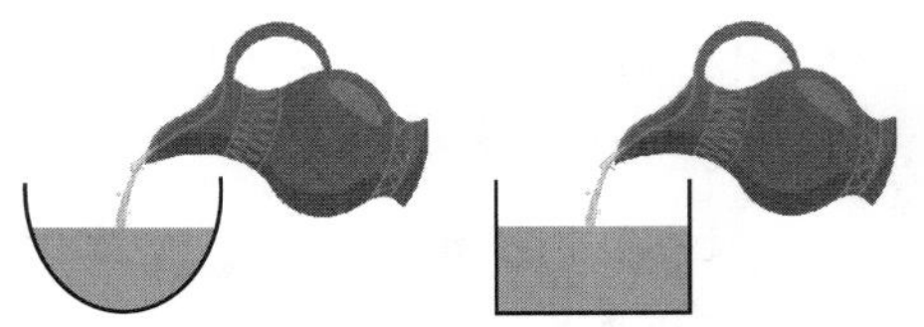

图 2.5.7　水随器之方圆

对固体而言，如图 2.5.6 所示，对固体施加一定的 τ 后，满足方程（2.1.1）时其扭曲程度 θ 是一定的。但是对流体而言，如图 2.5.8 所示，θ 会变得无限大。流体中 τ 和 θ 的关系并不取决于 θ 的值，而是取决于 θ 的时间变化率。

$$\tau = f\left(\frac{\mathrm{d}\theta}{\mathrm{d}t}\right) \tag{2.5.2}$$

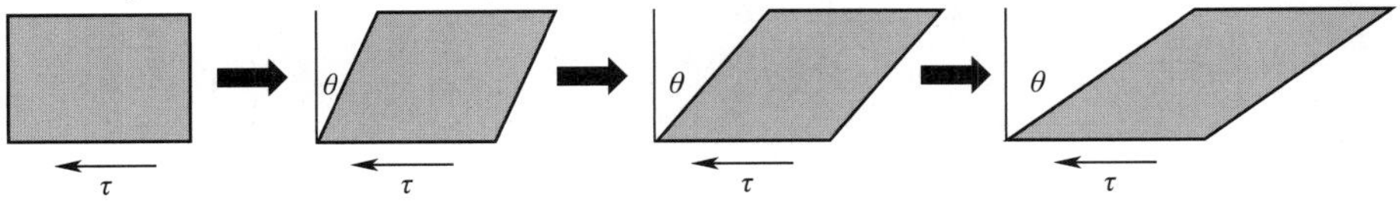

图 2.5.8　剪切力导致的流体变形

也就是说，剪切力变形 τ 和变形速度（$\mathrm{d}\theta/\mathrm{d}t$）间存在关系式，因此，（缓慢进行的）流体是可以无限变形的。且撤销外力后，无法恢复原状。另外，无论采用何种方法（比如用吹风机对着水面垂直吹强风）使水面凹陷成图 2.5.5 所示的形状，水面也都会恢复至水平，而这是由于重力的作用。对其原因我们将在第 3 章的 3.1 节中进行说明。

【补充说明-2.3】 连续体假设的概念

如图 2.5.1 所示，所有的物质都是由分子构成的。但是由于分子尺寸极小，我们无法用肉眼观察到每个分子的运动。比如液体的 H_2O 的分子间距离为 3×10^{-8} cm，即 1 mm 的距离间，约排列有 30 000 个分子，且各自都在因布朗运动而不规则地震颤晃动着。我们所看到的物质的运动都是将它们在空间中平均而显现的。比如 1 mm^3 的水的体积，平均有 $30\ 000^3\approx3\times10^{13}$ 个水粒子。

因此，我们可以想象出一个空间，它“比分子间距离大得多，却比人类所用的计量尺寸小得多”，假设这个小空间中的平均运动是连续存在的，那么这就叫作连续体假设。图 2.5.4~图 2.5.8 中所示的物体的运动及变形，就是将全部的物质视为连续体而得出的结果。实际上，提出物质由原子或分子所构成这一想法是在 19 世纪之后，此后，在以人类的观察尺度（无论是固体还是流体）来分析物质行为时，就会用到连续体假设。换句话说，即使不考虑每个分子的运动，也可以从数学上来记述人类的尺度现象。

【补充说明-2.4】 流体的变形和应力

在流体力学中所用到的粒子，具有远大于分子间距离的尺寸，其属性（密度、速度、动量、动能等）为粒子尺度空间内所平均出的物质。比如，图 2.5.9（a）中的白色圆圈是水分子，黑色圆圈是将溶于水中的物质分子（准确来说是离子）模式化所得。各分子的质量不同，对其空间内求和后除以体积，所得的值即被定义为密度。另外，图 2.5.9（b）就是将流速的定义模式化所得。各分子的速度彼此不同，而粒子的流速是表示其平均值，用方程式表达如下。

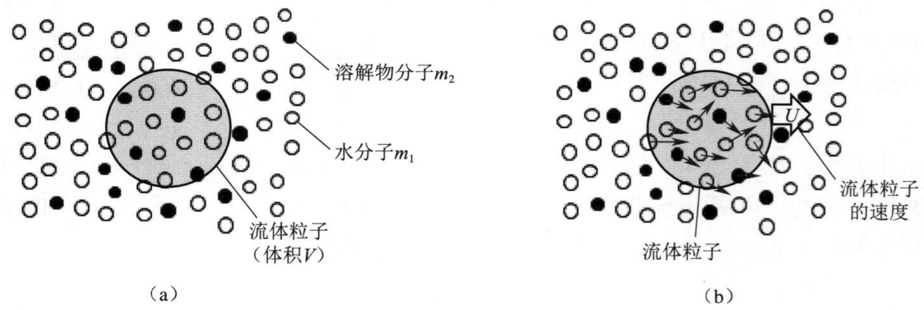

图 2.5.9 分子和流体粒子

$$\text{粒子密度：}\rho=\frac{m_1N_1+m_2N_2}{V}$$

$$\text{流速定义：}\boldsymbol{U}=\frac{\sum_j^{N_1}\boldsymbol{u}_j^1+\sum_j^{N_2}\boldsymbol{u}_j^2}{N_1+N_2} \tag{2.5.3}$$

其中，ρ 为连续体流体粒子的密度；$\boldsymbol{U}$ 为流速矢量；m_1 和 m_2 为水分子和溶解物分子的质量；N_1 和 N_2 是体积 V 中所含水分子和溶解物分子的分子个数；$\boldsymbol{u}_j^1$ 为各水分子的速度矢量；$\boldsymbol{u}_j^2$ 为溶解物分子的速度矢量。

随着物体的变形，分子之间会互相施加作用力，对固体来说就是分子的结合力，对流体而言，主要是移动的分子之间相互碰撞而传递的动量（物体为液体时，其中也存在微弱的结合力）。对于动量的传递与力等效这一点，我们可以通过方程（1.2.7）进行类推，对此我们将在第 3 章的 3.1 节中进行具体说明。另外，如图 2.5.10 所示，在连续体中，我们不再研究各分子间的力，而按连续体内表面所产生的“内力”来研究。在此图中，作用于与 z 轴垂直的表面的 3 个方向的应力分别表示为τ_{xz}、τ_{yz}、τ_{zz}。同样地，图中也存在与 x 轴、y 轴垂直的面，共有 9 个应力。其中，位于对角线的各分量垂直作用于各面，其他分量则平行作用于各面。后者即被称为“剪切应力”。

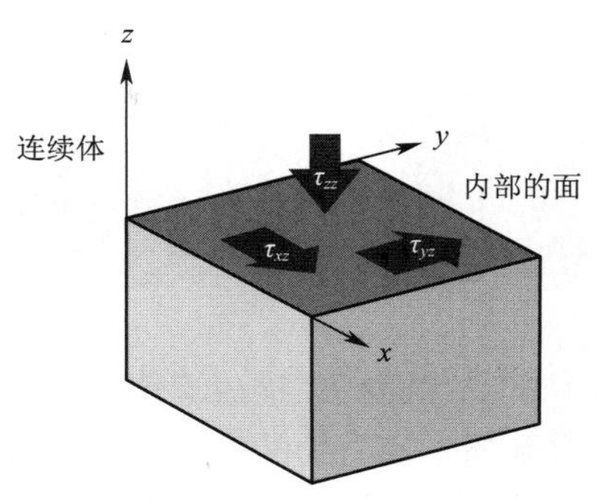

图 2.5.10　作用于内表面的应力

【补充说明-2.5】 压力的各向同性

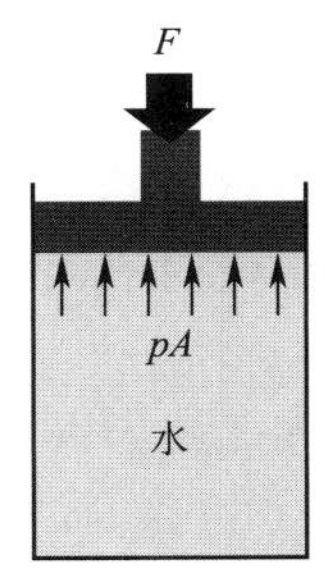

图 2.5.11　水压的产生

上述的应力是由于流体流动而发生的变形，那我们接下来要讲到的“压力 p”则为流体静止时所产生的应力。如图 2.5.11 所示，将气缸灌满水，用活塞从其上部施力，气缸内的水压上升。我们设力为 F，气缸表面积为 A。如果可以忽略活塞的重量，那么水压 p 即F/A。严格来说，流体会因为受到压力而压缩，但如图 2.5.11 所示，水的压缩率极小，所以可以忽略不计。

我们可以认为压力是垂直作用于物体表面的。这是因为如果压力沿物体表面产生作用，那么流体就会流动，则违背了上述压力的定义。且不管在哪个方向，压力始终相同。如图 2.5.12 所示，我们试想在 x-y 坐标系内存在一个直角三角形。设 x 方向的压力为 p_x，y 方向的压力为 p_y，作用于角度 θ 的面上的压力为 p_θ，那么我们从力的平衡可推得下式。

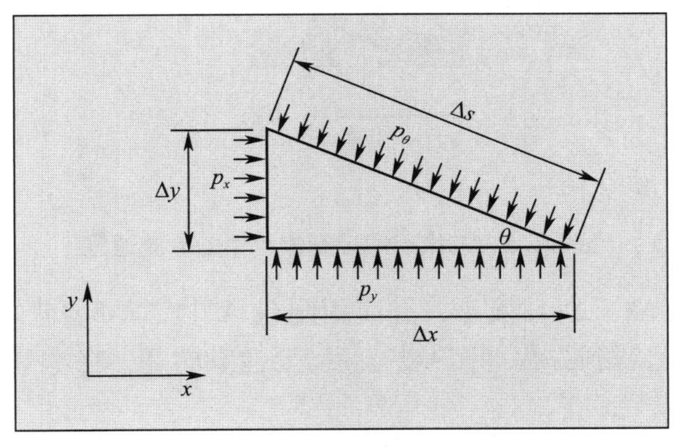

图 2.5.12　压力的各向同性

$$
\begin{aligned}
p_x\Delta y &= p_\theta \Delta s\sin\theta \Rightarrow p_x = p_\theta \\
p_y\Delta x &= p_\theta \Delta s\cos\theta \Rightarrow p_y = p_\theta
\end{aligned}
\tag{2.5.4}
$$

也就是说，对任意的 θ，都有 $p_x = p_y = p_\theta$。我们对三维进行同样研究可证明，$p_x = p_y = p_z = p_\theta$。这就叫作“压力的各向同性”。

第3章　输　送　方　程

本节我们将在描述流体现象中，同时推导出最基础的“输送方程”，推导方法与2.3节讲到的平衡方程的推导方法大致相同。但此处存在两个重要的区别，一个是要考虑扩散引起的通量，另一个就是要假设流体的不可压缩性。

3.1　平流通量与扩散通量

3.1.1　平流通量

在2.2节中，我们对通量F和通量密度f给出了方程（2.2.1）中的定义，当时我们假设水中所含的物质及各种属性（质量、动量、能量等）是通过水流进行移动的。我们就将这种通量叫作平流通量（flux by advection）。当没有水流时，$\boldsymbol{u}=0$，则此时F和f皆为0。

现在，我们来回想一下图3.1.1所示的二维空间控制体积中的平流通量平衡。各通量都写成方程（2.3.1′）的形式。

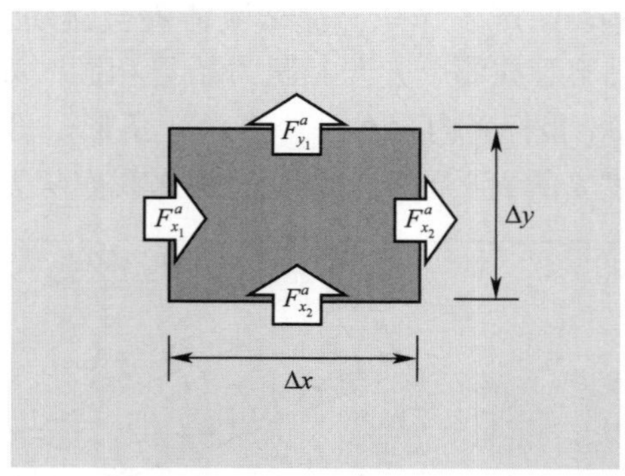

图3.1.1　二维空间控制体积中的平流通量

设$C.V.$的尺寸（Δx，Δy）极小，并应用附录A中“A-3函数的线性近似”里所示的方程（A.3.1），便可得到方程（2.3.2′）。需要注意的是，在本节中为了表示此处为平流通量，而加上了上标“a”。

$$F^a_{x_1}=\phi_{x_1}u_1\Delta y,\ F^a_{x_2}=\phi_{x_2}u_2\Delta y,\ F^a_{y_1}=\phi_{y_1}v_1\Delta x,\ F^a_{y_2}=\phi_{y_2}v_2\Delta x \tag{2.3.1′}$$

$$F^a_{x_2}\approx F^a_{x_1}+\frac{\partial F^a_x}{\partial x}\Delta x,\ F^a_{y_2}\approx F^a_{y_1}+\frac{\partial F^a_y}{\partial y}\Delta y \tag{2.3.2′}$$

其中，（$\phi_{x_1},\phi_{x_2},\phi_{y_1},\phi_{y_2}$）为通过各个平面的水所含的浓度$\phi$，（$F^a_{x_1},F^a_{x_2},F^a_{y_1},F^a_{y_2}$）则为各个平面的平流通量。$C.V.$的净流入量$\widetilde{F^a}$可根据方程（2.3.3）、（2.3.4）表达如下。

$$\widetilde{F^a} = \Delta F_x^a + \Delta F_y^a = -\frac{\partial(\phi u)}{\partial x}\Delta x\Delta y - \frac{\partial(\phi v)}{\partial y}\Delta x\Delta y \tag{3.1.1}$$

此外，在 2.3 节中，对适用于不可压缩流体条件下的方程进行了进一步的变形，但在本节中，为了对包括可压缩流体在内的所有对象取公式，我们并不对其进行类似于方程（2.3.6）后续的变形。

3.1.2　扩散通量

将一小滴墨水轻轻地点置于静止的水面上，如图 3.1.2 所示，这滴墨水会随着时间变化而扩散。像这样，物质在静止的流体中蔓延开来的现象就叫作“扩散”。扩散现象是由分子的布朗运动产生的。此处我们不再赘述其具体机制，若对此感兴趣的同学，可以阅读一下【补充说明-3.1】的讲解内容。

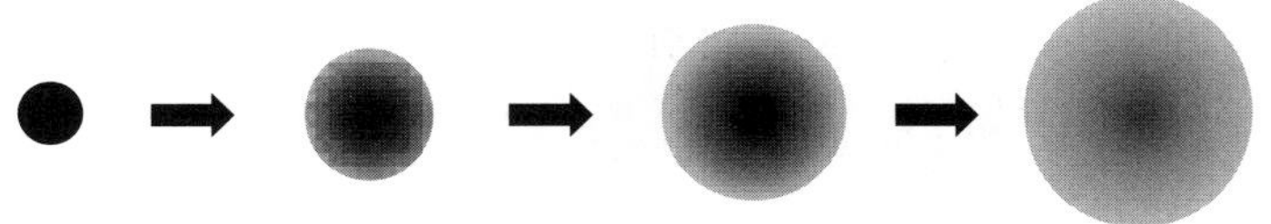

图 3.1.2　墨水的扩散

通过扩散而产生的物质移动是从浓度（ϕ）高的地方向浓度低的地方移动，在图 3.1.2 中，墨水中心浓度较高，而周围浓度较低，因而从中心向周围产生了通量。反过来也成立。也就是说，水分子的浓度（$1-\phi$）是周围高、中心低，因此我们认为，水分子的通量是由周围向着中心产生的。如果墨水滴入有限体积的容器中，经过一段时间后，墨水浓度会与水分子浓度变为平衡的均匀状态。

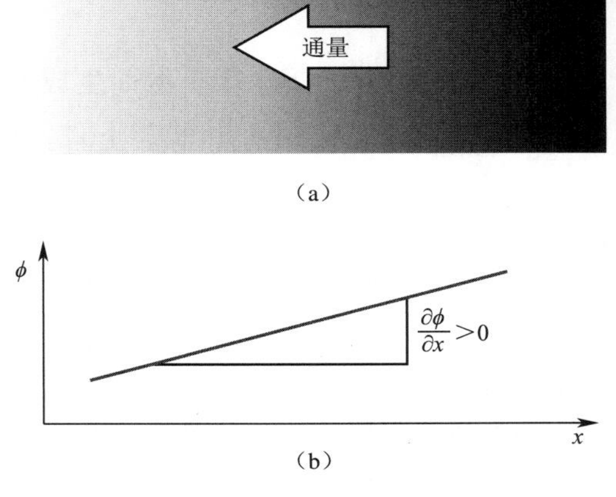

图 3.1.3　通量和浓度梯度

如图 3.1.3（a）所示，在空间右侧墨水浓度高，而左侧浓度低的情况下，墨水会从右向左扩散。而图 3.1.3（b）则表示浓度 ϕ 的空间分布，产生了正浓度梯度。也就是说，扩散通量是由浓度梯度决定的，浓度梯度为负时，通量则由左向右产生。在分子的布朗运动完全无规则的情况下，我们可以认为通量和浓度梯度之间的比例关系基本成立。而对这一现象，在实验中也已得到类似证实，我们将其命名为菲克定律。关于可以期待此两者之间比例关系成立的理由，我们在【补充说明-3.2】中进行了具体讲解，对此感兴趣的同学可以进行阅读。

$$f_x^d = -\mu\frac{\partial\phi}{\partial x},\quad f_y^d = -\mu\frac{\partial\phi}{\partial y} \tag{3.1.2}$$

方程（3.1.2）中，f_x^d、f_y^d 分别表示 x 方向和 y 方向的扩散通量密度。μ 为比例系数，也叫作扩散系数。另外，由于扩散系数的维度为“长度维度^2/时间维度”，所以其在厘米-克-秒单位制中为 cm^2/s，在米-千克-秒单位制中为 m^2/s。对此我们将在【补充说明-3.3】中进行具体说明。

扩散系数实际上会根据扩散项（溶解物、悬浮物、动量、热量等）不同而不同，其也会随扩散物质的种类及扩散媒介——水的温度及压力的变化而发生变化。而这是因为布朗运动的样态是根据媒介物质和扩散项的不同而不同的。但是，在水力学中，我们一般设定传播媒介为 H_2O 液体，设压力和温度为地球表面的一般状态，所以 μ 的波动范围较小。

因此，我们可将通过 *C. V.* 各面的通量书写如下。

$$F_{x_1}^d = f_x^d \Delta y = -\mu \frac{\partial \phi_{x_1}}{\partial x} \Delta y,\ F_{x_2}^d = -\mu \frac{\partial \phi_{x_2}}{\partial x} \Delta y$$

$$F_{y_1}^d = -\mu \frac{\partial \phi_{y_1}}{\partial y} \Delta x,\ F_{y_2}^d = -\mu \frac{\partial \phi_{y_2}}{\partial y} \Delta x \tag{3.1.3}$$

类似于方程（2.3.2），我们使用书后附录 A 的方程（A.2.2）来近似 $F_{x_2}^d$ 和 $F_{y_2}^d$，对各方向上的通量差值可表示如下。

$$\Delta F_x^d = -\frac{\partial F_x^d}{\partial x}\Delta x = \mu \frac{\partial^2 \phi}{\partial x^2}\Delta x \Delta y,\ \Delta F_y^d = -\frac{\partial F_y^d}{\partial y}\Delta y = \mu \frac{\partial^2 \phi}{\partial y^2}\Delta x \Delta y \tag{3.1.4}$$

那么由扩散通量而流入 *C. V.* 的净流入量 $\widetilde{F^d}$ 即如下式所示。

$$\widetilde{F^d} = \Delta F_x^d + \Delta F_y^d = \mu \frac{\partial^2 \phi}{\partial x^2}\Delta x \Delta y + \mu \frac{\partial^2 \phi}{\partial y^2}\Delta x \Delta y \tag{3.1.5}$$

在没有水流的情况下，因扩散而生成的净流入量 $\widetilde{F^d}$ 会使得 *C. V.* 内的 ϕ 升高。那么在没有生成项 S_ϕ 的情况下，可设想下式。左侧为浓度 ϕ 的增加速度×*C. V.* 的体积。

$$\frac{\partial \phi}{\partial t}\Delta x \Delta y = \mu \frac{\partial^2 \phi}{\partial x^2}\Delta x \Delta y + \mu \frac{\partial^2 \phi}{\partial y^2}\Delta x \Delta y \tag{3.1.6}$$

消去 $\Delta x \Delta y$ 则可得下式，这个方程式即扩散方程。

$$\frac{\partial \phi}{\partial t} = \mu \left(\frac{\partial^2 \phi}{\partial x^2} + \frac{\partial^2 \phi}{\partial y^2} \right) \tag{3.1.7}$$

关于扩散方程性质的部分我们将在【补充说明-3.4】中进行介绍。

3.2 一般输送方程

对于二维空间的矩形 *C. V.*，方程（1.1.5）的变量即如下所示。此处的净流入量 I' 是平流通量下的 $\widetilde{F^a}$ 和扩散通量下的 $\widetilde{F^d}$ 的总和。

$$N = \phi \Delta x \Delta y, I'(t) = \widetilde{F^a} + \widetilde{F^d},\ P'(t) = S_\phi \Delta x \Delta y \tag{3.2.1}$$

将方程（3.1.1）和方程（3.1.5）代入方程（3.2.1），并把 $\widetilde{F^a}$ 移至方程左侧，将方程除以 $\Delta x \Delta y$，则对单位体积的水溶液可得下式。

$$\frac{\partial\phi}{\partial t}+\frac{\partial(\phi u)}{\partial x}+\frac{\partial(\phi v)}{\partial y}=\mu\left(\frac{\partial^2\phi}{\partial x^2}+\frac{\partial^2\phi}{\partial y^2}\right)+S_\phi \tag{3.2.2}$$

请注意，左侧第一项的时间微分从常微分变成了偏微分。由于方程（1.1.5）的独立变量只有时间 t，则用常微分即可，而在方程（3.2.2）中，有（t，x，y）3 个独立变量存在，所以对时间也变为偏微分。

对图 3.2.1 所示的三维空间同样取公式，则可得下述三维方程。

$$\frac{\partial\phi}{\partial t}+\frac{\partial(\phi u)}{\partial x}+\frac{\partial(\phi v)}{\partial y}+\frac{\partial(\phi w)}{\partial z}=\mu\left(\frac{\partial^2\phi}{\partial x^2}+\frac{\partial^2\phi}{\partial y^2}+\frac{\partial^2\phi}{\partial z^2}\right)+S_\phi \tag{3.2.3}$$

在本书中，我们将此方程式称为一般输送方程。

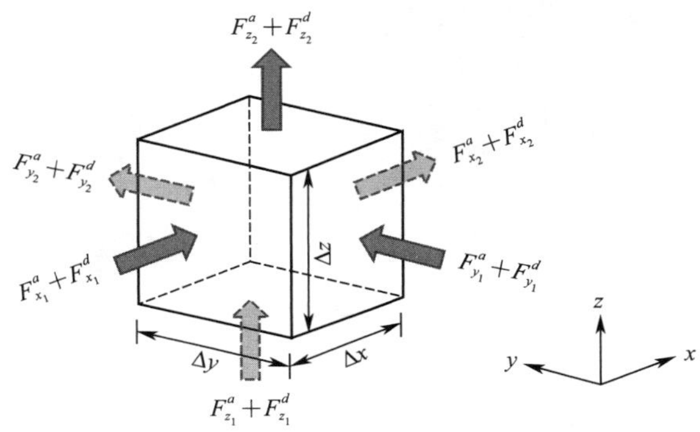

图 3.2.1 3-D 控制体积

3.3 体积守恒方程

在方程（3.2.3）中，试设“$\phi=1$”，而 ϕ 是质量浓度（即单位体积中所含的量），在单位体积中始终为 1 的量即“体积”，则可求得体积守恒方程。又左侧第一项和右侧第一项显然为 0，则可得。

$$\frac{\partial u}{\partial x}+\frac{\partial v}{\partial y}+\frac{\partial w}{\partial z}=S_V \tag{3.3.1}$$

其中，S_V 为体积生成项。加热或冷却流体会使其膨胀或收缩，从而发生体积变化。另外，压力发生变化也会导致流体膨胀或收缩，因此，S_V 为温度及压力的变量。但是，在地表附近的自然环境条件下，水的体积变化率 S_V 极小，可将其视作 0，关于这一点将在【补充说明 3.5】中展示说明。当 $S_V=0$ 时，方程（3.3.1）变为方程（2.1.6），即连续性方程。

【补充说明-3.1】 布朗运动和扩散

流体分子有细微的摆动，而其空间的平均决定了连续体中的流体粒子的属性和运动。图 3.4.1 是一个模拟布朗运动的简单实验。把黑色和白色的小球分别放入一个箱子的右边和左边，为使每个小球都能够移动，我们要留出充分的空隙。当你摇晃箱子，两种小球会相互碰撞，进行不规则运动，且小球左右交换，逐渐混在一起。经过超长时间的摇晃，黑色小球和白色小球的比例会在整个箱子里变得均匀。也就是说，最开始在右侧的黑色小球向左扩散，而最开始在左侧的白色小球向右扩散了。

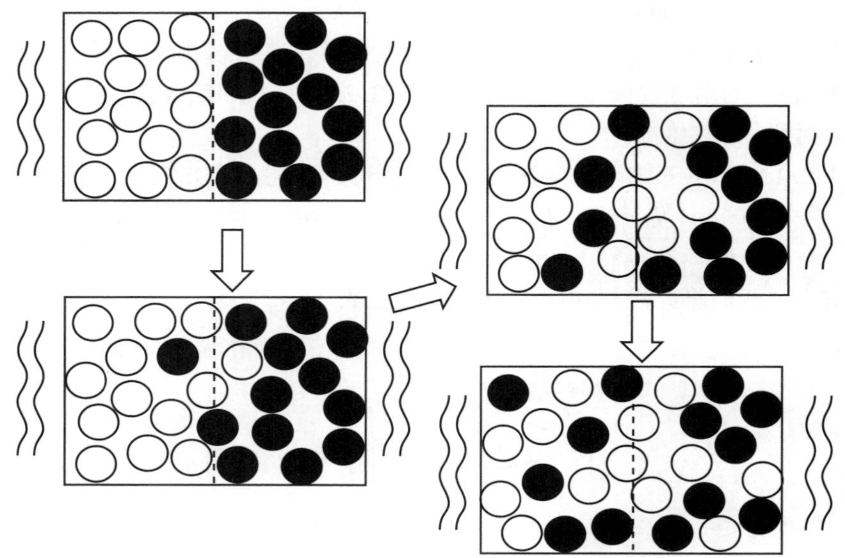

图 3.4.1　分子和流体粒子

【补充说明-3.2】 菲克定律

图 3.4.2 从概念上说明了菲克定律。我们以左侧的情况 1 进行说明。将空间分为左右两层，左边为 A 层，右边为 B 层。各层都含有 32 个黑白粒子，其中 A 层有 24 个白色粒子，8 个黑色粒子；B 层则与 A 层相反，含有 8 个白色粒子，24 个黑色粒子。也就是说，对黑色粒子的浓度 ϕ，A 层为 8/32，B 层为 24/32。即浓度差 $\Delta\phi$ 为 16/32。如果临近边界层的粒子

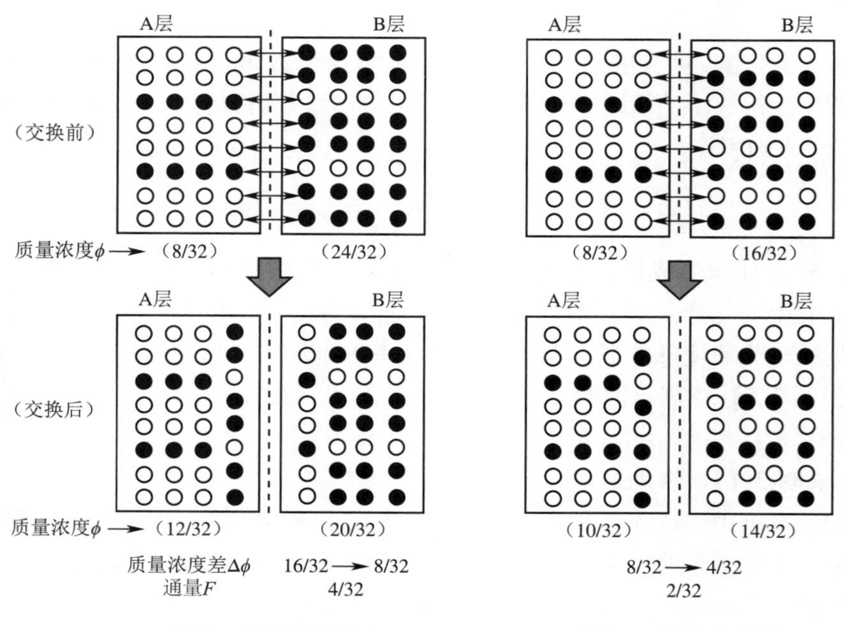

图 3.4.2　分子交换模型

进行了交换，那么交换后，A层黑色粒子的浓度即增至12/32，B层黑色粒子的浓度减至20/32。即浓度差 $\Delta\phi$ 减至8/32。而在这之间移动了的净比例（也就是通量）为4/32。

接下来，我们来考虑一下右侧的情况2。初始状态（交换前）下，A层的浓度与情况1相同，为8/32，但B层的浓度小于情况1，为16/32。即浓度差 $\Delta\phi$ 为8/32。假设和之前一样，靠近边界层的粒子进行了交换，那么交换后，A层黑色粒子的浓度为10/32，B层黑色粒子的浓度为14/32。浓度差 $\Delta\phi$ 减至4/32。而在这之间移动了的净比例（也就是通量）为2/32。

将上述两个情况进行对比可知，初始浓度差和通量之间存在比例关系。由于此数值实验的粒子数量很少，且只考虑了边界层附近的混合交换，所以稍微有些缺乏说服力。但如果设的粒子数量较多，且对粒子浓度进行连续性表示，则能够更明确地得出浓度差和通量的比例关系。

【补充说明-3.3】 扩散系数的单位和数值

从扩散方程（3.1.7）中，我们可以像下面这样，求出扩散系数的维度。设时间维度为 T，长度维度为 L，ϕ 的维度为 X_ϕ，μ 的维度为 X_μ，则方程（3.1.7）左侧和右侧各项分别表示如下。

$$\text{左侧维度：}\frac{X_\phi}{T}\text{；右侧维度：}X_\mu\frac{X_\phi}{L^2} \tag{3.4.1}$$

因为物理学等式两边的维度必须相等，则 X_μ 为下式，其单位在厘米-克-秒制中为 cm^2/s，在米-千克-秒制中为 m^2/s。

$$X_\mu = \frac{L^2}{T} \tag{3.4.2}$$

对溶于水的物质，其扩散系数的例子如表3.4.1所示。由此可知，其约为 $10^{-9}\ m^2/s$。另外，动量的扩散系数为 $10^{-6}\ m^2/s$，其被称为运动黏滞系数。关于运动黏滞系数为什么比物质的扩散系数大这一点，我们将在第4章的【补充说明-4.1】进行说明。

表3.4.1 扩散系数的值

溶解物质	扩散系数/(m^2/s)	溶解物质	扩散系数/(m^2/s)
CO_2	1.70×10^{-9}	食盐	1.60×10^{-9}
乙醇	1.13×10^{-9}	蔗糖	0.52×10^{-9}

【补充说明-3.4】 扩散方程的性质

图3.4.3表示在浓度梯度不等时扩散的情况。初期时为图3.4.3（a），因为中心部分的浓度梯度非常大，所以通量也很大。而通过扩散，浓度分布逐渐变为横向蔓延，则浓度梯度也逐渐变缓。在这种条件下，“形状相似的浓度分布”看起来会扩展开来。在此，我们基于扩散方程，试以方程来表示其扩展幅度。

设方程（3.1.7）的空间变量仅有 x，试调查其一维扩散方程的性质。

$$\frac{\partial\phi}{\partial t} = \mu\frac{\partial^2\phi}{\partial x^2} \tag{3.4.3}$$

设代表性扩展幅度为时间函数 $L(t)$，而 ϕ 是用 L 进行无维度处理的距离函数。

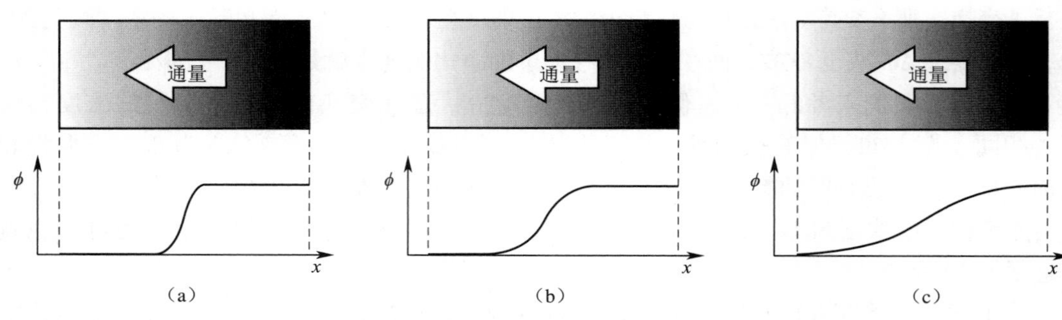

（a） （b） （c）

图 3.4.3 扩散幅度随时间的变化

$$\phi(x) \rightarrow \phi\left(\frac{x}{L(t)}\right) = \phi(\eta),\ \eta = \frac{x}{L(t)} \tag{3.4.4}$$

即假设了函数的相似性。方程中的 η 为清除参数。在此使用书后附录 A 中方程（A.4.6）对方程（3.4.3）进行如下变形。

$$\frac{\partial \phi}{\partial t} = \frac{\mathrm{d}\phi}{\mathrm{d}\eta}\frac{\partial \eta}{\partial L}\frac{\mathrm{d}L}{\mathrm{d}t} = \frac{\mathrm{d}\phi}{\mathrm{d}\eta}\left(\frac{-x}{L^2}\right)\frac{\mathrm{d}L}{\mathrm{d}t} = -\frac{\mathrm{d}\phi}{\mathrm{d}\eta}\left(\frac{\eta}{L}\right)\frac{\mathrm{d}L}{\mathrm{d}t} \tag{3.4.5}$$

请注意，此处的常微分与偏微分是分开使用的。原本的 ϕ 是 t 和 x 的函数，则左侧 t 的微分为偏微分。另外，由 η 的相似性假定来看，因为 ϕ 也是只包含 η 的函数，所以第二项最初的 η 的微分是偏微分。另外，又 η 是 x 和 L 的函数，则下面的 L 的微分为偏微分。且 L 为只包含 t 的函数，则最后的 L 的微分为常微分。

若分两个阶段对方程（3.4.3）右侧进行微分，则可得如下。

$$\frac{\partial \phi}{\partial x} = \frac{\mathrm{d}\phi}{\mathrm{d}\eta}\frac{\partial \eta}{\partial x} = \frac{\mathrm{d}\phi}{\mathrm{d}\eta}\frac{1}{L},\ \frac{\partial^2 \phi}{\partial x^2} = \frac{\mathrm{d}}{\mathrm{d}\eta}\left(\frac{\mathrm{d}\phi}{\mathrm{d}\eta}\frac{1}{L}\right)\frac{\partial \eta}{\partial x} = \frac{1}{L^2}\frac{\mathrm{d}^2\phi}{\mathrm{d}\eta^2} \Rightarrow \mu\frac{\partial^2 \phi}{\partial x^2} = \frac{\mu}{L^2}\frac{\mathrm{d}^2\phi}{\mathrm{d}\eta^2} \tag{3.4.6}$$

将方程（3.4.5）和方程（3.4.6）代入方程（3.4.3），整理可得下式。

$$-\eta\frac{\mathrm{d}\phi}{\mathrm{d}\eta}\left(\frac{L}{\mu}\frac{\mathrm{d}L}{\mathrm{d}t}\right) = \frac{\mathrm{d}^2\phi}{\mathrm{d}\eta^2} \tag{3.4.7}$$

在此，设左侧括号内的项不随时间改变，为一定量，则方程（3.4.7）为仅将 η 作为独立变量的 ϕ 相关的常微分方程。也就是说，可以存在相关函数 $\phi(\eta)$。其条件表示为下式。

$$\frac{L}{\mu}\frac{\mathrm{d}L}{\mathrm{d}t} = \text{const.} \Rightarrow \frac{1}{2}L^2 \propto \mu t \Rightarrow L \propto \sqrt{\mu t} \tag{3.4.8}$$

【补充说明-3.5】 关于体积变化率 S_V

图 3.4.4 表示液态水的密度和温度的关系。水的密度在温度为 4℃时达到最大，为 0.999 97 g/cm^3。此外，其密度在 20℃时为 0.998 2 g/cm^2，40℃时为 0.992 22 g/cm^2，60℃时为 0.983 20 g/cm^3。也就是说，地表附近一般温度范围内的密度变化在 0.01 g/cm^3 以内。而由温度引起的体积膨胀为密度变化的倒数，因此也为 1%左右。

另外，对装在坚固的密闭容器中的水（液体）进行加热，水压就会上升，其上升率如下式所示。

$$\frac{\mathrm{d}p}{\mathrm{d}T} = 0.47\ \mathrm{MPa/K} \tag{3.4.9}$$

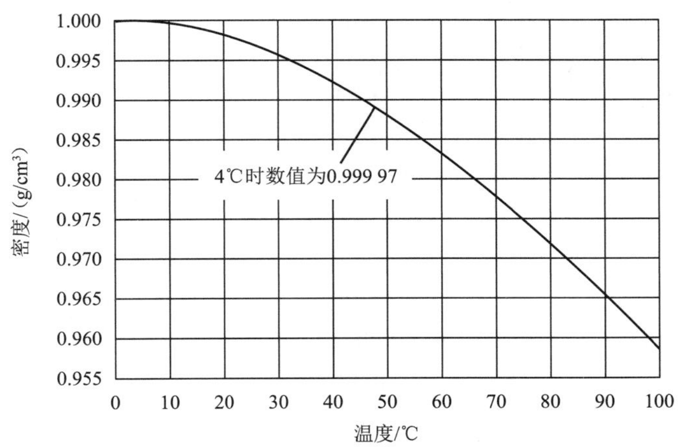

图 3.4.4　水的密度

其中，MPa 为压力单位，0.1 MPa 约为 1 个大气压。另外，K 为热力学温度单位（开尔文，kelvin），温度差 1 K 即等于温度差 1℃。由方程（3.4.9），温度每升高 1 K，水压就会变化约 5 个大气压。因此我们可知，在温度变化 10℃后，为产生与其对应的体积变化，就需要约 50 个大气压的水压。因此，由压力而引起的水体积变化可以忽略不计。

综上所述，在地表附近的一般环境状态中，我们可以将水看作不可压缩流体。

第二部分
水力学基础

第 4 章　不可压缩流体的运动方程

本章的讲解内容为水力学中所使用的主要方程式。正如我们在初级物理学中所学到的，在分析物体运动时所运用的主要守恒定律为质量守恒定律、动量守恒定律、能量守恒定律。水力学的基础方程式也与这三大守恒定律密切相关。但是，由于能量守恒定律稍有特殊，我们将在第 5 章中进行具体讲解。那么，为了节约篇幅，我们将首先推导出二维空间的运算公式，最后导入三维空间，形成最终公式。

4.1　质量守恒定律

单位体积的水所具有的质量为“密度 ρ”，即密度是质量的浓度。在此，将 ρ 代入方程（3.2.2）的 ϕ 中，可得质量守恒定律的表达公式。

$$\frac{\partial\rho}{\partial t}+\frac{\partial(\rho u)}{\partial x}+\frac{\partial(\rho v)}{\partial y}=\mu_\rho\left(\frac{\partial^2\rho}{\partial x^2}+\frac{\partial^2\rho}{\partial y^2}\right)+S_\rho \tag{4.1.1}$$

此处的 S_ρ 是反应后质量的生成项，而在一般环境条件下，物质不会凭空增加或消除，因此 $S_\rho=0$。另外，将扩散系数的 μ 改写成 μ_ρ，表示此扩散项为质量。

将书后附录 A 中的方程（A.2.5）应用于方程（4.1.1）左边的第 2 项和第 3 项，可得下式。

$$\frac{\partial\rho}{\partial t}+u\frac{\partial\rho}{\partial x}+v\frac{\partial\rho}{\partial y}+\rho\left(\frac{\partial u}{\partial x}+\frac{\partial v}{\partial y}\right)=\mu_\rho\left(\frac{\partial^2\rho}{\partial x^2}+\frac{\partial^2\rho}{\partial y^2}\right) \tag{4.1.2}$$

由于在非压缩流体中，左边的第 4 项为 0，最后可得下式。

$$\frac{\partial\rho}{\partial t}+u\frac{\partial\rho}{\partial x}+v\frac{\partial\rho}{\partial y}=\mu_\rho\left(\frac{\partial^2\rho}{\partial x^2}+\frac{\partial^2\rho}{\partial y^2}\right) \tag{4.1.3}$$

此时代入方程（2.4.8）中所定义的物质导数（实质导数）可得下式，此即拉格朗日法下的质量守恒定律。

$$\frac{\mathrm{D}\rho}{\mathrm{D}t}=\mu_\rho\left(\frac{\partial^2\rho}{\partial x^2}+\frac{\partial^2\rho}{\partial y^2}\right) \tag{4.1.4}$$

拉格朗日法下的守恒定律即 1.2 节中所示的高中初级物理学中所学形式的守恒定律。即左边是追踪的一个水分子质点所观测出的守恒定律。那么在此也许会有人出现以下疑问——明明在非压缩流体中每个水分子的密度是一定的，但据方程（4.1.3）所示，其却会随时间所变化，这又是为什么呢？

那么在这里有一个问题，即在第 2 章的【补充说明-2.3】中进行讲解的“连续体假设”的粒子的定义。流体分子做布朗运动，进行无规则移动。而流体粒子是在远大于分子的空间中将分子的属性（质量、动量、能量等）进行均分得到的。分子在水粒子（即平均化的对象空间）中进进出出。

如图 4.1.1（a）中所示，设存在溶解物（小圆圈）浓度较高的水粒子，并设溶解物分子的密度比水分子的密度大，则水粒子的密度应大于周围的密度。如第 3 章的【补充说明-3.1】中讲到的，溶解物分子会因进行布朗运动而向四处分散，也就是扩散。则其结果如图 4.1.1（b）所示，溶解物分子会逐渐减少。也就是说，在不可压缩流体中，水粒子的密度也可能会发生变化。

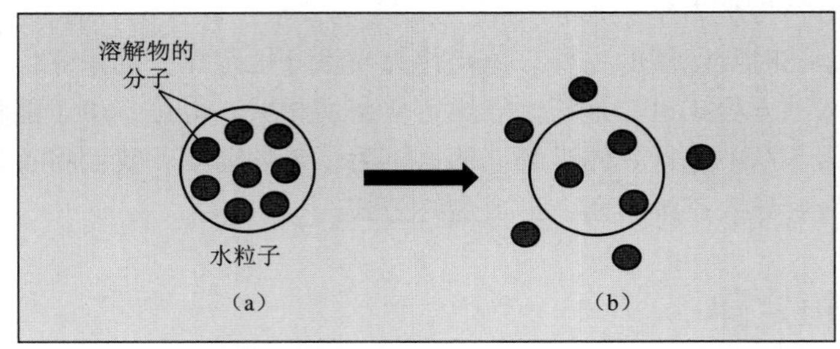

图 4.1.1 溶解物的扩散所造成的水粒子的密度变化

4.2 动量守恒定律

因为质量的浓度为密度 ρ，则动量的浓度为 $\rho\boldsymbol{u}$。$\boldsymbol{u}$ 为水粒子的速度分量（即流速分量），在此，将 $\rho\boldsymbol{u}$ 代入进方程（3.2.2）的 ϕ 中，则可得质量守恒定律的表达公式。

$$\frac{\partial\rho\boldsymbol{u}}{\partial t}+\frac{\partial(\rho u\boldsymbol{u})}{\partial x}+\frac{\partial(\rho v\boldsymbol{u})}{\partial y}=\mu_M\left(\frac{\partial^2(\rho\boldsymbol{u})}{\partial x^2}+\frac{\partial^2(\rho\boldsymbol{u})}{\partial y^2}\right)+\boldsymbol{S}_M \tag{4.2.1}$$

其中，$\boldsymbol{S}_M$ 为动量的生成项，如 1.2 节中所示，其为作用于物质的“外力 F”。因为 $\boldsymbol{u}$ 为矢量，则动量的浓度 $\boldsymbol{M}(\rho u, \rho v)$ 也是矢量。而作为力的 $\boldsymbol{S}_M$ 也是矢量，空间位置 $\boldsymbol{x}(x, y)$ 也同为矢量。另外，为了表示被扩散项为动量，所以把此处的扩散系数 μ 写成 μ_M。

因此，将方程（4.2.1）按分量分类，则可得如下。

$$x\text{ 方向：}\frac{\partial(\rho u)}{\partial t}+\frac{\partial(\rho uu)}{\partial x}+\frac{\partial(\rho vu)}{\partial y}=\mu_M\left(\frac{\partial^2(\rho u)}{\partial x^2}+\frac{\partial^2(\rho u)}{\partial y^2}\right)+F_x \tag{4.2.2}$$

$$y\text{ 方向：}\frac{\partial(\rho v)}{\partial t}+\frac{\partial(\rho uv)}{\partial x}+\frac{\partial(\rho vv)}{\partial y}=\mu_M\left(\frac{\partial^2(\rho v)}{\partial x^2}+\frac{\partial^2(\rho v)}{\partial y^2}\right)+F_y \tag{4.2.3}$$

其中，（F_x，F_y）是作用于单位体积水粒子的外力在 x 方向和 y 方向的分量。此时我们来考虑一下 ρ 一定（均质流体）的情形。从微分算子中提出公因式 ρ，并用方程除以 ρ，可得下式。

$$x\text{ 方向：}\frac{\partial u}{\partial t}+\frac{\partial uu}{\partial x}+\frac{\partial vu}{\partial y}=\mu_M\left(\frac{\partial^2 u}{\partial x^2}+\frac{\partial^2 u}{\partial y^2}\right)+\frac{F_x}{\rho} \tag{4.2.4}$$

$$y\text{ 方向：}\frac{\partial v}{\partial t}+\frac{\partial uv}{\partial x}+\frac{\partial vv}{\partial y}=\mu_M\left(\frac{\partial^2 v}{\partial x^2}+\frac{\partial^2 v}{\partial y^2}\right)+\frac{F_y}{\rho} \tag{4.2.5}$$

使用书后附录 A“乘积形式的函数微分”中的方程（A. 4. 1），对各方程左侧第二项和第三项的和变形，可得以下变形：

$$\frac{\partial uu}{\partial x}+\frac{\partial vu}{\partial y}=\left(u\frac{\partial u}{\partial x}+v\frac{\partial u}{\partial y}\right)+u\left(\frac{\partial u}{\partial x}+\frac{\partial u}{\partial y}\right) \tag{4.2.6}$$

$$\frac{\partial uv}{\partial x}+\frac{\partial vv}{\partial y}=\left(u\frac{\partial v}{\partial x}+v\frac{\partial v}{\partial y}\right)+v\left(\frac{\partial u}{\partial x}+\frac{\partial u}{\partial y}\right) \tag{4.2.7}$$

右侧第二项在方程（2. 1. 6）所示的不可压缩条件下，会变为 0。那么，方程（4. 2. 4）和方程（4. 2. 5）转化为下式：

$$x\text{ 方向：}\frac{\partial u}{\partial t}+u\frac{\partial u}{\partial x}+v\frac{\partial u}{\partial y}=\mu_M\left(\frac{\partial^2 u}{\partial x^2}+\frac{\partial^2 u}{\partial y^2}\right)+\frac{F_x}{\rho} \tag{4.2.8}$$

$$y\text{ 方向：}\frac{\partial v}{\partial t}+u\frac{\partial v}{\partial x}+v\frac{\partial v}{\partial y}=\mu_M\left(\frac{\partial^2 v}{\partial x^2}+\frac{\partial^2 v}{\partial y^2}\right)+\frac{F_y}{\rho} \tag{4.2.9}$$

对图 3. 2. 1 中的长方体的 *C. V.* 进行与上述类似的计算，则可得三维空间中的动量守恒定律，如下所示：

$$x\text{ 方向：}\frac{\partial u}{\partial t}+u\frac{\partial u}{\partial x}+v\frac{\partial u}{\partial y}+w\frac{\partial u}{\partial z}=\mu_M\left(\frac{\partial^2 u}{\partial x^2}+\frac{\partial^2 u}{\partial y^2}+\frac{\partial^2 u}{\partial z^2}\right)+\frac{F_x}{\rho} \tag{4.2.10}$$

$$y\text{ 方向：}\frac{\partial v}{\partial t}+u\frac{\partial v}{\partial x}+v\frac{\partial v}{\partial y}+w\frac{\partial v}{\partial z}=\mu_M\left(\frac{\partial^2 v}{\partial x^2}+\frac{\partial^2 v}{\partial y^2}+\frac{\partial^2 v}{\partial z^2}\right)+\frac{F_y}{\rho} \tag{4.2.11}$$

$$z\text{ 方向：}\frac{\partial w}{\partial t}+u\frac{\partial w}{\partial x}+v\frac{\partial w}{\partial y}+w\frac{\partial w}{\partial z}=\mu_M\left(\frac{\partial^2 w}{\partial x^2}+\frac{\partial^2 w}{\partial y^2}+\frac{\partial^2 w}{\partial z^2}\right)+\frac{F_z}{\rho} \tag{4.2.12}$$

此外，从方程（4. 2. 2）、方程（4. 2. 3）推导到方程（4. 2. 4）、方程（4. 2. 5）的过程中，从微分算子中提出公因式 ρ 一定（均质流体）。但虽然是在不可压缩条件中，ρ 也可能会随时间和空间改变而发生变化，因此我们认为，像 4. 1 节中那样，导出以 ρ 为变量的动量守恒定律之后再设定不可压缩条件，这是比较恰当的。然而这样一来，在推导方程（4. 2. 8）、方程（4. 2. 9）的过程中，就会产生【补充说明-4. 1】中讲到的数学上的矛盾。一般认为，这是由质量扩散系数 μ_ρ 和动量扩散系数 μ_M 显著不同而导致的。关于这一点，我们将在【补充说明-4. 2】中详细阐述。

4. 3　作用于流体的力

4. 3. 1　随流体变形而产生的力

作用于不可压缩流体中的粒子（请注意不是分子）的力可以分为两种，一种是作用于相邻粒子之间的“表面”上的力（表面力），另一种是作用于粒子的“体积”上的力（体积力，又称质量力）。在水力学中，体积力一般只考虑重力。作用于单位体积水溶液的重力，一般将水的密度表示为 ρg。其中，g 是表示重力加速度的分量，在水平面内取笛卡尔坐标系的 x、y 轴，取 z 轴垂直向上，则（0，0，$-g$）。在地表附近，g 的值为

9.807 m/s²。一方面，表面力可以分为随粒子变形而产生的力和不随变形产生的力。后者被称作为“压力”。另外，随变形而产生的力中非常有代表性的就是“剪切力”。

如图 4.3.1 所示，如果对矩形流体粒子的上表面和下表面施加反向表面力，物质就会变形为平行四边形。这种力就叫作剪切应力，这种变形就叫作剪切变形。图中将剪切应力表示为τ，将剪切变形量以角度θ表示。如第 2 章的【补充说明-2.2】中讲到的，对τ为θ时间变化速度的函数的物质，我们将其称为流体，而在液态 H_2O 中，这二者大致成比例关系，这种流体就被叫作牛顿流体。

$$\text{流体：}\tau = f\left(\frac{\mathrm{d}\theta}{\partial t}\right) \Rightarrow \text{牛顿流体：}\tau \propto \frac{\mathrm{d}\theta}{\partial t}\,\frac{\mathrm{d}\theta}{\partial t}\text{：剪切变形速度} \qquad (4.3.1)$$

图 4.3.2 表示变形量和流速的关系。竖边 A-B 的倾斜度θ是由下端 B 和上端 A 的流速差而产生的。将 B 和 A 的速度分别写为u_1、u_2，在Δy极其微小的情况下，使用书后附录 A 中的方程（A.2.2）来类推流速差，可得剪切变形速度，表示如下：

$$u_2 \approx u_1 + \frac{\partial u}{\partial y}\Delta y \Rightarrow \frac{\mathrm{d}\theta}{\partial t} \approx \frac{u_2 - u_1}{\Delta y} = \frac{\partial u}{\partial y} \Rightarrow \tau_{yx} \propto \frac{\partial u}{\partial y} \qquad (4.3.2)$$

则剪切应力τ与流速梯度成比例。在此，将τ写作τ_{yx}，下标“yx”表示在y一定的面上，作用于x方向上的应力。

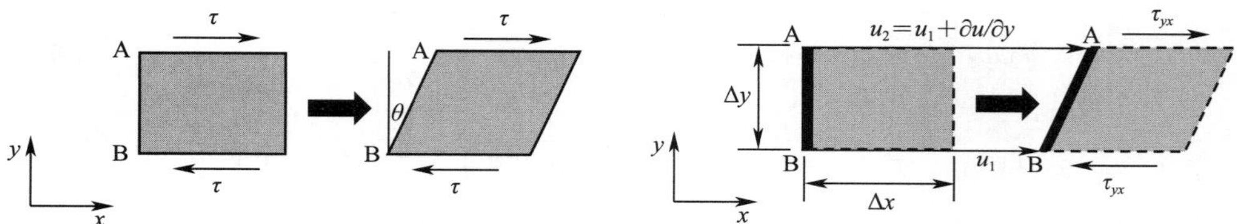

图 4.3.1　流体粒子的剪切变形　　**图 4.3.2　剪切变形与流速梯度**

接下来，如图 4.3.3 所示，我们来思考一下作用上表面的剪切应力与下表面相比，仅有$\Delta\tau_{yx}$较大的情况。也就是说，水粒子通过合力$\Delta\tau_{yx}$向x的正方向进行加速。使用书后附录 A 中的方程（A.2.2）来类比$\Delta\tau_{yx}$，并运用方程（4.3.2）的关系可得下述左侧关系式。取Δy为无限小，则可得右侧方程。在此$\propto$是比例系数。

$$\Delta\tau_{yx} \approx \frac{\partial\tau_{yx}}{\partial y},\ \Delta y \propto \frac{\partial^2 u}{\partial y^2} \qquad (4.3.3)$$

我们可知，此方程形式和方程（4.2.4）右侧括号内的第二项相同。图 4.3.3 所示的情形是比较单纯的情况，所以并不能断言其为普遍情况，但我们仍然可以从中看到，存在由剪切变形而产生的力通过扩散项表现出来的可能性。

图 4.3.4 表示，流体粒子因作用于竖面的应力，而向x方向进行延伸的情况。设延伸率为ε_x，则在牛顿流体中，τ_{xx}和ε_x成比例。其结果，就是经过与方程（4.3.2）、方程（4.3.3）

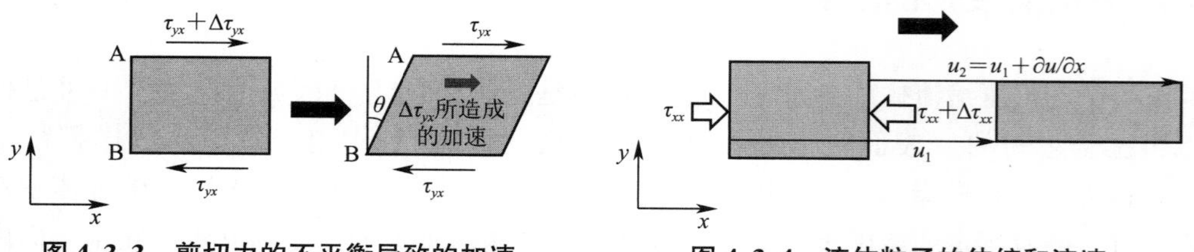

图 4.3.3　剪切力的不平衡导致的加速　　**图 4.3.4　流体粒子的伸缩和流速**

同样的推导过程，可得下式。

$$\tau_{xx} \propto \varepsilon_x = \frac{\partial u}{\partial x} \Rightarrow \Delta\tau_{xx} \approx \frac{\partial \tau_{xx}}{\partial x}, \ \Delta x \propto \frac{\partial^2 u}{\partial x^2} \tag{4.3.4}$$

此方程形式和方程（4.2.4）右侧括号内的第一项相同。

同样，设向 y 方向的延伸率为 ε_y，则类似于方程（4.3.4），可得下式。

$$\tau_{yy} \propto \varepsilon_x = \frac{\partial v}{\partial y} \Rightarrow \Delta\tau_{yy} \approx \frac{\partial \tau_{yy}}{\partial y}, \ \Delta y \propto \frac{\partial^2 v}{\partial y^2} \tag{4.3.5}$$

此方程形式和方程（4.2.5）右侧括号内的第二项相同。

其中，将方程（2.1.5）所示的不可压缩流体的连续性方程和方程（4.3.4）、方程（4.3.5）左侧方程项组合，即得 $\varphi_x+\varphi_x=0$（也就是 $\varphi_y=-\varphi_x$）。因此，如图 4.3.4 所示，我们可知，如果水粒子向 x 方向延伸，则向 y 方向收缩。

综上可知，随流体粒子变形而产生的力，是有很大可能通过扩散项来表现的。更为正确精准的描述将在【补充说明-4.3】中展示，有兴趣的同学请作为参照。但是，这些知识在水力学当中并不是特别重要，所以不用费力理解。

4.3.2　关于压力

让我们来思考一下流体中的压力。在第 2 章的【补充说明-2.5】中也讲解过，压力是垂直作用于流体表面的标量，它并不取决于作用面的方向。

我们接着来考虑一下图 4.3.5 所示的 *C.V.* 中的压力分布。设 *C.V.* 的边长 Δx 和 Δy 都足够小，并且，设作用于左侧边的压力为 p_1，作用于右侧边的压力为 p_2，则使用书后附录 A 的方程（A.2.2）就可近似得出 p_2。又边长为 Δy，则压力引起的 x 方向的净作用力 ΔP_x 如下述方程的左侧所示，而作用于单位体积水粒子的力 F_x 是 ΔP_x 除以 *C.V.* 的体积 $\Delta x\Delta y$，可像方程的右侧这样求得。

$$\Delta P_x = (p_{x_1} - p_{x_2})\Delta y = -\frac{\partial p}{\partial x}\Delta x\Delta y \Rightarrow F_x = -\frac{\partial p}{\partial x} \tag{4.3.6}$$

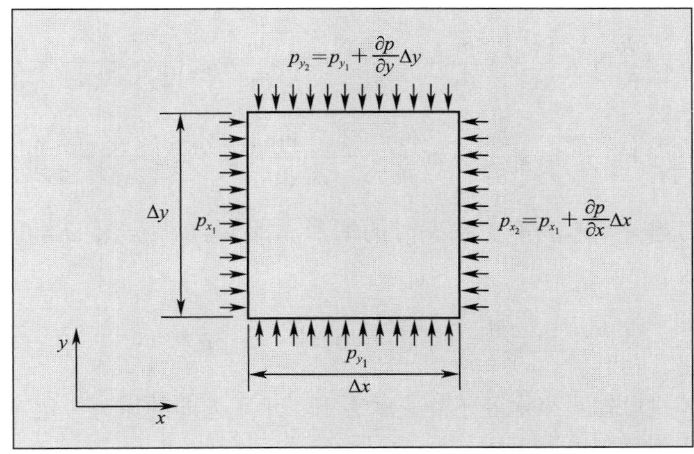

图 4.3.5　控制体积侧边所受的压力

对 y 方向同样可得下式：

$$\Delta P_y = (p_{y_1} - p_{y_2})\Delta x = -\frac{\partial p}{\partial y}\Delta x \Delta y \Rightarrow F_y = -\frac{\partial p}{\partial y} \tag{4.3.7}$$

将上述各式代入方程（4.2.8）、方程（4.2.9），则可求得密度均匀流体的动量守恒定律如下：

$$x\text{ 方向：}\frac{\partial u}{\partial t} + u\frac{\partial u}{\partial x} + v\frac{\partial u}{\partial y} = -\frac{1}{\rho}\frac{\partial p}{\partial x} + \mu_M\left(\frac{\partial^2 u}{\partial x^2} + \frac{\partial^2 u}{\partial y^2}\right) \tag{4.3.8}$$

$$y\text{ 方向：}\frac{\partial v}{\partial t} + u\frac{\partial v}{\partial x} + v\frac{\partial v}{\partial y} = -\frac{1}{\rho}\frac{\partial p}{\partial y} + \mu_M\left(\frac{\partial^2 v}{\partial x^2} + \frac{\partial^2 v}{\partial y^2}\right) \tag{4.3.9}$$

4.3.3 关于重力的影响

上述都是关于二维空间 *C. V.* 的探讨，下面我们将其扩展到图 4.3.6 所示的三维笛卡尔坐标系，且对之前没有考虑在内的重力的影响也做出讨论。按照惯例，我们将 x 轴和 y 轴置于水平面内，取 z 轴为水平向上。重力作用方向垂直向下，作用大小为 ρg，则 F_x 和 F_y 并不发生改变。但对 F_z 加上 $-\rho g$。其结果，即可得下述动量守恒定律。

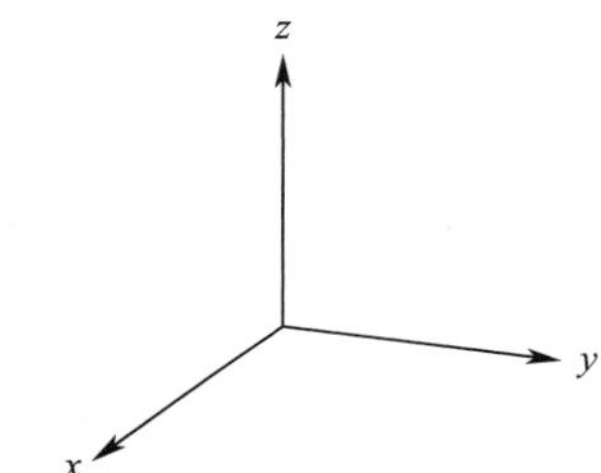

图 4.3.6 一般规定的三维笛卡尔坐标系

$$x\text{ 方向：}\frac{\partial u}{\partial t} + u\frac{\partial u}{\partial x} + v\frac{\partial u}{\partial y} + w\frac{\partial u}{\partial z} = -\frac{1}{\rho}\frac{\partial p}{\partial x} + \mu_M\left(\frac{\partial^2 u}{\partial x^2} + \frac{\partial^2 u}{\partial y^2} + \frac{\partial^2 u}{\partial z^2}\right) \tag{4.3.10}$$

$$y\text{ 方向：}\frac{\partial v}{\partial t} + u\frac{\partial v}{\partial x} + v\frac{\partial v}{\partial y} + w\frac{\partial v}{\partial z} = -\frac{1}{\rho}\frac{\partial p}{\partial y} + \mu_M\left(\frac{\partial^2 v}{\partial x^2} + \frac{\partial^2 v}{\partial y^2} + \frac{\partial^2 v}{\partial z^2}\right) \tag{4.3.11}$$

$$z\text{ 方向：}\frac{\partial w}{\partial t} + u\frac{\partial w}{\partial x} + v\frac{\partial w}{\partial y} + w\frac{\partial w}{\partial z} = -\frac{1}{\rho}\frac{\partial p}{\partial z} - g + \mu_M\left(\frac{\partial^2 w}{\partial x^2} + \frac{\partial^2 w}{\partial y^2} + \frac{\partial^2 w}{\partial z^2}\right) \tag{4.3.12}$$

此时，我们考虑一下水为静止状态时的情形。即 $u=0$，$v=0$，$w=0$ 的状态。则可得下式：

$$\frac{\partial p}{\partial x} = 0,\ \frac{\partial p}{\partial y} = 0,\ \frac{\partial p}{\partial z} = -\rho g \tag{4.3.13}$$

由左侧两个等式可知，当水处于静止状态下，水平方向的压力一定。

对第三个等式积分则可得下式：

$$p = -\rho g z + \text{const.} \tag{4.3.14}$$

也就是说，压力随垂直向下的距离增大而呈线性增加。这种压力分布就叫作静水压力。将静水压写作 p_0，设 $p=p'+p_0$，则可得方程（4.3.10′）、方程（4.3.11′）、方程（4.3.12′），且可得表面上不含重力的方程。其中，p'为“水流流动而产生的压力”。

$$x\text{ 方向：}\frac{\partial u}{\partial t}+u\frac{\partial u}{\partial x}+v\frac{\partial u}{\partial y}+w\frac{\partial u}{\partial z}=-\frac{1}{\rho}\frac{\partial p'}{\partial x}+\mu_M\left(\frac{\partial^2 u}{\partial x^2}+\frac{\partial^2 u}{\partial y^2}+\frac{\partial^2 u}{\partial z^2}\right)\quad(4.3.10')$$

$$y\text{ 方向：}\frac{\partial v}{\partial t}+u\frac{\partial v}{\partial x}+v\frac{\partial v}{\partial y}+w\frac{\partial v}{\partial z}=-\frac{1}{\rho}\frac{\partial p'}{\partial y}+\mu_M\left(\frac{\partial^2 v}{\partial x^2}+\frac{\partial^2 v}{\partial y^2}+\frac{\partial^2 v}{\partial z^2}\right)\quad(4.3.11')$$

$$z\text{ 方向：}\frac{\partial w}{\partial t}+u\frac{\partial w}{\partial x}+v\frac{\partial w}{\partial y}+w\frac{\partial w}{\partial z}=-\frac{1}{\rho}\frac{\partial p'}{\partial z}+\mu_M\left(\frac{\partial^2 w}{\partial x^2}+\frac{\partial^2 w}{\partial y^2}+\frac{\partial^2 w}{\partial z^2}\right)\quad(4.3.12')$$

【补充说明-4.1】 通用扩散系数之间的矛盾

式（4.4.1）表示 x 方向的动量守恒。

$$\frac{\partial \rho u}{\partial t}+\frac{\partial(\rho uu)}{\partial x}+\frac{\partial(\rho vu)}{\partial y}=\mu\left(\frac{\partial^2(\rho u)}{\partial x^2}+\frac{\partial^2(\rho u)}{\partial y^2}\right)+F_x\quad(4.4.1)$$

我们使用书后附录 A 中的方程（A.2.2）对其中几项进行变形。

$$\frac{\partial(\rho u)}{\partial t}=\frac{\partial \rho}{\partial t}u+\rho\frac{\partial u}{\partial t}\quad\frac{\partial(\rho uu)}{\partial x}=\frac{\partial \rho}{\partial x}uu+\rho\frac{\partial u}{\partial x}u+\rho u\frac{\partial u}{\partial x}$$

$$\frac{\partial(\rho vu)}{\partial y}=\frac{\partial \rho}{\partial y}vu+\rho\frac{\partial v}{\partial y}u+\rho v\frac{\partial u}{\partial y}$$

$$\mu_M\frac{\partial^2(\rho u)}{\partial x^2}=\mu_M\frac{\partial}{\partial x}\left(\frac{\partial \rho}{\partial x}u+\rho\frac{\partial u}{\partial x}\right)=\mu\left(\frac{\partial^2 \rho}{\partial x^2}u+2\frac{\partial \rho}{\partial x}\frac{\partial u}{\partial x}+\rho\frac{\partial^2 u}{\partial x^2}\right)$$

$$\mu_M\frac{\partial^2(\rho u)}{\partial y^2}=\mu_M\frac{\partial}{\partial y}\left(\frac{\partial \rho}{\partial y}u+\rho\frac{\partial u}{\partial y}\right)=\mu\left(\frac{\partial^2 \rho}{\partial y^2}u+2\frac{\partial \rho}{\partial y}\frac{\partial u}{\partial y}+\rho\frac{\partial^2 u}{\partial y^2}\right)\quad(4.4.2)$$

对方程（4.2.1）和方程（4.2.3）进行归纳整理，下列方程中的记号“⊵”与“=”不同，表示“定义为”。将方程（4.4.3a）、方程（4.4.3b）、方程（4.4.3c）相加得到公式（4.4.1）。

$$u\left\{\frac{\partial \rho}{\partial t}+u\frac{\partial \rho}{\partial x}+v\frac{\partial \rho}{\partial y}\trianglerighteq\mu\left(\frac{\partial^2 \rho}{\partial x^2}+\frac{\partial^2 \rho}{\partial y^2}\right)\right\}\quad(4.4.3a)$$

$$\rho\left\{\frac{\partial u}{\partial t}+u\frac{\partial u}{\partial x}+v\frac{\partial u}{\partial y}\trianglerighteq\mu\left(\frac{\partial^2 u}{\partial x^2}+\frac{\partial^2 u}{\partial y^2}\right)\right\}+F_x\quad(4.4.3b)$$

$$\rho u\left\{\left(\frac{\partial u}{\partial x}+\frac{\partial v}{\partial y}\right)\trianglerighteq 2\mu\left(\frac{\partial \rho}{\partial x}\frac{\partial u}{\partial x}+\frac{\partial \rho}{\partial y}\frac{\partial u}{\partial y}\right)\right\}\quad(4.4.3c)$$

+

$$\frac{\partial(\rho u)}{\partial t}+\frac{\partial(\rho uu)}{\partial x}+\frac{\partial(\rho vu)}{\partial y}=\mu\left(\frac{\partial^2(\rho u)}{\partial x^2}+\frac{\partial^2(\rho u)}{\partial y^2}\right)+F_x\quad(4.4.1)$$

方程（4.4.3a）与质量守恒方程（4.1.3）为同种类型，则可视其值为 0，且方程（4.4.3c）左侧为连续条件，也可为 0，但方程（4.4.3c）右侧一般不视为 0。因此，这 3 个方程的总和与最下方的方程（4.4.1）不同。关于出现这一矛盾点的原因，一般认为是质量扩散系数μ_ρ与动量扩散系数μ_M并不相等。

【补充说明-4.2】 质量扩散系数μ_ρ与动量扩散系数μ_M不同的原因

如图4.4.1（a）所示，设上层的水分子（浅色圆圈）以较大的平均速度U_1流动，而下层的水分子（深色圆圈）的平均速度U_2为0。但由于每个分子都会因做布朗运动而具有一定的速度偏差，即会产生如图4.4.1（b）所示的水粒子的交换。移动至下层的浅色水分子具有较大速度，就可能会与周围的深色水分子发生碰撞从而传递动量。其结果，深色水分子就如同虚线箭头所示，速度增加。我们基本能预想到，这个动量扩散的深度，是比物质自身移动至下层的深度还要更大的。实际上，如第3章的补充说明中所述，动量的扩散系数（运动黏滞系数）μ_M的计量值要远大于溶解物的扩散系数μ_ρ。

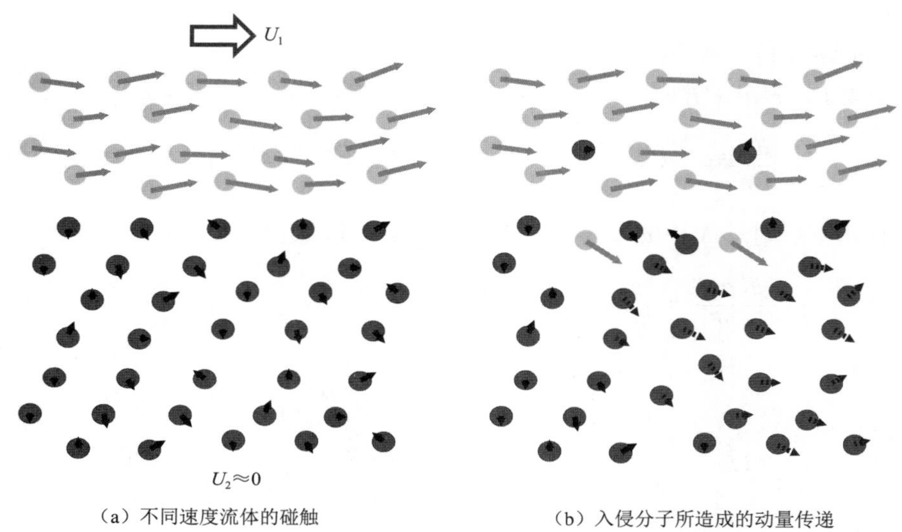

（a）不同速度流体的碰触　　（b）入侵分子所造成的动量传递

图4.4.1　分子水平间的动量传递

说到能够将物质自身的移动和动量的移动的差异较好地展示出来的可视化案例，就要数图4.4.2所示的保龄球游戏了。保龄球的直径约为22 cm，在球道终端放置的瓶子从左到右的宽度约有1 m，所以要将瓶子全部击中是不可能的。但是保龄球击中的瓶子会发生移动，从而能够击倒其他的瓶子。我们可以说这就是利用了“动量的扩散”。

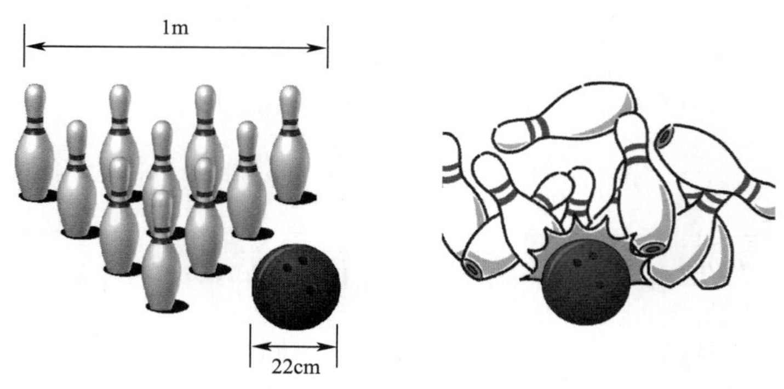

图4.4.2　保龄球游戏

【补充说明-4.3】 由流体粒子的变形引起的应力和扩散项的关系

在书后附录 A 中的方程（A.2.6）中，设独立变量为（x，y），依赖变量为（u，v），则可得下述两个方程。

$$\mathrm{d}u=\frac{\partial u}{\partial x}\mathrm{d}x+\frac{\partial u}{\partial y}\mathrm{d}y \tag{4.4.4a}$$

$$\mathrm{d}v=\frac{\partial v}{\partial x}\mathrm{d}x+\frac{\partial v}{\partial y}\mathrm{d}y \tag{4.4.4b}$$

将上式分别进行以下变形。

$$\mathrm{d}u=\frac{\partial u}{\partial x}\mathrm{d}x+\frac{1}{2}\left(\frac{\partial v}{\partial x}+\frac{\partial u}{\partial y}\right)\mathrm{d}y-\frac{1}{2}\left(\frac{\partial v}{\partial x}-\frac{\partial u}{\partial y}\right)\mathrm{d}y=\varepsilon_x\mathrm{d}x+\frac{1}{2}\gamma_{xy}\mathrm{d}y-\frac{1}{2}\omega_z\mathrm{d}y \tag{4.4.5a}$$

$$\mathrm{d}v=\frac{\partial v}{\partial y}\mathrm{d}y+\frac{1}{2}\left(\frac{\partial u}{\partial y}+\frac{\partial v}{\partial x}\right)\mathrm{d}x+\frac{1}{2}\left(\frac{\partial v}{\partial x}-\frac{\partial u}{\partial y}\right)\mathrm{d}x=\varepsilon_y\mathrm{d}y+\frac{1}{2}\gamma_{yx}\mathrm{d}x+\frac{1}{2}\omega_z\mathrm{d}x \tag{4.4.5b}$$

（ε_x，ε_y）、（γ_{xy}，γ_{yx}）及 ω_z 分别叫作“伸展变形”“剪切变形”和“旋转”，如图 4.4.3 所示。其中，与变形相关的量为（ε_x，ε_y）和（γ_{xy}，γ_{yx}），与剪切力 τ 结合如下：

$$\tau_{xx}=2\mu_M\varepsilon_x=2\mu_M\frac{\partial u}{\partial x},\ \tau_{yy}=2\mu_M\varepsilon_y=2\mu_M\frac{\partial v}{\partial y}$$

$$\tau_{xy}=2\mu_M\gamma_{xy}=\mu_M\left(\frac{\partial v}{\partial x}+\frac{\partial u}{\partial y}\right),\ \tau_{yx}=2\mu_M\gamma_{yx}=\mu_M\left(\frac{\partial u}{\partial y}+\frac{\partial v}{\partial x}\right)=\tau_{xy} \tag{4.4.6}$$

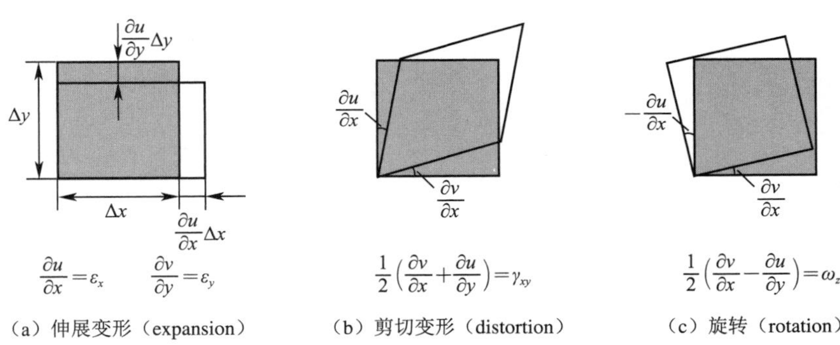

（a）伸展变形（expansion）　（b）剪切变形（distortion）　（c）旋转（rotation）

图 4.4.3　流体运动的分解

在图 4.4.4 中，除去了压力和重力，只表示与变形相关的 τ 的力。而 x 方向及 y 的合力 $F\tau_x$、$F\tau_y$ 表示如下：

$$F\tau_x=\frac{\partial\tau_{xx}}{\partial x}\Delta x\Delta y+\frac{\partial\tau_{xy}}{\partial y}\Delta x\Delta y=\mu_M\left(2\frac{\partial^2 u}{\partial x^2}+\frac{\partial^2 v}{\partial x\partial y}+\frac{\partial^2 u}{\partial y^2}\right)\Delta x\Delta y \tag{4.4.7-a}$$

$$F\tau_y=\frac{\partial\tau_{yy}}{\partial y}\Delta x\Delta y+\frac{\partial\tau_{yx}}{\partial x}\Delta x\Delta y=\mu_M\left(2\frac{\partial^2 v}{\partial y^2}+\frac{\partial^2 u}{\partial x\partial y}+\frac{\partial^2 v}{\partial x^2}\right)\Delta x\Delta y \tag{4.4.7-b}$$

在此，用方程（4.4.7a）、方程（4.4.7b）分别除以 $\Delta x\Delta y$，用方程（2.1.5）进行变

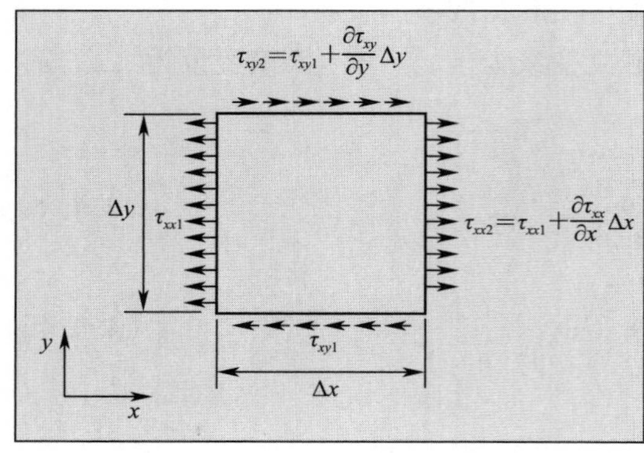

(a) x方向的应力

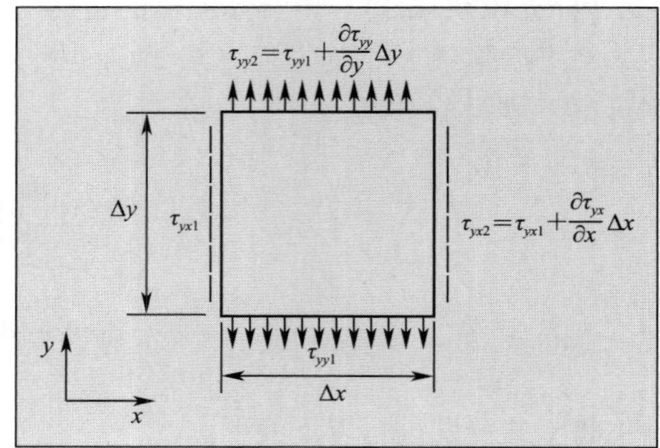

(b) y方向的应力

图 4.4.4　与变形相关的应力

形则可得下式：

$$\frac{F\tau_x}{\Delta x\Delta y}=\mu_M\left(\frac{\partial^2 u}{\partial x^2}+\frac{\partial^2 u}{\partial y^2}\right) \tag{4.4.8a}$$

$$\frac{F\tau\tau_y}{\Delta x\Delta y}=\mu_M\left(\frac{\partial^2 v}{\partial x^2}+\frac{\partial^2 v}{\partial y^2}\right) \tag{4.4.8b}$$

这些方程与方程（4.2.4）、方程（4.2.5）中的扩散项完全相同。也就是说，在输送方程中，我们已经将随流体变形而产生的应力效应作为扩散项考虑了。

第 5 章　伯努利（Bernoulli）方程

5.1　动能和功率

我们在 1.2.4 节复习过，之前在基础物理中学过的拉格朗日型动能守恒定律，其结果表示为方程（1.2.10）。

$$\frac{\mathrm{d}K}{\mathrm{d}t}=\frac{\mathrm{d}(mu)}{\mathrm{d}t}u+\frac{\mathrm{d}(mv)}{\mathrm{d}t}v+\frac{\mathrm{d}(mw)}{\mathrm{d}t}w=\frac{\mathrm{d}\boldsymbol{M}}{\mathrm{d}t}\cdot\boldsymbol{U}=\boldsymbol{F}\cdot\boldsymbol{U}=\text{外力所做的功}\qquad(1.2.10)$$

其中，K 是物体所具有的动能；m 是物体质量；（u，v，w）为速度矢量 $\boldsymbol{U}$ 的 3 个分量；$\boldsymbol{M}$ 为动量矢量；$\boldsymbol{F}$ 是作用于物体的外力；$\boldsymbol{X}_1\cdot\boldsymbol{X}_2$ 是矢量 $\boldsymbol{X}_1$ 和 $\boldsymbol{X}_2$ 的内积。即动能 K 的生成项是外力所做的功 $\boldsymbol{F}\cdot\boldsymbol{U}$。

因此，对图 5.1.1 所示的二维 *C.V.*，我们对其各边的动能通量进行如下定义。那么如果设作用于 *C.V.* 的外力所做的功为一定式，则可导出欧拉型守恒定律。

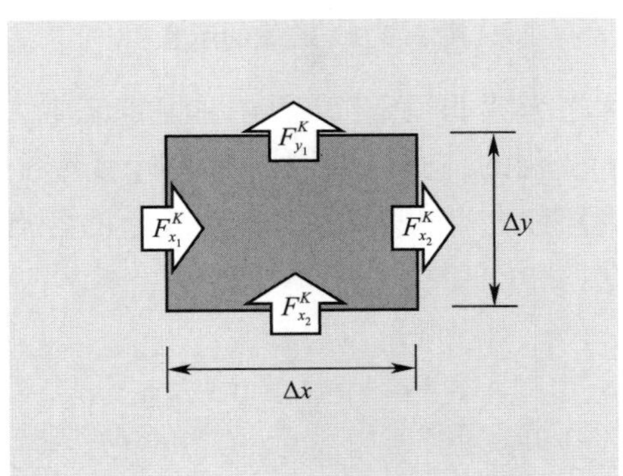

图 5.1.1　二维 *C.V.* 中的动能通量

$$F^k_{x_1}=K_{x_1}u_{x_1}\Delta y,\ F^k_{x_2}=K_{x_2}u_{x_2}\Delta y,\ F^k_{y_1}=K_{y_1}v_{y_1}\Delta x,\ F^k_{y_2}=K_{y_2}v_{y_2}\Delta x\qquad(5.1.1)$$

$$K_{x_1}=\frac{\rho}{2}(u^2_{x_1}+v^2_{x_1}),\ K_{x_2}=\frac{\rho}{2}(u^2_{x_2}+v^2_{x_2}),\ K_{y_1}=\frac{\rho}{2}(u^2_{y_1}+v^2_{y_1}),\ K_{y_2}=\frac{\rho}{2}(u^2_{y_2}+v^2_{y_2})\qquad(5.1.2)$$

下标 x_1 和 x_2 分别表示在 *C.V.* 左右两边的值，y_1 和 y_2 则表示在 *C.V.* 上下两边的值。

另外，作用于 *C.V.* 的外力为方程（4.3.9）、方程（4.3.10）的右侧。也就是说，我们在此并不只是要考虑压力，也要将剪切应力考虑进去。但是在方程中包含了流速的二次微分项，方程类型是十分复杂的。从这方面来说，虽然不是不能对方程进行变形，但却变得相当烦琐。因此，我们将推导出拉格朗日型守恒定律，以及第 2 章 2.4 节中讲到的从实质微分中推导出欧拉法下的能量守恒定律。

5.2 水粒子的动能守恒定律

5.2.1 流线和迹线

让我们考虑一下恒定的流体。“恒定”就是指不随时间变化而变化，即流速矢量 $\boldsymbol{U}(u,v)$ 与时间 t 无关，仅是空间坐标（x，y）的函数。通过图 5.2.1 中 A 点的水粒子也同样会依次通过 B、C、D 点，所以各粒子的轨迹是一定的。此即被称为“流线”。流线在各点上的方向都与流速矢量的方向一致，则流线可由下式表示：

$$\frac{\delta y}{\delta x}=\frac{v(x,y)}{u(x,y)} \tag{5.2.1}$$

当流速作为空间函数被给出时，将上述方程的 $\delta y/\delta x$ 积分为 dy/dx，则可求得流线的轨迹。

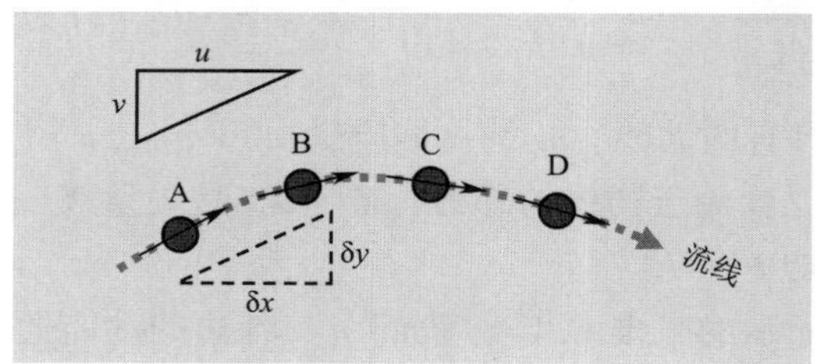

$\boldsymbol{U}(u,v)/\!/\Delta X(\delta x,\delta y)$

图 5.2.1　流线的示意

不是恒定的流体我们称之为“非恒定”。而在非恒定流中，即使是空间内同一点，流体的流速和流向也是在发生变化的，所以如图 5.2.2 所示，通过 A 点的粒子的轨迹并不恒定，其轨迹所连成的线我们称之为“迹线”。在迹线上的各点的方向也是和流速矢量的方向相一致的，则下式成立：

$$\frac{\delta y}{\delta x}=\frac{v(t,x,y)}{u(t,x,y)} \tag{5.2.2}$$

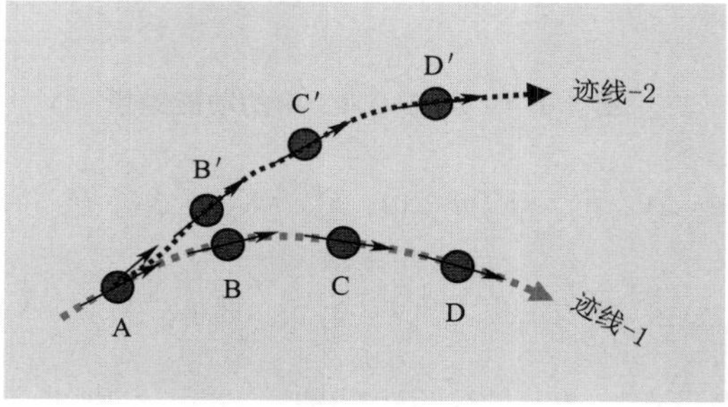

图 5.2.2　迹线的示意

5.2.2 水粒子的加速度

对于单位体积的水粒子，其动能的时间变化率可表示如下：

$$\frac{\mathrm{D}K}{\mathrm{D}t}=\frac{\mathrm{D}}{\mathrm{D}t}\left(\frac{1}{2}\rho U^2\right)=W_g+W_p \tag{5.2.3}$$

其中，D/Dt 为方程（2.4.8）中定义的实质微分（观察者所看到的随物质同时移动的变化速度）。另外，U 为水粒子速度，W_g 为重力对应的功率，W_p 为压力对应的功率。取空间坐标 x 轴为 s 轴，将 y 轴和 z 轴定义为与 s 轴正交，则流速矢量的分量（u，v，w）变为（U，0，0），可得下式：

$$\frac{\mathrm{D}K}{\mathrm{D}t}=\frac{\partial K}{\partial t}+u\frac{\partial K}{\partial x}+v\frac{\partial K}{\partial y}+w\frac{\partial K}{\partial z}\Rightarrow\frac{\mathrm{D}K}{\mathrm{D}t}=\frac{\partial K}{\partial t}+U\frac{\partial K}{\partial s} \tag{5.2.4}$$

将方程（5.1.2）所示的动能形式具体代入可得下式：

$$\frac{\mathrm{D}}{\mathrm{D}t}\left(\frac{1}{2}\rho U^2\right)=\frac{\partial}{\partial t}\left(\frac{1}{2}\rho U^2\right)+U\frac{\partial}{\partial s}\left(\frac{1}{2}\rho U^2\right)=\rho U\frac{\partial U}{\partial t}+\rho U\frac{\partial}{\partial s}\left(\frac{U^2}{2}\right)=W_g+W_p \tag{5.2.5}$$

那么我们接下来就来试求 W_g 和 W_p。

5.2.3　重力对应的功率

我们首先来考虑一下图 5.2.3 中，作用于单位体积的水粒子的重力。水粒子与固体粒子不同，可以进行自由变形，且其作为物质，与周围水体之间是连续的。但在某个瞬间，我们是能够定义水粒子轮廓及流速的。其结果，可大致想象出 s 轴所示的迹线图。水粒子的流速矢量 $\boldsymbol{U}$ 和迹线（即 s 轴）相接。另外，作用于单位体积的水粒子上的重力矢量为 $\rho\boldsymbol{g}$，则重力对水粒子所做的功率 W_g 是两个矢量的内积。

$$W_g=\boldsymbol{U}\Delta\rho\boldsymbol{g}=U\times\rho g\times\sin\theta=-\rho gU\frac{\mathrm{d}z}{\mathrm{d}s} \tag{5.2.6}$$

其中，$\boldsymbol{g}$ 是重力加速度矢量；g 为矢量垂直向下的分量。而对最终项加上负号，是因为我们在 s 轴向下的方向上定义了 θ。

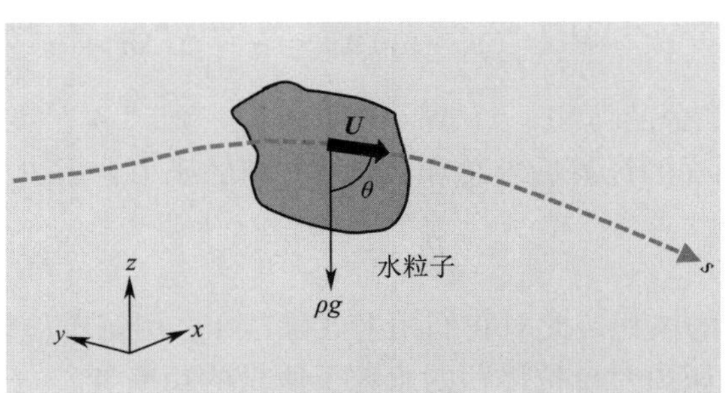

图 5.2.3　流速矢量和重力矢量之间的角度

5.2.4　压力对应的功率

我们将图 5.2.4 中所示的水粒子的放大图作为参照，来考虑一下压力对水粒子产生的净压力。为方便对方程进行展开，我们将在二维空间中进行说明，不过也很容易能将其推至三维空间中。水粒子的运动方向沿着迹线（s 轴），设与其正交的方向为 n 轴。如

图 5.1.3 所示，迹线不一定是直线，从长距离来看，s 轴是曲线。但在短距离内，可将其近似视作直线。

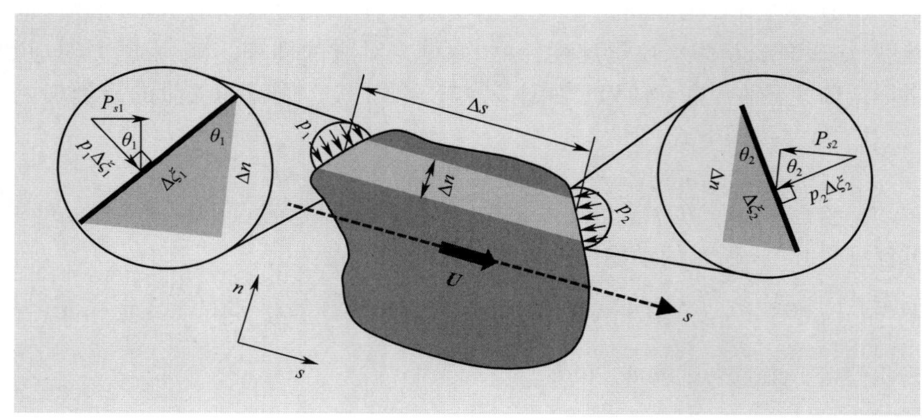

图 5.2.4 作用于任意形状水粒子部分的压力

在此将与 s 轴平行的水粒子进行切分，将作用于带状部分视作 s 方向的压力分量。带状部分的长为 Δs，宽为 Δn。而压力是垂直作用于面上的，所以作用于带侧面的压力，其 s 方向的分量为 0。因此，我们此处只考虑作用于两端的面上的压力即可。设左侧面与 n 轴形成的夹角角度为 θ_1。又设作用于面的压力为 p_1，面的长度为$\Delta\xi_1$，合力为 $p_1\Delta\xi_1$，则 s 方向的分量 P_{s1} 可表示如下：

$$P_{s1}=p_1\Delta\xi_1\cos\theta_1=p_1\Delta\xi_1\frac{\Delta n}{\Delta\xi_1}=p_1\Delta n \tag{5.2.7}$$

而作用于右侧面的压力的合力，同样可得 $P_{s2}=-p_2\Delta n$。对此处加上负号，是因为力的方向与 s 轴相反。由上式求出净压力的合力，使用书后附录 A 的方程（A.3.1）可得下式：

$$\Delta P_s=P_{s1}-P_{s2}=(p_1-p_2)\Delta n\approx-\frac{\mathrm{d}p}{\mathrm{d}s}\Delta s\Delta n\approx-\frac{\mathrm{d}p}{\mathrm{d}s}\Delta V \tag{5.2.8}$$

其中，ΔV 为带状部分的体积。对 $\Delta n\to 0$ 取极限，则“≈”变为“=”。此时，对水粒子其他的部分进行同样的计算后求总和，则 s 方向的压力合力 P_s 可整理为下式：

$$P_s=-\frac{\mathrm{d}p}{\mathrm{d}s}V \tag{5.2.9}$$

其中，V 为水粒子的体积。此时我们用上式除以 V，用每单位体积的力进行换算，再乘以流速 U，则可求得压力对单位体积的水粒子所做的功率 W_p。

$$W_p=-U\frac{\mathrm{d}p}{\mathrm{d}s} \tag{5.2.10}$$

5.3 伯努利方程

5.3.1 导出伯努利方程

将方程（5.2.6）和方程（5.2.10）代入方程（5.2.5），可得下式：

$$\rho U\frac{\partial U}{\partial t}+\rho U\frac{\partial}{\partial s}\left(\frac{U^2}{2}\right)=-\rho gU\frac{\partial z}{\partial s}-U\frac{\partial p}{\partial s} \tag{5.3.1}$$

由于此方程中含有关于时间的微分项，所以将右侧的项从常微分改为偏微分。将各项均移项到方程左侧，除以 ρgU 之后，可以得到一个整合好的 s 相关的微分项如下：

$$\frac{1}{g}\frac{\partial U}{\partial t}+\frac{\partial}{\partial s}\left(\frac{U^2}{2g}+\frac{p}{\rho g}+z\right)=0 \tag{5.3.2}$$

这个方程就被称为伯努利方程（Bernoulli equation）。从推导过程中我们可以明确看出，伯努利方程是“根据各个水粒子的迹线”而成立的。此处需要注意，导出时是忽略了剪切力 d 的。

在恒定流的情况下，方程（5.3.2）左侧第一项为 0，所以此时对 s 积分可得下式。

$$\frac{U^2}{2g}+\frac{p}{\rho g}+z=\text{const.} \tag{5.3.3}$$

这个方程表示的是每单位质量的水的能量，则 z 为距基准点的高度，第一项叫作流速水头，第二项叫作压强水头，三项的和叫作总水头，也称伯努利之和（Bernoulli sum）。因为在恒定流中，迹线即流线，则上式中的 const. 在各流线上都是一定的。因此方程（5.3.3）被称作狭义的伯努利方程。

请注意，在方程（5.3.3）中的流速水头是与动能相对应的。而第二项并不是能量本身，而是表示了压力做功的可能性。第三项则表示了重力做功的可能性。也就是能量的势能。

5.3.2　应用了伯努利方程的计量仪

（1）压力计（manometer）

方程（5.3.3）被应用于各种计量机器中，如图 5.3.1 所示，在管路侧面的小孔中垂直立一小管，则管路中的水上升，侧压管中的水静止（即 $U=0$）。因此将方程（5.3.3）应用于 A 点和 B 点上可得下式。自此，我们便可以计算出以大气压 p_0 为基准的 A 点的水压。这个装置即被称为“压力计”。

$$\frac{p_A}{\rho g}+0=\frac{p_0}{\rho g}+\Delta h\Rightarrow p_A=p_0+\rho g\Delta h \tag{5.3.4}$$

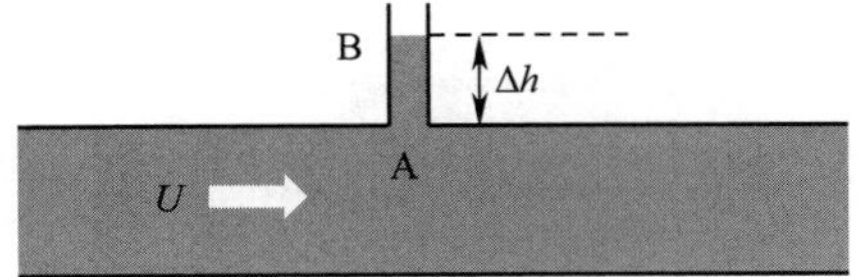

图 5.3.1　通过压力计进行的水压测量

（2）文丘里流量计（Venturi meter）

如图 5.3.2 所示，将管路的一部分缩窄变细，则流速变化如下，Q 为流量。

$$U_1=\frac{Q}{A_1},\ U_2=\frac{Q}{A_2} \tag{5.3.5}$$

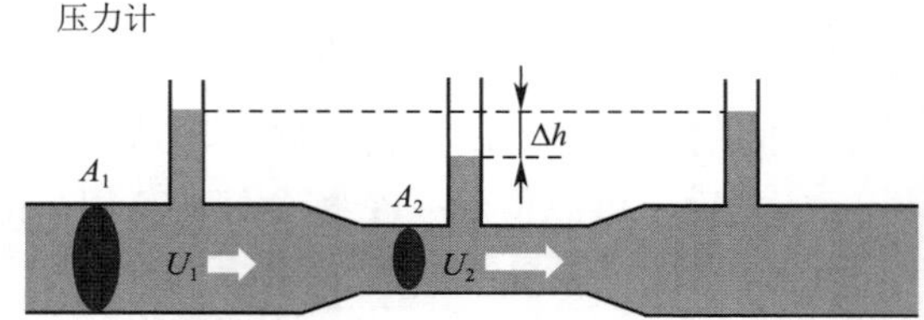

图 5.3.2 通过文丘里流量计进行的流量测量

设两截面位置上的管路中心轴的高度相同，则从方程（5.3.3）中可推得下式：

$$\frac{U_1{}^2}{2g}+\frac{p_1}{\rho g}=\frac{U_2{}^2}{2g}+\frac{p_2}{\rho g}\Rightarrow\frac{Q^2}{2g}\left(\frac{1}{A_2^2}-\frac{1}{A_1^2}\right)=\frac{p_1-p_2}{\rho g} \tag{5.3.6}$$

在两个截面上设置压力计，由方程（5.3.4）可得，各截面中的压力如下所示，则我们可通过压力计内的水位差 Δh 求得水压的差值。

$$p_1=p_0+\rho g\Delta h_1,\ p_2=p_0+\rho g\Delta h_2\Rightarrow\frac{p_1-p_2}{\rho g}=\Delta h \tag{5.3.7}$$

由方程（5.3.6）、方程（5.3.7）可得，流量 Q 计算如下：

$$Q=\sqrt{2g\Delta h\frac{A_1^2A_2^2}{A_1^2-A_2^2}} \tag{5.3.8}$$

这个装置即被称为“文丘里流量计”。

（3）毕托管（Pitot tube）

图 5.3.3 是测量流速时所用的毕托管的概念图。取一个两层小细管，使其前端朝向流体的上游放置，内侧管的前端 B 是开着的，而外侧管的前端是闭合的，侧面开了一个小孔 C，设毕托管的前端远离上游一侧的点为 A。流线可以通过 A 到达 B，但是由于流体的对称性，B 处的流速为 0。则可从方程（5.3.3）推得下式：

$$\frac{U_A{}^2}{2g}+\frac{p_A}{\rho g}+z_A=0+\frac{p_B}{\rho g}+z_B \tag{5.3.9}$$

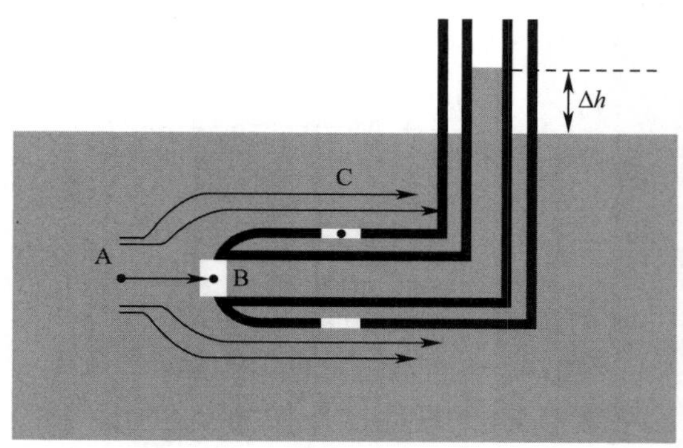

图 5.3.3 通过毕托管进行的流速测量

另外，在 A 处和 C 处，有下式成立：

$$\frac{U_A{}^2}{2g}+\frac{p_A}{\rho g}+z_A=\frac{U_C{}^2}{2g}+\frac{p_C}{\rho g}+z_C \tag{5.3.10}$$

设与流体规模相比，毕托管足够小，且足够细，则其可看作 $z_A \approx z_B \approx z_C$、$U_A \approx U_C$，所以从方程（5.3.9）、方程（5.3.10）中可得下列关系：

$$\frac{U_A{}^2}{2g} = \frac{p_B - p_A}{\rho g} = \frac{p_B - p_C}{\rho g} = \Delta h \tag{5.3.11}$$

也就是说，由两管的水位差 Δh 的值可求得 U_A。此外，毕托管除用于水流的测量外，还可用于测量飞机的飞行速度。

5.4　剪切力和能量损失

我们在推导伯努利方程的过程中，并没有考虑剪切力的影响。事实上，如果“认真地”考虑剪切力，方程的展开就会变得十分复杂，会变成无聊且缺乏实用性的公式罗列。因此，在水力学中，我们只是简单地掌握一些剪切力对能量守恒定律造成的影响，并根据经验公式对其进行处理。在本节中，我们将基于“流管”的概念对这种考量作出说明。

5.4.1　关于流管

通常情况下流线不会相交。这是因为如果两条流线像图 5.4.1 那样相交，在交点 A 处的流速矢量就会有两个方向，那么水粒子就无法完成恒定流动。在此，让我们来考虑一下图 5.4.2 左侧所示的形成小环的水粒子的运动。在 a 点的水粒子向 a′点、a″点移动，而 b 点的水粒子向 b′点、b″点移动。但因为流线并不相交，所以之前形成的小环虽然会变形，但仍然是一个环。其结果就是，构成小环的点的轨迹所形成的流线，会在流体中形成一个“管”，这就叫作流管。易知，由于流线并不交叉，则并不存在横穿过流管侧面的流体。

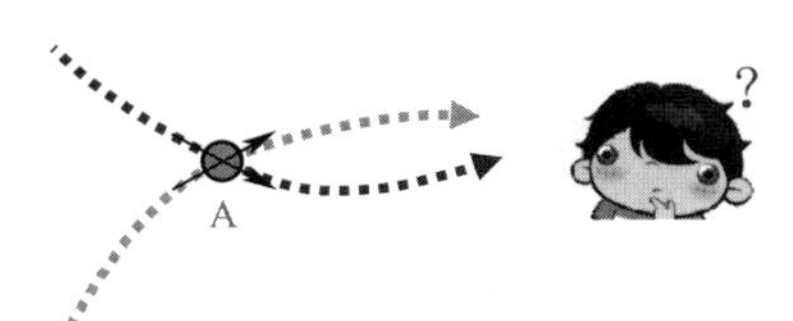

图 5.4.1　流线不交叉

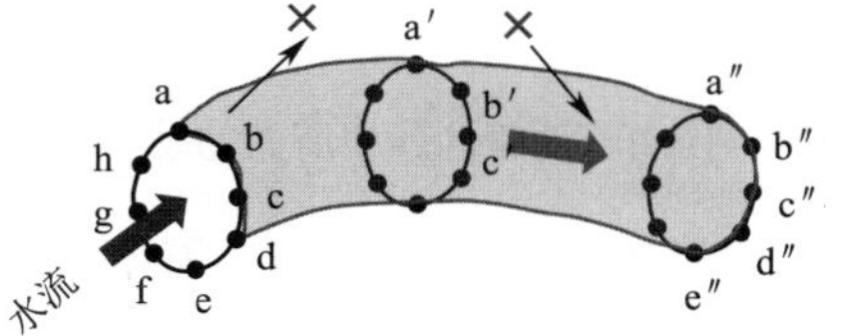

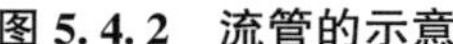
图 5.4.2　流管的示意

5.4.2　流管中的动能守恒定律

以图 5.4.3 为参考，试把流管设为 *C.V.*，压力的方向是与流管的表面正交向内，设流管极细，则构成侧面的流线大致平行，那么其入口便可视作与流线正交的微小平面。设此处的压力为 p_1，流速为 U_1，面积为 A_1。又因为压力的合力 F_1 为 p_1A_1，作用方向与流向相同，则单位时间内的做功（功率）为 $F_1 \times U_1 = p_1 A_1 U_1$。同样地，出口处的功率为 $-p_2 A_2 U_2$。而之所以要对其加上负号，是因为 p_2 的作用方向与流向相反。另外，侧面压力所做的功率为 0。这是因为，流向是沿侧面方向，压力是与侧面正交的，所以它们的内积始终为 0。

综上所述，压力在流管各面所做的功的总和为 $\overline{W_p}$，如下所示：

$$\overline{W_p} = \underset{(\text{入口})}{p_1 A_1 U_1} - \underset{(\text{出口})}{p_2 A_2 U_2} + \underset{(\text{侧面})}{0} \tag{5.4.1}$$

此处的做功量写作 $\overline{W_p}$，与方程（5.3.3）中所定义的功率 W_p 形成区分。考虑到流量 $Q = A_1 U_1 = A_2 U_2$，进一步地，使用书后附录 A 的方程（A.3.1）的近似型，可得下式：

$$\overline{W_p} = Q(p_1 - p_2) \approx -Q\frac{\mathrm{d}p}{\mathrm{d}s}\Delta s \tag{5.4.2}$$

另外，如图 5.4.4 所示，我们切出流管的一小部分，来思考一下重力对流管内流体所做的功。设流向与垂直向下的坐标所成的夹角为 θ，则重力 $G=\rho gV$ 的流向分量即 $\rho gV\sin\theta$。其中，V 为流管的体积，是截面积 A 与流管管长 Δs 的乘积。因此，流速和重力的内积表示如方程（5.4.3）。且考虑到流量 $Q=UA$，则重力对流管所做的功 $\overline{W_g}$ 如下式所示：

$$\boldsymbol{G}\cdot\boldsymbol{U} = \overline{W_g} = \rho g V U\sin\theta \Rightarrow \overline{W_g} = \rho g\Delta s Q\sin\theta = -\rho g Q\Delta z \tag{5.4.3}$$

而对最终项加上负号，是因为我们在 s 轴向下的方向上定义了 θ。

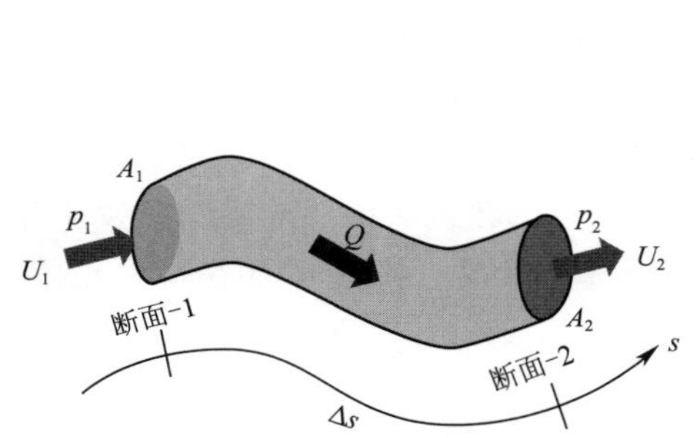

图 5.4.3 作用于流管的压力所做的功

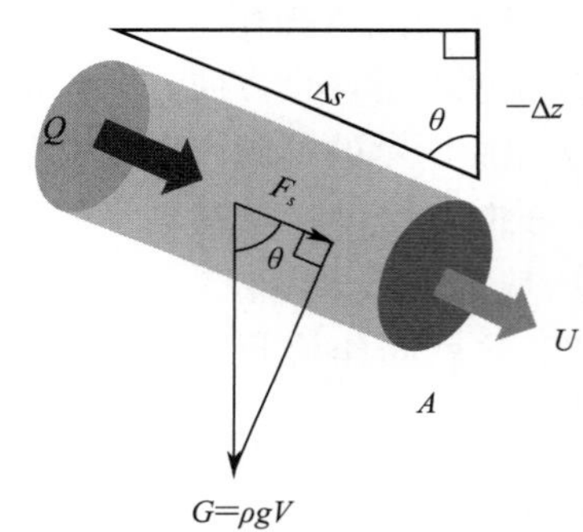

图 5.4.4 重力对流管做的功

那么，流体从截面-1 中流入的动能通量 F_{k1} 和截面-2 中流出的动能通量 F_{k2}，以及增量 ΔF_k 可写作下式：

$$F_{k1} = Q\frac{\rho}{2}U_1^2,\ F_{k2} = Q\frac{\rho}{2}U_2^2 \Rightarrow \Delta F_k = Q\frac{\rho}{2}(U_2^2 - U_1^2) = Q\frac{\rho}{2}\Delta(U^2) = \overline{W_p} + \overline{W_g} \tag{5.4.4}$$

这里的 $\Delta(U^2)$ 是 U^2 所增加的部分。此通量的增量即由 $\overline{W_p}+\overline{W_g}$ 而产生的。因此，我们将方程（5.4.2）、方程（5.4.3）代入方程（5.4.4）中，可得方程（5.4.5）左侧的关系式，将方程右侧项移到左侧，并除以 ρg，取 $\Delta s\to 0$ 的极限，则可得右侧的方程。

$$\rho\Delta\left(\frac{U^2}{2}\right) = -\frac{\mathrm{d}p}{\mathrm{d}s}\Delta s - \rho g\Delta z \Rightarrow \rho\Delta\left(\frac{U^2}{2}\right)/\Delta s + \frac{\partial p}{\partial s} + \rho g\frac{\Delta z}{\Delta s} = 0 \Rightarrow \frac{\mathrm{d}}{\mathrm{d}s}\left(\frac{U^2}{2g} + \frac{p}{\rho g} + z\right) = 0 \tag{5.4.5}$$

用 s 对此方程进行积分，则可求得方程（5.3.3）的狭义伯努利方程。在 5.2 节和

5.3 节中，我们用拉格朗日观察法追踪了水粒子的运动，然后使用实质微分将其转换为欧拉型守恒定律，而在 5.4 节中，我们通过流管这一 *C. V.* 中的平衡直接求出了欧拉型守恒定律。两者结果当然一致。而我们采用两种方法的理由如下。前者在求非恒定流中的守恒定律时是十分便利的，但如果考虑剪切力就十分麻烦了。而后者则与之相反，固定在水中的 *C. V.* 难以表示非恒定流，但对恒定流施加剪切力的效果却十分容易。

5.4.3　作用于流管侧面的剪切力所做的功

图 5.4.5 显示了流管的一部分。在较短范围内，可以将流管近似为等截面的圆柱体。我们设圆柱体长度为 Δs，截面积为 A，流速为 U，截面周长为 R_c。剪切力作用于流管侧面，作用方向为上流方向，其单位面积的大小写作 τ。在没有剪切力的情况下，恒定流中的能量守恒定律省略掉方程（5.3.1）中的非恒定项，表示如下：

$$\rho U\frac{\partial}{\mathrm{d}s}\left(\frac{U^2}{2}\right)=-\rho gU\frac{\mathrm{d}z}{\mathrm{d}s}-U\frac{\mathrm{d}p}{\mathrm{d}s} \tag{5.4.6}$$

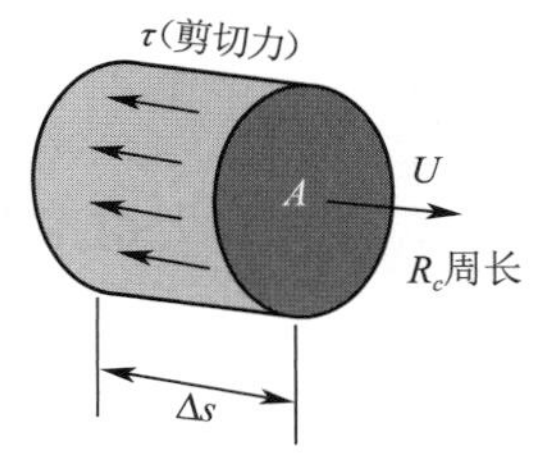

图 5.4.5　剪切力做的功

方程左侧为单位体积的水粒子动能的变化率，右侧第一项为重力所做的功的功率，第二项为压力所做的功的功率。但是，此处不存在与时间相关的微分项，所以与 s 相关的微分即从常微分改为偏微分。而在存在剪切力的情况下，即在方程右侧加上剪切力所做的功的功率 W_τ。

剪切力的合力是由 τ 乘以作用面积 $R_c\Delta s$ 所得，所以用其除以流管的体积 $A\Delta s$，再乘以流速 U，即对单位体积的水的功率。因此，在不存在剪切力的情况下，能量守恒定律如下式所示：

$$\rho U\frac{\mathrm{d}}{\mathrm{d}s}\left(\frac{U^2}{2}\right)=-\rho gU\frac{\mathrm{d}z}{\mathrm{d}s}-U\frac{\mathrm{d}p}{\mathrm{d}s}-\tau U\frac{R_c}{A} \tag{5.4.7}$$

又由于剪切力的方向与流向相反，则 W_τ 通常为负值。将上式除以 ρgU，并将其右侧第一项和第二项移到左侧，即可得下式：

$$\frac{\partial}{\partial s}\left(\frac{U^2}{2g}+\frac{1}{\rho g}\frac{\mathrm{d}p}{\mathrm{d}s}+z\right)=-\frac{\tau}{\rho g}\frac{R_c}{A}\ \rightarrow\ i_f \tag{5.4.8}$$

由此可知，伯努利之和并不是一定的，而是在流体的方向（s）上递减，且其减少率在此处写作 i_f。之前我们也说过，伯努利之和是具有高维度的，用距离 s 进行微分则会变为无维度，所以 i_f 为无维度数。

【补充说明-5.1】　管流的能量损失

在此，我们首先介绍一下管路内流体的能量损失的特点。没有分支的一根管路可以视作一种流管。图 5.5.1（a）表示了水平均匀截面的管流中的水头损失。因其为水平的，则方程（5.4.8）中 z 的微分项为 0。且截面均匀，则流速一定，所以流速水头的微分项也为 0。因此，i_f 即压强水头的减少率。剪切力 τ 随流速的增加而逐渐增大，所以在 $U_1<U_2$ 时，后者的 i_f 增大。

而图 5.5.1（b）则表示均匀截面的管路倾斜的情况。在这种情况下，压力计的值是

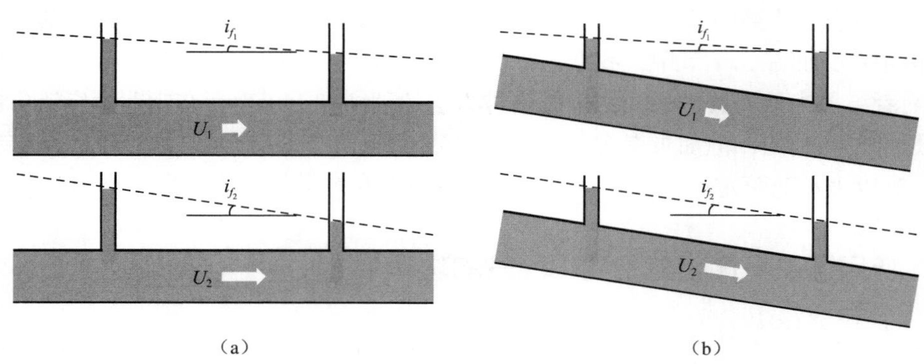

图 5.5.1　管路中的水头损失-1

压强水头与高度的加和，称为测压管水头（piezometric head）。测压管水头再加上流速水头即总水头。图中虚线的倾斜 i_f 表示测压管水头的减少率。在这个例子里，因为管径一定，流速也一定，则总水头的线与测压管水头的线平行。τ 并不取决于管路的倾斜，因此在各流速 U_1、U_2 中，其能量减少的速率与水平管路相同。

图 5.5.2 表示的是管路的粗细及梯度的变化情况。一方面，在 A 截面中梯度由 i_{01} 变化为 i_{02}，但粗细并不发生改变，则流速仍为 U_1。因此剪切力 τ 也不发生改变，能量减少率也仍为 i_{f1}。另外，在 B 点处，管子变细，使得流速由 U_1 增加到 U_2，则剪切力也变大。其结果就是，能量减少率由 i_{f1} 增加到 i_{f2}。

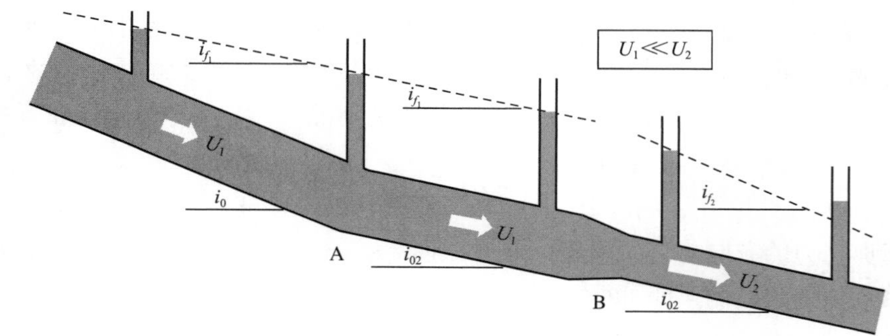

图 5.5.2　管路中的水头损失-2

在水力学中，能量守恒定律中的剪切力的效果如上所述，以“水头的损失率 i_f”来表示，其值是通过实测以经验来规定。就像我们之前讲到的，将剪切力进行严格表示是十分不实用的，而这就是因为我们所研究的对象流体为“紊流”。在紊流中，输送方程的扩散系数 μ 会因紊流状态改变而发生变化，很难在理论上对其进行确定，因此无论对输送方程进行多么缜密的变形，最终也只能导入经验方程。那么关于紊流，我们将在第四部分中进行讲解。

第 6 章　自由水面

6.1　自由水面的概念

在风平浪静的情况下，池塘或湖泊的水面即会形成“水平面”，而当出现水流或波浪后即发生变形。水面是水和大气这两种流体的边界面，所以其不仅会受到水的影响，也会受到大气运动的影响。但是因为空气的密度约为水的密度的 1/1 000，则可以说大气运动对水面变动的影响一般较小。因此，在水力学中，我们假设水面为一个仅受水体运动影响而发生自由变形的“一个连续的面”，并将其称之为“自由水面”（free water surface）。我们将使用图 6.1.1 所示的“船在水面投下的阴影”这一图像来表示自由水面。

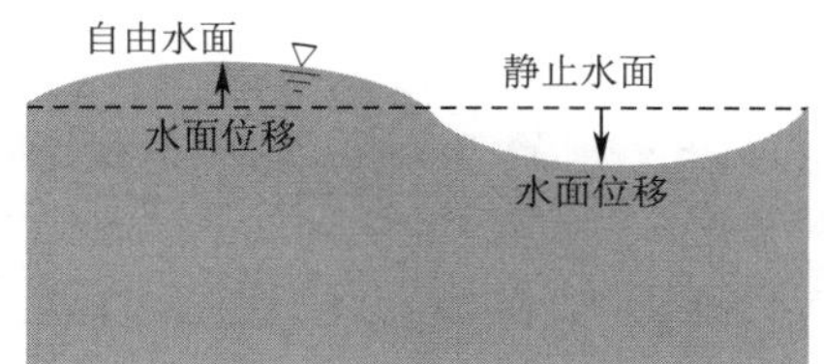

图 6.1.1　自由水面

在许多以水力学为研究对象的现象分析中，设定了如下所示“自由水面的条件”。在这些条件中，有给出与实际的水面运动十分相近的情况，但也存在一些与现实不符的情况。对这些例子，我们将在【补充说明-6.1】和【补充说明-6.2】中进行展示讲解。

6.2　自由水面应满足的水力学条件

6.2.1　从连续性假设中派生出来的自由水面的条件

在自由水面中，水粒子应该满足的条件方程与 2.1.1 节中讲解的“连续体假设”具有密切联系。在此，我们简单复习一下 2.1.1 节以及第 2 章的补充说明中讲到的，有关连续体的重要事项。

被定义为连续体的流体粒子，是在远大于实际存在的各个分子的空间中，所具有平均化流体属性和运动的一种“概念性的”粒子。但是，由于平均化的空间尺度小到无法用肉眼捕捉，所以我们将流体粒子视为点（大小为无限小）。此外，虽然各个分子的属性和运动不连续，但我们一般认为，将其进行空间平均的流体粒子的属性和运动是可以“连续”地表示出来的。那么，相邻的流体粒子也将会是永远相邻的。

根据上述的连续体中的流体粒子定义，则图 6.2.1 为水粒子运动特点的一般示意图。

此处因为作图的原因，我们将水粒子描绘成了有限大小的矩形。在状态-1 中，水粒子 A 和水粒子 B 相邻，水粒子 C 从上方下落。但这里，水粒子 C 并不能像状态-2 中那样切断 A 和 B，并挤进中间。此外，如状态-3 所示，设水粒子 D 和 F 之间存在水粒子 E，则其也并不会像状态-4 那样，E 向上移动，D 和 F 相邻。

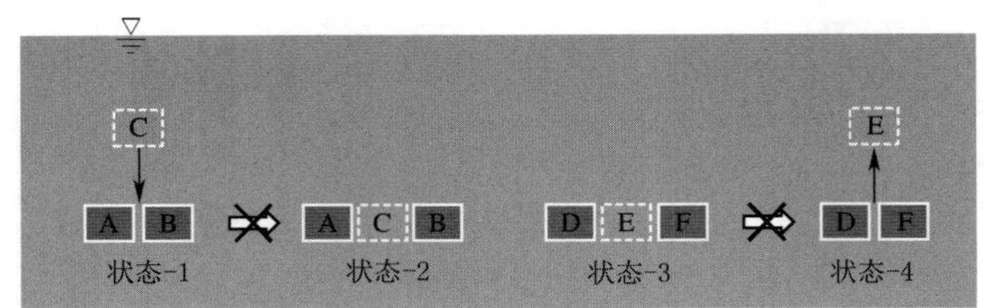

图 6.2.1 水粒子运动的概念

将水粒子的这种特点应用于水面上的水粒子运动中，则可得如图 6.2.2 所示。状态-1 中，在水面上相邻的水粒子 A 和 B 并不会因为从下方挤入的水粒子 C 而切断，而如状态-3 中所示，在水面上不相邻的水粒子 D 和 F 也并不会因水粒子 E 的下降而变得相邻。综上可知，存在于水面的水粒子并不会没入水中，而是始终存在于水面。换句话说，位于水面的水粒子的迹线并不会没入水中。

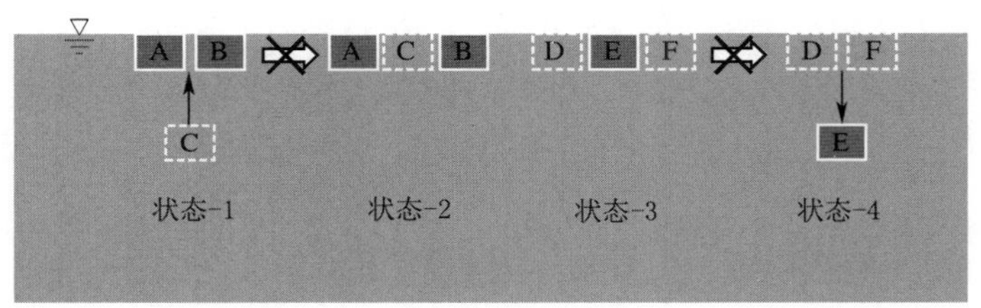

图 6.2.2 水面上水粒子运动的概念

但实际存在的水的行为，严格来说与上述并不完全相同，为了让大家对这一点加以注意，我们在【补充说明-6.1】中进行了一些举例，有兴趣的同学可以阅读。

6.2.2 在自由水面中压力的条件方程

如图 6.2.3 所示，我们来思考一下位于自由水面上的“无限薄的水膜”。由于水面上方存在大气，则薄膜从上方受到大气压 p_a 的作用。另外，薄膜会从下方受到水压 p_w 的作用。此处，p_w 与 p_a 必然相等，也就是说，二者的合力应为 0。而这是因为，无限薄的薄膜质量为 0，如果受到有限的力的作用，根据牛顿定律，薄膜会具有无限大的加速度。关于这一点，我们在 4.3 节中讲到的“压力是不取决于方向的标量”这一定义中也可以明确看出。就像 6.1 节中所讲到的，因为在水力学中并不考虑大气流动，则设 $p_a = \text{const.} \to 0$。即在水面上，$p_w = 0$。这一条件在水面倾斜的情况下也显然成立。但是在现实中，p_a 并不总是一定的。关于这一点我们将在【补充说明-6.2】中进行说明。

如 6.2.1 节所述，位于水面的水粒子（仅基于连续体假设）并不会没入水中。即迹线位于水面。另外，在忽略剪切力的情况下，在迹线上有方程（5.3.2）成立，因此，在

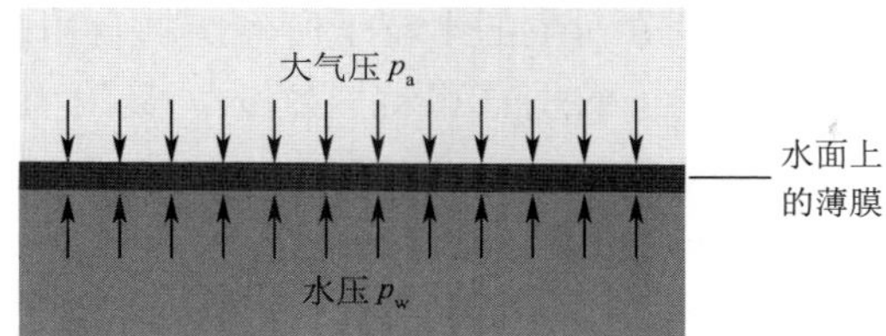

图 6.2.3　自由水面中的压力条件

同一方程中设 $p=0$，则下式成立：

$$\frac{1}{g}\frac{\partial U}{\partial t}+\frac{\partial}{\partial s}\left(\frac{U^2}{2g}+\eta\right)=0 \tag{6.2.1}$$

如图 6.2.4 所示，η 为自由水面从静止水面位置发生的垂直位移量。按照惯例，我们设垂直向上的坐标为 z。在图中的一维空间的情况下，时间 t 和空间 x 的函数写作 $\eta(t, x)$。一般来说，我们使用水平面内的二维坐标（x，y），则可得 $\eta(t, x, y)$：

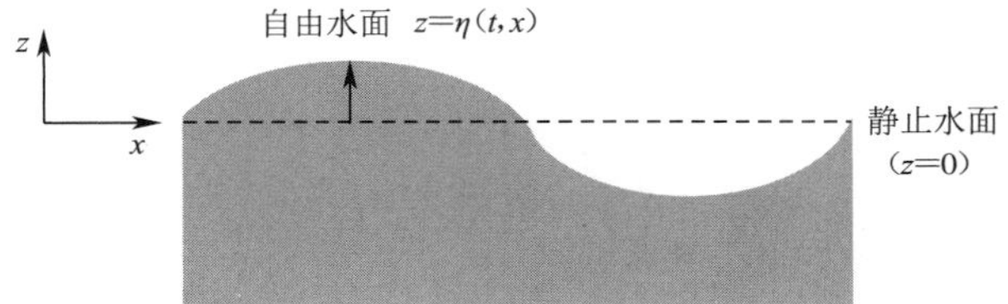

图 6.2.4　自由水面的位移 η

6.2.3　自由水面位移量的相关条件方程

就像在 6.2.1 节所讲到的，位于水面的水粒子总是处于水面上，那么这可以以怎样的方程来表示呢？请看图 6.2.5。在时间 $dt=t_2-t_1$ 期间，水面形状由 $\eta_1(t_1, x)$ 变成 $\eta_2(t_2, x)$，而在时刻 t_1 时，位于曲线 η_1 上的水粒子，将在时刻 t_2 时移动到曲线 η_2 上。设水粒子的移动速度 w 为（u_s，w_s），则其在水平及垂直方向的移动量为（$u_s dt$，$w_s dt$）。图中的 $d\eta$ 是和研究对象水粒子同时移动而被观察到的，自由水面的垂直位移量。

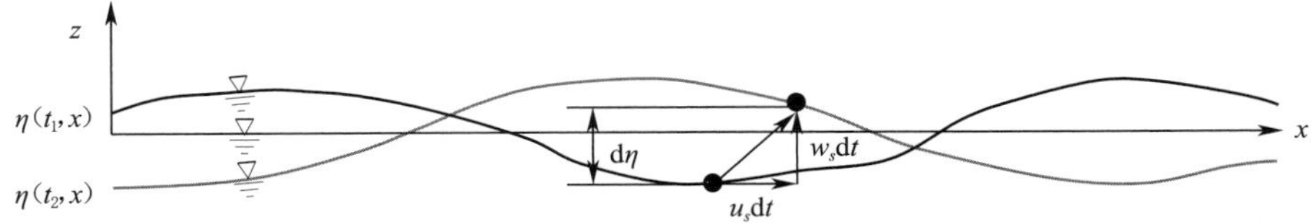

图 6.2.5　自由水面上水粒子的轨迹

那么在此，请回想一下我们之前在 2.4 节所学到的实质微分。所谓实质微分，就是观测对象的水粒子所经历的变化率。方程（2.4.8）是关于三维空间的公式，但图 6.2.5 的空间坐标中仅有 x，则实质微分如下：

$$\frac{D}{Dt}=\frac{\partial}{\partial t}+u\frac{\partial}{\partial x} \tag{6.2.2}$$

将 η 代入上式，即变为作为观察对象的水粒子所经历的自由水面位移的时间变化率。如图 6.2.5 所示，它应该等于水粒子的垂直移动速度 w_s。又因为其水平速度 u 为 u_s。即下述公式成立

$$\frac{\mathrm{D}\eta}{\mathrm{D}t}=\frac{\partial\eta}{\partial t}+u_s\frac{\partial\eta}{\partial x}=w_s \tag{6.2.3}$$

6.3 静水压力的假设

在 4.3.3 节中，我们已经学过了重力对流体所产生的效果，流体静止时，其压力分布如下式所示：

$$p=-\rho gz+\text{const.} \tag{6.3.1}$$

其中，ρ 为流体密度；g 为重力加速度；z 是设静止水面位置为原点的垂直向上的坐标。就像我们在 6.2.2 节所讲到的，在水力学中，设在水面（$z=0$）上 $p_a=0$，则上式的 const. 为 0。这就叫作静水压力分布。

如图 6.3.1 所示，我们可以通过对水槽中的水所取得的力的平衡，便能容易地求出静水压力分布。在此图中，取从水面垂直向下为坐标 ζ，即 ζ 为水深。考虑到从水面到 ζ 深度的水柱，设其体积为 V，底面积为 A，则重力 G 为 ρgV。另外，从水柱下方发生作用的压力合力为 pA，其与重力达成平衡。此处 $V/A=\zeta$，所以静水压力表示如下：

$$\rho gV=pA\Rightarrow p=\rho g\frac{V}{A}=\rho g\zeta \tag{6.3.2}$$

从上述方程可得，水槽底部（$\zeta=h$）处的水压为 ρgh。那么接下来，为了表示方便，我们将使用 ζ 坐标来进行讨论。

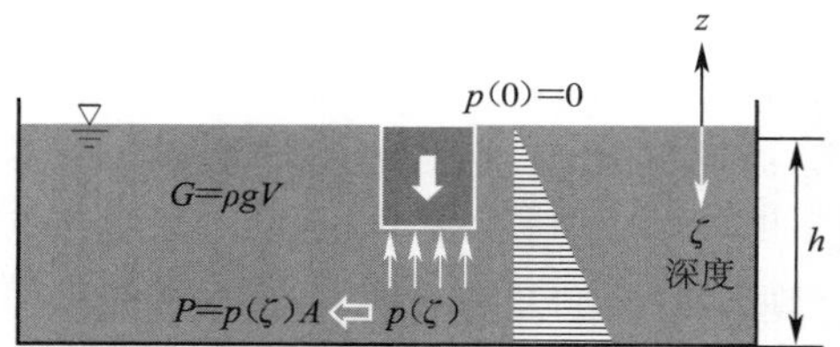

图 6.3.1 自由水面上水粒子的轨迹

静水压力分布，顾名思义就是指水保持静止时的水压分布，但其实我们更多的是近似地表示水流流动时的水压。如图 6.3.2 所示，让我们考虑一下水平河床中的流体。因为垂直方向的流速分量 w 为 0，加速度也为 0，则其垂直方向的力的平衡关系与图 6.3.1 相同。那么水压遵循静水压力分布规律。

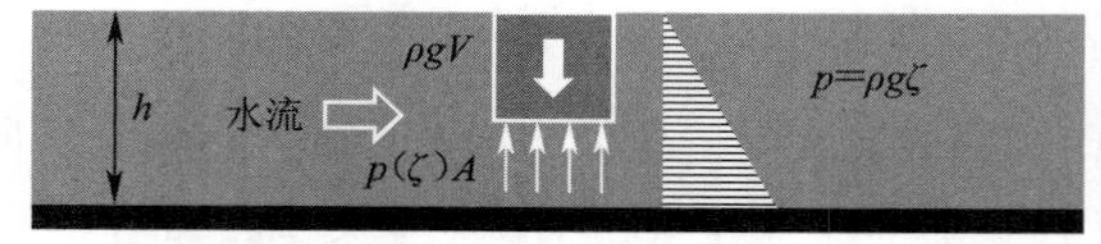

图 6.3.2 水平流体中的压力分布

接下来，我们考虑一下图 6.3.3 中，从水平面上倾斜 θ 的水槽中的流体。ζ 坐标是自水面垂直向下，倾斜的水柱高度为 $\zeta\cos\theta$，水柱的体积为 $A\zeta\cos\theta$。因此，作用于水中的重

力为 $\rho g A\zeta\cos\theta$，与水面正交的重力分量则为 $\rho g A\zeta\cos^2\theta$。又由于其与深度 ζ 的水压合力 pA 达到平衡，则可得下述等式：

$$p=\rho g\zeta\cos^2\theta \tag{6.3.3}$$

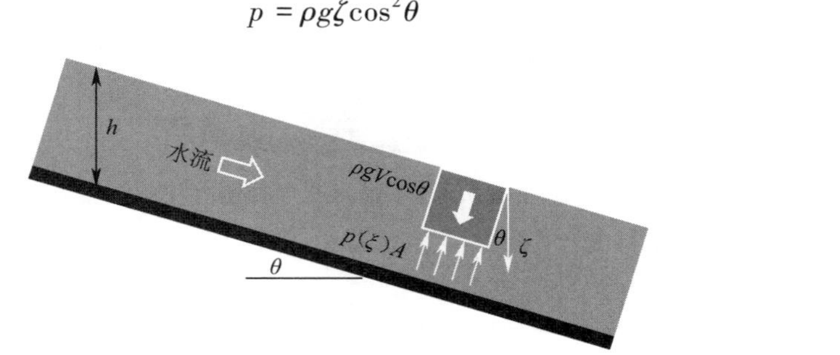

图 6.3.3　倾斜流体中的压力分布

类似于地势偏低的平地的河川，在水渠坡度 θ 较小的情况下有 $\cos\theta\approx1$，则静水压力近似基本成立。

对于静水压力近似的适宜性，我们可以将其与垂直方向的速度大小关联起来进行理解。方程（4.3.12）为方程 4.3.3 节推导出的垂直方向的动量方程，而在画有下划线的两项达到平衡状况时，可得到静水压力分布。

$$\frac{\partial w}{\partial t}+u\frac{\partial w}{\partial x}+v\frac{\partial w}{\partial y}+w\frac{\partial w}{\partial z}=\underline{-\frac{1}{\rho}\frac{\partial p}{\partial z}-g}+\mu_M\left(\frac{\partial^2 w}{\partial x^2}+\frac{\partial^2 w}{\partial y^2}+\frac{\partial^2 w}{\partial z^2}\right) \tag{4.3.12}$$

换句话说，对右侧第二项（$-g$），包含 w 的其他项都可被忽略。虽然不能对所有各项都进行讨论，但在可以忽略扩散项（因水粒子变形而产生的应力）的情况下，我们可以进行定性讨论如下：

$$\frac{\partial w}{\partial t}+u\frac{\partial w}{\partial x}+v\frac{\partial w}{\partial y}+w\frac{\partial w}{\partial z}=\frac{\mathrm{D}w}{\mathrm{D}t}=\alpha_z=-\frac{1}{\rho}\frac{\partial p}{\partial z}-g \tag{6.3.4}$$

左侧项为 w 的实质微分，所以其相当于水粒子的垂直加速度 α_z。在此，我们将其整理如下：

$$\frac{1}{\rho}\frac{\partial p}{\partial z}=-(g+\alpha_z) \tag{6.3.5}$$

α_z 为正时，其等价于大的重力所产生作用的结果，相反地，α_z 为负时，其则等价于重力较小的情况。而 α_z 视作一定时，以 z 对上式进行积分可得下式：

$$p=-\rho(g+\alpha_z)z=\rho g\left(1+\frac{\alpha_z}{g}\right)z \tag{6.3.6}$$

如图 6.3.4 所示，我们接着来考虑一下下陷水渠的情况，设水渠河床的半径为 R，水粒子在圆形轨道上的速度为 U，则加速度在圆心方向上具有以下大小：

$$\alpha_z=\frac{U^2}{R} \tag{6.3.7}$$

其结果为，压力分布可写作：

$$p=\rho g\left(1+\frac{U^2}{gR}\right)z \tag{6.3.8}$$

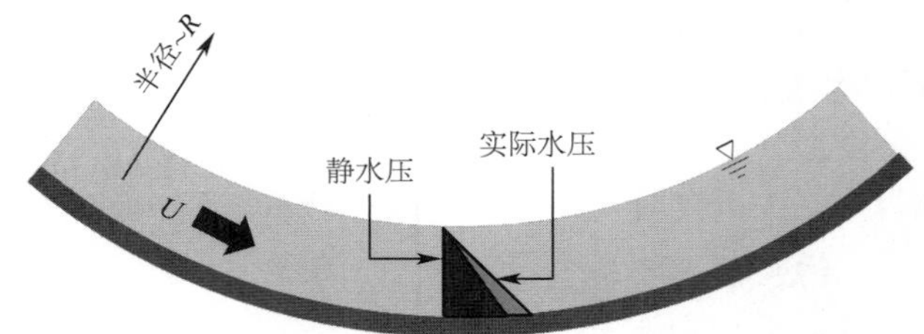

图 6.3.4　下陷水路中的压力分布

即仅有括号内第二项的压力梯度会变大。而其增加的部分，就相当于流速 U 变大，半径 R 减小的部分。

图 6.3.5 展示了上凸水渠的情况。压力分布以下式表示，其小于静水压力分布的梯度。

$$p = \rho g\left(1 - \frac{U^2}{gR}\right)z \tag{6.3.9}$$

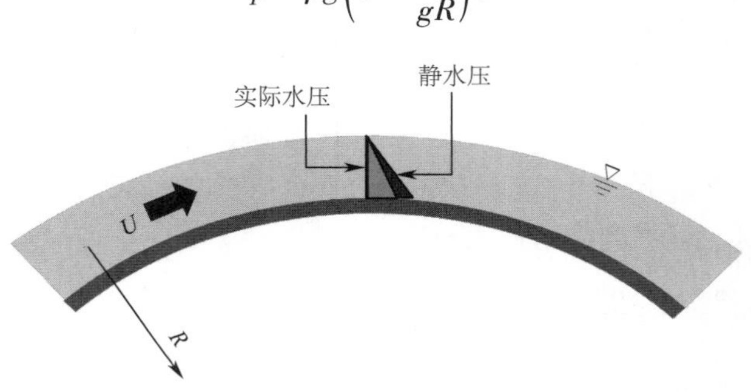

图 6.3.5　上凸水路中的压力分布

【补充说明-6.1】　水面上的水粒子没入水中的例子

（1）碎浪的下跌（plunging）

图 6.4.1 是海浪的照片。海浪冲进靠近海岸线的浅海区域，其波长就会变短，而浪高则会增加（其原理我们将在第三部分第 9 章中进行讲解）。此时，整个波浪的水粒子会向着波峰上升。

图 6.4.1　波峰的下跌

当波浪达到极限高度，波峰就会向前崩塌，其前部就会到达海面，这个现象就叫作下跌（plunging）。向下崩塌的波峰上的水粒子由于下落的惯性，会冲进海中。也就是说，位于水面的水粒子会没入水中。

（2）对流（convection）引起的垂直循环

如图6.4.2所示，从下方对加入水的金属锅进行加热，水温会通过锅的底面而上升。由于金属大于水的热传导率，所以水也会从锅的侧面被加热。又由于接触侧面的水温高于中心的水温，所以水会沿侧面上升，到达水面后向中心扩散。这就会使得在中心水面附近、水温相对较低的水粒子下降。也就是说，位于水面的水粒子会没入水中。

图6.4.2　用锅加热水时的对流

严格来说，这种现象无法在基于连续体概念的水力学中表现。请各位同学牢记，连续体假设只是近似地表示实际流体的运动。

【补充说明-6.2】　因风而引起的波浪

如图6.4.3所示，静止的水面上有风吹拂，就会产生风浪，并向下风向扩散开来。图6.4.4就是研究风浪产生、发展的实验装置的示意图。对水槽内的水面施加一定的风力，其下风向的波浪就会变大。由于台风等的影响，而导致海上较长的区间范围内持续刮有强风，那么波浪就会高达数米，到达海岸附近的浅水区域还会变得更大。当海啸和波浪重叠，也会破坏掉海岸的护岸。

图6.4.3　因风而使得波浪产生

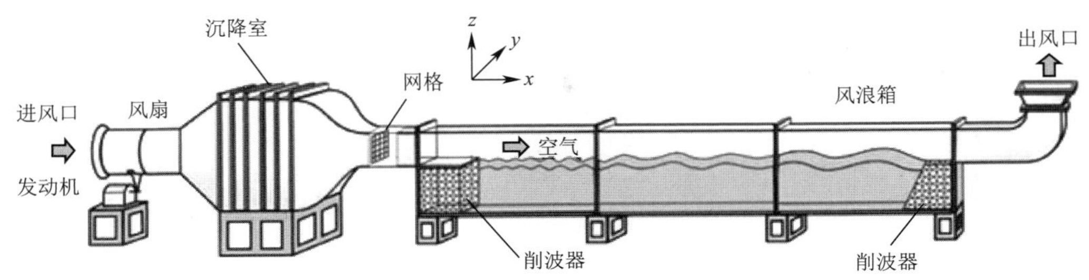

图6.4.4　因风而造成波浪的进一步发展

第三部分
一维明渠流

第 7 章　明渠流能量方程

7.1　管流和明渠流

像图 7.1.1 这样水流细长的水域，叫作水渠。设沿水渠轴方向为 s 轴，沿直角横向为 n 轴，垂直方向为 z 轴，则水域的 s 轴尺度要远大于 n 轴和 z 轴方向的断面尺寸。因此，水渠内的流速矢量大致沿 s 轴方向。在水渠中心位置附近和水渠底部位置附近，流速的数值大小并不相同，但都可以用断面内的平均值 $U(s)$ 来表示。也就是说，我们将水渠比作一根流管。

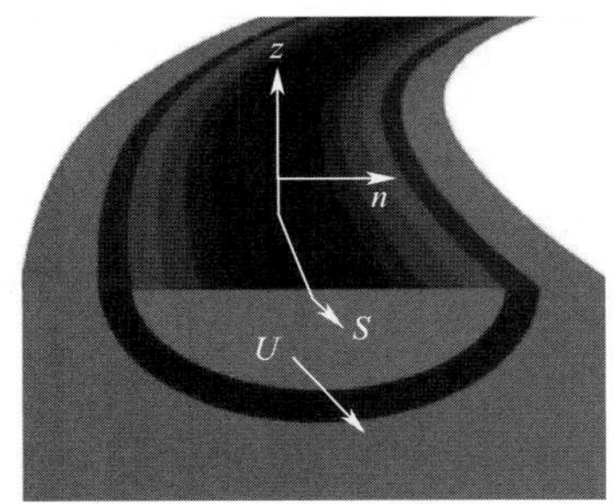

图 7.1.1　水渠的定义

水渠一般分为明渠和暗渠两种。图 7.1.2 给出了明渠和暗渠的示意。像河川、灌溉水渠、运河等，上部分周界是打开与大气接触的水渠，就叫作“明渠”，而像下水道那样，上面是封闭的，这种就叫作“暗渠”。明渠中的水流具有自由表面，这就叫作“明渠流”。而水流虽然在暗渠中流动，但是具有自由水面时，其仍属于明渠流，当断面充满水时，就叫作“管流”（图 7.1.3）。

（a）明渠

（b）暗渠

图 7.1.2　水渠的分类（实物图）

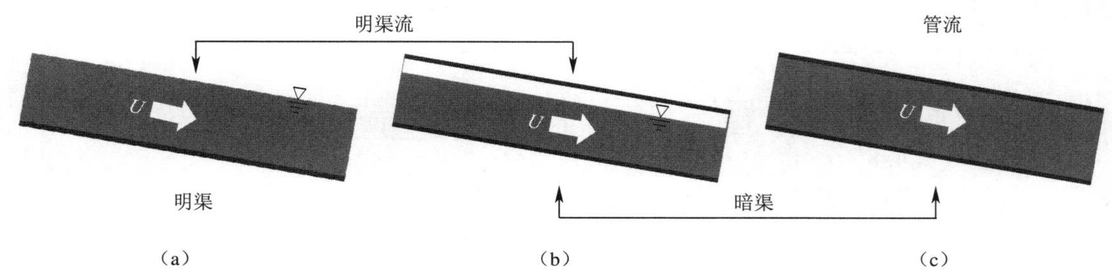

图 7.1.3　水渠的分类（示意图）

7.1.1　管流

管流和明渠流有很多共同点，但在对水流情况的分析上，管流的分析远比明渠流要容易得多。而这是因为水流的断面形状是由管壁决定的。在图 7.1.4（a）中展示了管流的侧面图，图 7.1.4（b）中则展示了明渠流的侧面图。在管流中，当从上游施加一个流量 $Q(t)$，则不可压缩流体中的流量，从上游到下游都是一定的。因此各地点的平均流速 $U(t,s)$ 均可由下式简单求出。

$$U(t,s)=\frac{Q(t)}{A(s)} \tag{7.1.1}$$

其中，$A(s)$ 是在水流流下距离 s 中的管道截面积，其不随时间发生变化。

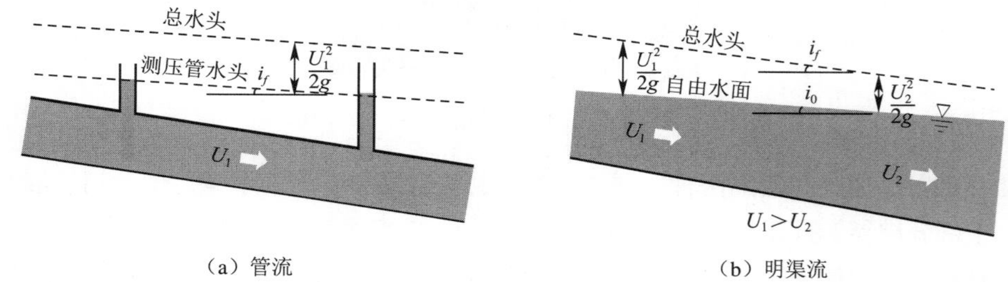

（a）管流　　（b）明渠流

图 7.1.4　管流和明渠流的对比

下式是在第 5 章的方程（5.4.8）中所讲到的流管的能量守恒定律的变形。

$$\frac{\partial}{\partial s}\left(\frac{U(t,s)^2}{2g}+\frac{p(t,s)}{\rho g}+z(s)\right)=-\frac{\tau(U)}{\rho g}\frac{R_c(s)}{A(s)}\frac{A(s)}{R_c(s)}=R_w(s) \tag{5.4.8′}$$

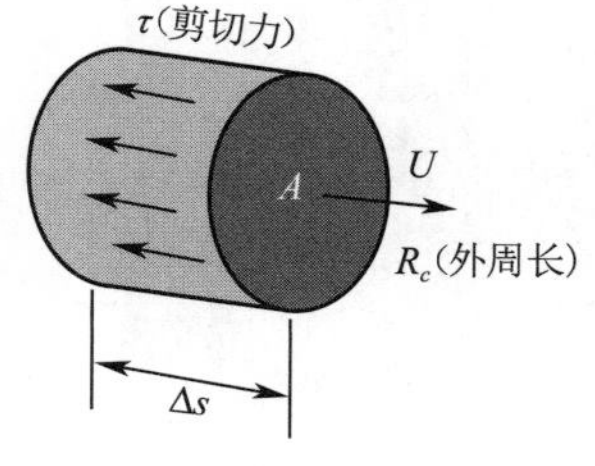

图 7.1.5　作用于流管的剪切力

$z(s)$ 是流管中心轴的高度，$R_c(s)$ 是在 5.4 节的剪切力的说明中，图 7.1.5 所定义的管道断面的外周长。另外，就像我们在第 5 章【补充说明-5.1】中所讲到的，剪切力 τ 大致是平均流速 U 的函数。那么在方程（7.1.1）的条件下，便可以计算方程（5.4.8′）。图 7.1.5 中的垂直细管（压力计）的水面位置被叫作测压管水头，其数值相当于上式左侧第二项和第三项的加和。把这个再加上流速水头即总水头。如图所示，管道断面相同时，流速一定，则测压管水头的线平行于总水头的线。

$$测压管水头 = \frac{p}{\rho g} + z，总水头 = \frac{U^2}{2g} + \frac{p}{\rho g} + z \tag{7.1.2}$$

在方程（5.4.8′）左侧的 $R_w(s)$ 被叫作水力半径（hydraulic radius），其数值大小如图 7.1.6（a）所示，是随断面大小而发生变化的。

7.1.2　明渠流

在明渠流中，由于自由水面是存在时间和空间上的变化的，所以其截面积并不固定，即使对其施加流量，其流速也不固定。其水面高度在管道中就等于测压管水头的线，对它再加上一个流速水头就是总水头了。但是，当水面位置发生变化，流速也会随之改变，所以总水头的线一般不与水面平行。

图 7.1.6（b）表示了断面形状和水力半径 R_w 的关系。这里需要注意到很重要的一点，假设剪切力不作用于水面，则 R_c 就不含有剪切力。而在现实中，也存在因风而产生的剪切力，从而发挥作用的情况，但我们在此处并不考虑这种情况。其结果就是，矩形管道的水力半径和矩形明渠的水力半径是不同的。而在水深 h 远小于水渠宽度 B 的情况下，水力半径 R_w 近似等于平均水深 $\bar{h}$。在断面为矩形时，$\bar{h}=h$，在断面为三角形时，$\bar{h}=h/2$，所以设如图 7.1.6 的方程中，$h/B\to 0$，则 $R_w\to\bar{h}$。这在许多断面呈几何形状的自然河川中也成立。比如说，扬子江在上海市附近的水深最深超过了 40 m，但其宽度远大于水深，为 10 km，则可有 $R_w\to\bar{h}$。

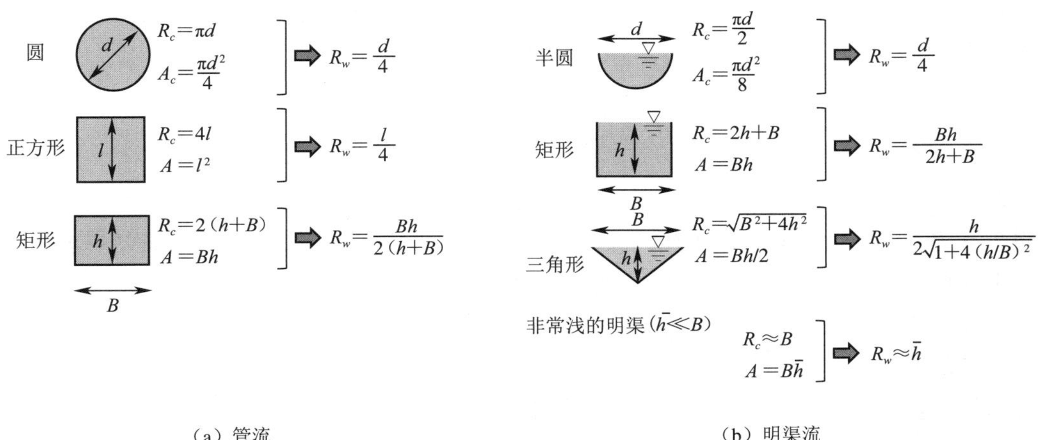

图 7.1.6　各种断面形状和水力半径

此外，在实际的水流中，水面附近的流速和水渠河床附近的流速是不同的。且水渠中央附近和河岸附近的流速也是不同的。因此，在断面内，设流速相同时所计算出的动能和实际情况中的动能也并不相同（【补充说明-7.1】）。

7.2 比能

7.2.1 比能的定义

方程（7.1.2）所示的总水头由以下 3 项构成：第一项$\frac{U^2}{2g}$为流速水头，第二项$\frac{p}{\rho g}$为压强水头，第三项 z 为距测量基准面的高度，这三项每项都具有高度的维度。另外，就像我们在第 6 章 6.3 节说明过的，水流垂直方向的加速度 α_z 远小于重力加速度 g，几乎可以忽略不计，此时可以用静水压力近似等于水柱的压力分布。

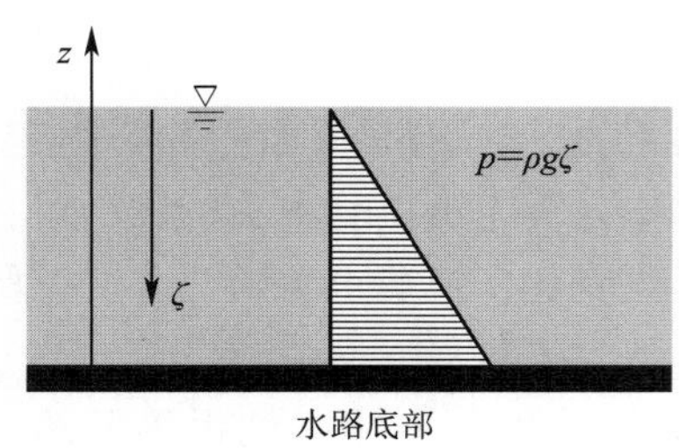

图 7.2.1 静水压分布

如图 7.2.1 所示，我们在这里设水深为 h，设水渠底部为高度的基准点，则可得下式。

$$\text{总水头} = \frac{U^2}{2g} + \frac{p}{\rho g} + z = \frac{U^2}{2g} + \zeta + z = \frac{U^2}{2g} + h \Rightarrow \text{比能} \tag{7.2.1}$$

在许多的自然河川、灌溉水渠、运河等中，有 $\alpha_z \ll g$，而比能作为水流所具有的能量的指标，十分有用。

7.2.2 比能和水深的关系

在宽度 B 的矩形断面水渠中，设单宽流量 $q = Q/B$，将比能写作 H，则方程（7.2.1）右侧可有如下变形。

$$H = \frac{U^2}{2g} + h = \frac{q^2}{2g}\frac{1}{h^2} + h \tag{7.2.2}$$

假设 q 一定，则此时对 H 和 h 的关系如图 7.2.2 所示。h 为 0 时，方程右侧第一项为无限大，方程右侧第一项随 h 的增大而减少。另外，第二项呈线性增加。其结果就是，H 一旦随 h 的增加而减少，则通过极小值时，就会接近 $H=h$ 的线。

当我们增加 q 时，曲线即向右上方移动，但每个极小点都位于虚线表示的直线上。为求得极小点的位置，我们对方程（7.2.2）求 h 的偏微分，令其微分系数为 0，则可得下式：

$$\frac{\partial H}{\partial h} = \frac{q^2}{2g}\frac{-2}{h^3} + 1 - 0 \Rightarrow \frac{q^2}{gh^3} = 1 \tag{7.2.3}$$

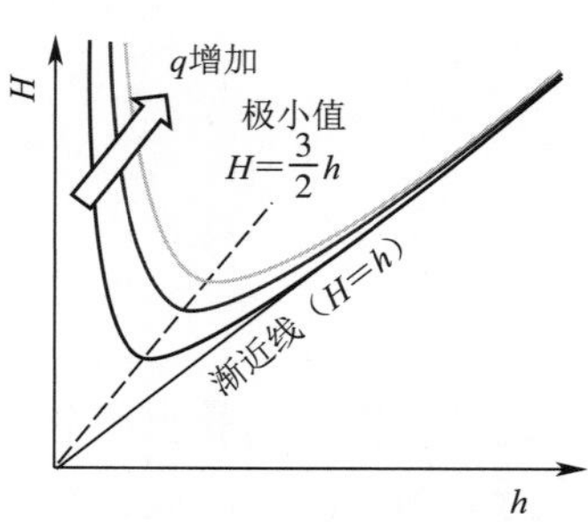

图 7.2.2 水深和比能

将此式代入方程（7.2.2）右侧的第一项，则对极小点可得下述关系：

$$H = \frac{q^2}{2g}\frac{1}{h^2} + h = \frac{3}{2}h \tag{7.2.4}$$

若第一项为流速水头，则流速水头和水深的比为 1∶2。此外，由方程（7.2.3）右侧的方程可得下述关系。其中，F_r 是一个叫作弗劳德数（Froude number，F_r）的参数，在分析一维明渠流时经常会用到。

$$\frac{q^2}{gh^3} = \frac{U^2}{gh} = \left(\frac{U}{\sqrt{gh}}\right)^2 = F_r^2 = 1, F_r = \frac{U}{\sqrt{gh}} \tag{7.2.5}$$

7.2.3　比能和最大流量的关系

由方程（7.2.2）可推得下式：

$$q^2 = 2gh^2(H - h) \tag{7.2.6}$$

假设 H 一定，则此时 q 和 h 的关系如图 7.2.3 所示。设横轴为 h/H。当 H 增加时，q 也随之增加，但其达到最大时，h/H 的值是一定的。为求得极大点的位置，我们对方程（7.2.6）求 h 的偏微分，令微分系数为 0，则可得下式：

$$2q\frac{\partial q}{\partial h} = 2g(2hH - 3h^2) = 0 \Rightarrow h = \frac{2}{3}H \tag{7.2.7}$$

即，其结果与方程（7.2.4）相同。这表示，在 q 的极大点上，F_r 为 1。

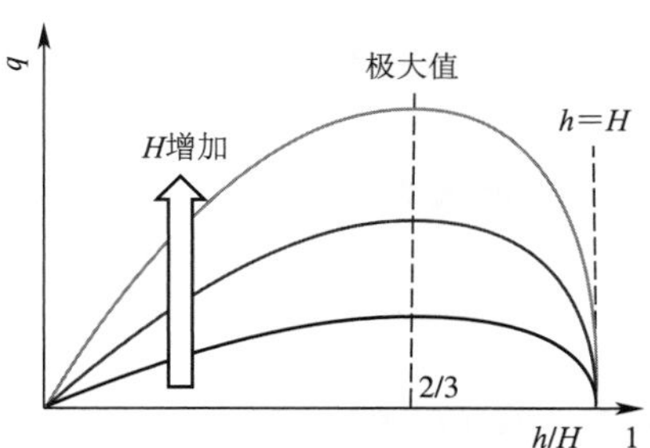

图 7.2.3　水深和单宽流量

7.2.4　临界流深度、亚临界流和超临界流

从图 7.2.2 和图 7.2.3 中各提出一条线，置于图 7.2.4 的（a）、（b）中。在图 7.2.4（a）的比能图中，比能在 $H = 3/2h$ 的线上取得最小值，$F_r = 1$。这个状态即“临界状态”。在虚线左侧领域，$F_r > 1$，而右侧领域 $F_r < 1$。则我们称前者为超临界流，后者为亚临界流。而图 7.2.4（b）的流量图中，流量在 $h = \frac{2}{3}H$ 处流量最大，则 $F_r = 1$。其左侧 $F_r > 1$，水流为超临界流；而其右侧领域中 $F_r < 1$，水流则为亚临界流。

像这样，F_r 是判断明渠的水流状态的一项重要参数，我们将在下面来介绍其具体的例子。

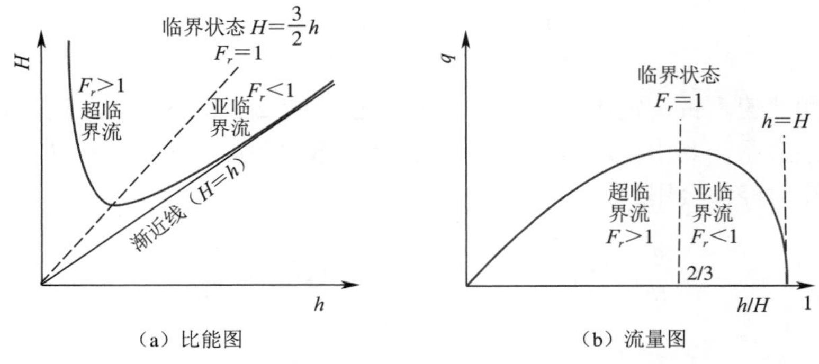

（a）比能图　　（b）流量图

图 7.2.4　临界状态、亚临界流和超临界流

7.3　变截面水渠中的水面形状

7.3.1　宽度缩小的水渠的水面形状

如图 7.3.1 所示，存在一条底部水平、部分宽度缩小的水渠。其流量 Q 为一定值。对其上游部分断面相关的各量均添加下标“1”，而对缩窄断面的各量均添加下标“2”。假设底部和侧壁的摩擦可以忽略不计，那么缩窄部分的水面是上升还是下降呢？对这个问题，我们将通过图 7.3.2 所示的比能图来解决。

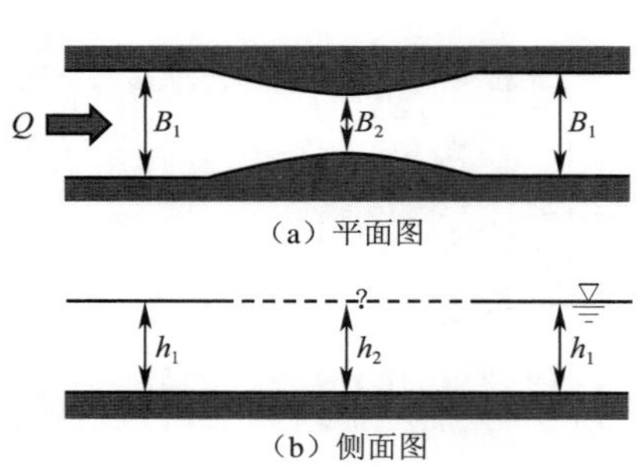

图 7.3.1　宽度缩窄的水路

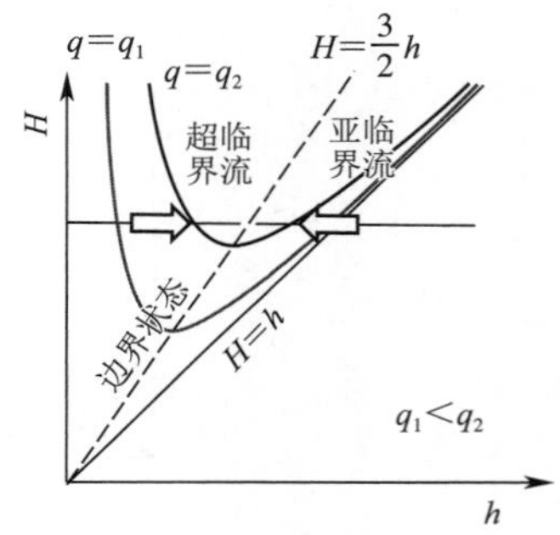

图 7.3.2　狭窄部分的水位变化

因为流量 Q 一定，则缩窄部分的单宽流量（$q_2=Q/B_2$）远大于上游部分的单宽流量（$q_1=Q/B_1$）。另外，此处没有因摩擦而造成的能量损失，所以比能 H 一定。因此，水流状态就像箭头所示，其在 H 一定的线上，从 $q=q_1$ 的曲线移动到 $q=q_2$ 的曲线上。也就是说，当水流为超临界流时水位上升，而水流为亚临界流时水位下降。但是，又由于水渠宽度非常狭窄时 q_2 会变大，则 $q=q_2$ 的曲线会向上方移动，便不再和 H 一定的水平线相交。对这种现象我们将在【补充说明-7.2】中进行讲解说明。

那么，我们在这里将使用方程来尝试解决上述问题。首先在比能一定的条件下，由方程（7.2.2）可得下述关系式：

$$H=\frac{q_1^2}{2gh_1^2}+h_1=\frac{q_2^2}{2gh_2^2}+h_2 \Rightarrow \left(\frac{q_2^2}{2gh_2^2}-\frac{q_1^2}{2gh_1^2}\right)+(h_2-h_1)=0 \tag{7.3.1}$$

这里，我们设 q_1 和 q_2 以及 h_1 和 h_2 的差值“极小”，则写作 Δq、Δh。

$$q_2 = q_1 + \Delta q, h_2 = h_1 + \Delta h \text{ 此处 } \Delta q \ll q_1, q_2,\ \Delta h \ll h_1, h_2 \tag{7.3.2}$$

使用书后附录 A 的方程（A.1.4），则有如下非线性近似项。

$$q_2^2 = (q_1 + \Delta q)^2 = q_1^2\left(1 + \frac{\Delta q}{q_1}\right)^2 \approx q_1^2\left(1 + 2\frac{\Delta q}{q_1}\right)$$

$$\frac{1}{h_2^2} = h_2^{-2} = h_1^{-2}\left(1 + \frac{\Delta h}{h_1}\right)^{-2} \approx \frac{1}{h_1^2}\left(1 - 2\frac{\Delta h}{h_1}\right)$$

$$\frac{q_2^2}{2gh_2^2} \approx \frac{q_1^2}{2gh_1^2}\left(1 + 2\frac{\Delta q}{q_1}\right)\left(1 - 2\frac{\Delta h}{h_1}\right) \approx \frac{q_1^2}{2gh_1^2}\left(1 + 2\frac{\Delta q}{q_1} - 2\frac{\Delta h}{h_1}\right) \tag{7.3.3}$$

则方程（7.3.1）的右侧转化为下式：

$$\left(\frac{q_2^2}{2gh_2^2} - \frac{q_1^2}{2gh_1^2}\right) + (h_2 - h_1) = 0 \Rightarrow \frac{q_1^2}{gh_1^3}\left(\frac{\Delta q}{q_1} - \frac{\Delta h}{h_1}\right) + \frac{\Delta h}{h_1} \approx 0 \tag{7.3.4}$$

我们在这里回想一下方程（7.2.5）所示的弗劳德数（F_r）的定义，对方程（7.3.4）进行变形，则可得 Δh 和 Δq 的关系如下：

$$F_r{}^2\left(\frac{\Delta q}{q_1} - \frac{\Delta h}{h_1}\right) + \frac{\Delta h}{h_1} \approx 0 \Rightarrow (1 - F_r{}^2)\frac{\Delta h}{h_1} \approx -F_r{}^2\frac{\Delta q}{q_1} \tag{7.3.5}$$

这里，由于流量一定，则水渠宽度的变化量$\Delta B = B_2 - B_1$ 远小于 B_1、B_2 时，Δq 将与 ΔB 相关，如下所示：

$$Q = q_1B_1 = q_2B_2 = (q_1 + \Delta q)(B_1 + \Delta B) = q_1B_1 + \Delta qB_1 + \Delta B\Delta q + \Delta q\Delta B$$

$$q_1B_1 - q_2B_2 = 0 \Rightarrow \Delta qB_1 + q_1\Delta B \approx 0 \tag{7.3.6}$$

因此方程（7.3.5）转化为下式：

$$\frac{\Delta h}{h_1} \approx \frac{F_r{}^2}{(1 - F_r{}^2)}\frac{\Delta B}{B_1} \tag{7.3.7}$$

在图7.3.1中，ΔB 为负值，则在亚临界流（$F_r<1$）中有 $\Delta h<0$，在超临界流（$F_r>1$）中有 $\Delta h>0$。因此，缩窄部分的水面形状即如图7.3.3（a）、（b）所示。

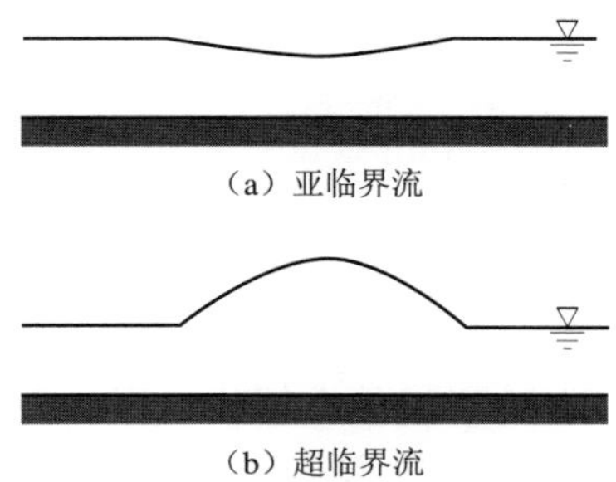

（a）亚临界流

（b）超临界流

图7.3.3　狭窄部分的水面形状

7.3.2　底部隆起的水渠的水面形状

如图7.3.4所示，存在一条底部水平，仅有部分隆起 z_0 高度的水渠。因水渠宽度一定，则流量 Q 也为一定值。对其上游部分断面相关的各量均添加下标“1”，而对水渠河床最高点的各量均添加下标“2”。假设底部和侧壁的摩擦可以忽略不计，那么隆起部分的水面是上升还是下降呢？对这个问题，我们将通过图 7.3.5 所示的比能图来解决。

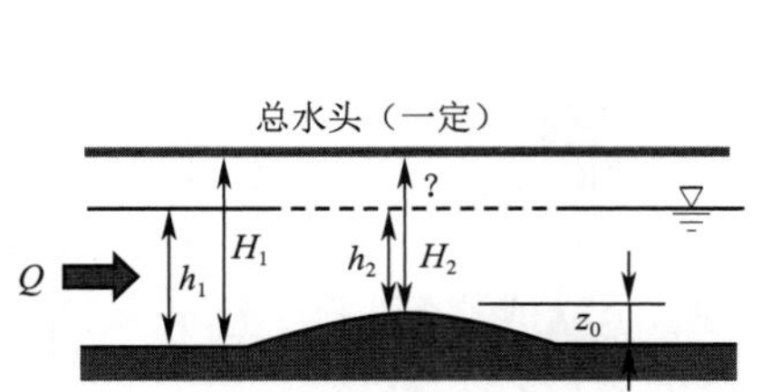

图 7.3.4 隆起部分的水面形状

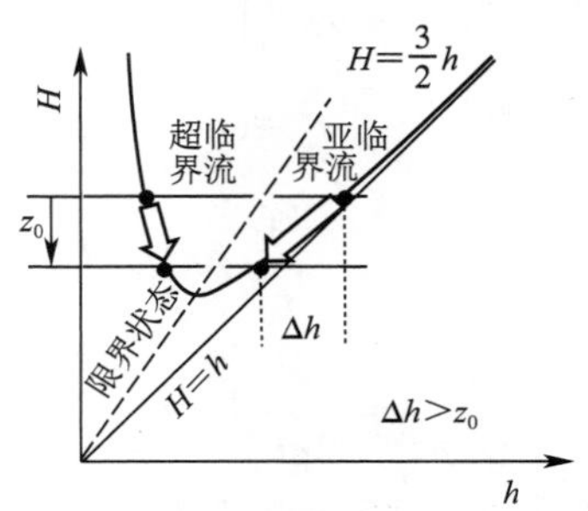

图 7.3.5 固定部分的水位变化

比能是从水渠底部所测量的水头，则其隆起部分只减少 z_0。那么水流的状态即沿图中箭头发生变化。因此在超临界流中水深增加，而在亚临界流中水深减少。在后者的这种情况下，比能曲线的坡度要比 1∶1 更平缓一些，有 $\Delta h>z_0$。即水深减少量 Δh 要大于隆起高度 z_0，水面下降，但在 z_0 极大的情况下，其小于比能曲线的最小值，此时无法求解。对这种现象我们将在【补充说明-7.2】中进行讲解说明。

那么，我们在这里将使用方程来尝试解决上述问题。比能是从水渠底部所测量的水头，则其最高点的比能 H_2 只比上游部分的值 H_1 小 z_0。

$$H_1=\frac{q_1^2}{2gh_1^2}+h_1,\ H_2=\frac{q_2^2}{2gh_2^2}+h_2=H_1-z_0 \tag{7.3.8}$$

则能量的平衡可写作：

$$\left(\frac{q_1^2}{2gh_1^2}+h_1\right)-\left(\frac{q_2^2}{2gh_2^2}+h_2\right)-z_0=0 \tag{7.3.9}$$

若参考方程（7.3.4）和方程（7.3.5）来进行方程变形，可得下式，由于水渠宽度一定，则 Δq 为 0。

$$\left(\frac{q_2^2}{2gh_2^2}-\frac{q_1^2}{2gh_1^2}\right)+(h_2-h_1)+z_0=0\Rightarrow F_r^{\ 2}\left(\frac{\Delta q}{q_1}-\frac{\Delta h}{h_1}\right)+\frac{\Delta h}{h_1}+\frac{z_0}{h_1}\approx 0 \tag{7.3.10}$$

因此可得下式：

$$(1-F_r^{\ 2})\frac{\Delta h}{h_1}+\frac{z_0}{h_1}\approx 0\Rightarrow\Delta h=\frac{z_0}{F_r^{\ 2}-1} \tag{7.3.11}$$

在亚临界流（$F_r<1$）中，有 $\Delta h<0$，而在超临界流（$F_r>1$）中有 $\Delta h>0$。因此，隆起部分的水面形状即如图 7.3.6（a）、（b）所示。

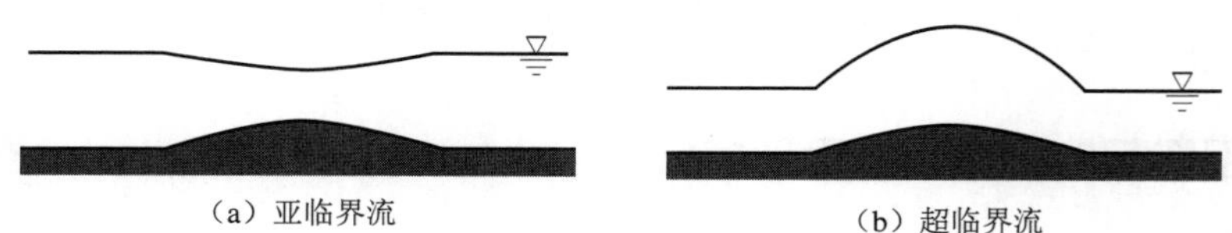

图 7.3.6 隆起部分的水面形状

7.4 渐变流方程

若将水流看作一根流管，则能量守恒定律可以通过将第 5 章所求的方程（5.3.2）和方程（5.4.8）组合起来，表示如下：

$$\frac{\partial}{\partial s}\left(\frac{U^2}{2g}+\frac{p}{\rho g}+z\right)=-\frac{\tau}{\rho g}\frac{R_c}{A}-\frac{1}{g}\frac{\partial U}{\partial t} \tag{7.4.1}$$

方程左侧为总水头（单位质量的水的能量）的空间变化。右侧第一项表示水渠河床和侧岸的摩擦力而产生的能量损失，第二项则表示水流的非稳定性所产生的影响。在 7.3 节中，我们展示了在右侧为 0 的情况下水流的分析。

我们将压力能近似于静水压力分布的明渠流叫作“渐变流（gradually varied flow）”。像河川和灌溉水渠，我们平时常见的水流大多都是渐变流。这里，我们来分析一下渐变流的基础性质。让我们思考图 7.4.1 所示的明渠流。如图 7.4.1（a）的侧面图所示，s 为沿水渠下游设定的坐标，z 是从高度基准面垂直向上而设定的坐标。水渠最下端的点为 $z=z_0$，水面 $z=H$，总水头 $z=E$。此处需要注意，表示水面和总水头的符号与前文中有所不同，而其他的符号则与前文所用的符号相同。

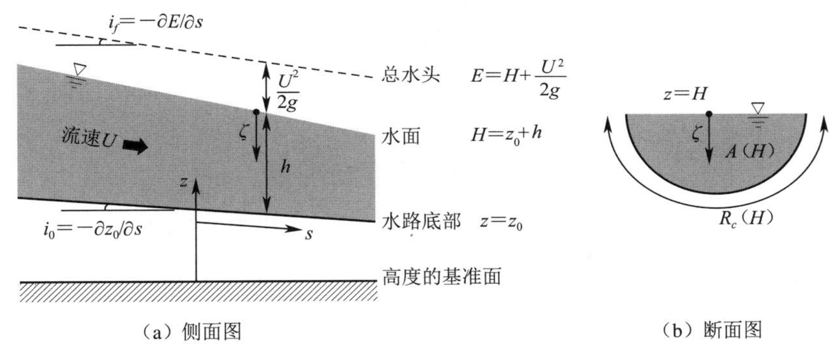

图 7.4.1　明渠中各个物理量的定义

河川及灌溉水渠的水流会在时间和空间上发生变化，但大部分情况下，都是压力可近似于静水压力分布的稳态水流。像这样的水流我们称作“渐变流”（gradually varied flow）。这里我们用到在 6.3 节求得的静水压力分布的方程。

将方程（6.3.2）代入方程（7.4.1）可得下式：

$$\frac{\partial}{\partial s}\left(\frac{U^2}{2g}+H\right)=-\frac{\tau}{\rho g}\frac{R_c}{A}-\frac{1}{g}\frac{\partial U}{\partial t} \tag{7.4.2}$$

如图 7.4.1（b）的断面图所示，水位 H 确定后，该断面的截面积 A 和湿周 R_c 也确定了。此外，剪切力 τ 是流速 U 的函数。因此，方程（7.4.2）中的未知变量有 H 和 U 两个。其进一步的（大致）含义我们将在【补充说明-7.3】进行解释说明。那么要想对 H 和 U 求解，除方程（7.4.2）之外，还需要其他的方程（此方程从连续性方程中得出）。

如图 7.4.2（a）所示，我们来考虑一下长度为 Δs 的 $C.V.$，应用体积的守恒定律。设上游面的流量为 Q_1，下游面的流量为 Q_2，若 $Q_1>Q_2$，则为满足连续性条件，水面会上升。设时间增加量 Δt 期间的水面上升量为 Δh，则如图 7.4.2（b）所示，截面积的增加量应仅

为 $\Delta A \approx B_n \Delta h$。此时，$B_n$ 为水面宽度。此时，水位为 H，则体积守恒的方程可写作：

$$B_n \Delta h \Delta s = (Q_1 - Q_2)\Delta t \tag{7.4.3}$$

另外，若利用附录 A 的方程（A.3.1），则可近似得出流量的差值如下：

$$Q_1 - Q_2 = Q_1 - (Q_1 + \frac{\partial Q}{\partial s}\Delta s) = -\frac{\partial Q}{\partial s}\Delta s \tag{7.4.4}$$

将方程（7.4.4）代入方程（7.4.3），对 $\Delta t \rightarrow 0$ 取极限，若考虑到 $\Delta h = \Delta H$，则可得下述微分方程。

$$B_n \frac{\partial H}{\partial t} + \frac{\partial Q}{\partial s} = 0 \Rightarrow B_n(H)\frac{\partial H}{\partial t} + \frac{\partial [U\Delta A(H)]}{\partial s} = 0 \tag{7.4.5}$$

由于水面宽度 B_n 和截面积 A 都可以认为是水位 H 的函数，则方程（7.4.4）和方程（7.4.5）中所包含的未知变量也有 H 和方程 U 两个。因此，可以将方程（7.4.2）和方程（7.4.5）两个偏微分方程联立，来分析水流状况。有许多地方都提供了分析软件，所以我们不需要自己来编程。

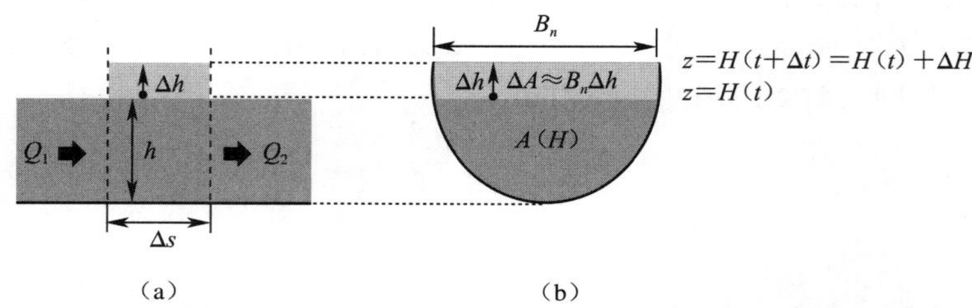

图 7.4.2 明渠中条件的说明

但是在使用软件的时候，必须要提供表 7.4.1 所示的断面形状数据、初始条件数据以及边界条件数据。断面形状数据需要在各 s 坐标中给出各水位 H 的值。初始条件数据就是在计算开始时刻 t_0 时各 s 坐标的值。而边界条件数据则是在 s 坐标的某一点上各时间的值。对流速数据 U 赋值的位置 s_1 通常是计算的上游一端。而对水位数据 H 赋值的位置 s_2，当水流是亚临界流时，其为计算下游一端，当水流为超临界流时，其为计算下游一段。但是在堤坝这种流速和水位的关系确定的特殊情况下，也有在最下段部分给出 U 和 H 的关系式的情况。此外，根据软件的不同，也有些软件会用流量 Q 来代替流速 U 来作为变量。在这种情况下，可以将 U 的值换算成 Q。

表 7.4.1 分析渐变流所必需的数据

数据分类	数据的种类
断面形状	$A(H;s)$ $B_n(H;s)$ $R_c(H;s)$
初始条件	$U(t_0;s)$ $H(t_0;s)$
边界条件	$U(t;s_1)$ $H(t;s_2)$ 或 $U=f(H)$

7.5　矩形等截面水渠中渐变流的基本性质

7.5.1　基础方程式

渐变流是随断面形状和计算条件的不同而发生各种变化的，但在这里，我们以足够宽的矩形水渠中的恒定流为例，来讲解渐变流的基本特征。在这个条件下，方程（7.4.2）的右侧第二项消去，如图 7.1.6（b）所示，水力半径 A/R_c 可近似等于水深 h 且 $H=h+z_0$，则可写作下式。且在恒定状态下，只存在独立变量 s，方程即常微分。

$$\frac{\mathrm{d}}{\mathrm{d}s}\left(\frac{U^2}{2g}+h+z_0\right)=-\frac{\tau}{\rho g h} \tag{7.5.1}$$

设剪切应力为 $\tau=\rho u_*^2$。这里 u_* 是具有速度维度的量，我们称之为“摩擦速度”。随流速 U 的增加，剪切应力 τ 也随之增加，则 u_* 也随之增加，从实验可知，u_* 和 U（大致）成比例［见方程（7.4.7）］。其进一步的（大致）含义我们将在【补充说明-7.3】进行解释说明。

$$\frac{\tau}{\rho g h}=\frac{u_*^2}{gh}=C_f\frac{U^2}{gh}=i_f \tag{7.5.2}$$

那么方程（7.4.2）转化为下式。其中，C_f 为摩擦系数。

$$\frac{\mathrm{d}}{\mathrm{d}s}\left(\frac{U^2}{2g}+h\right)=-\frac{\partial z_0}{\partial s}-\frac{u_*^2}{gh}=i_0-i_f \tag{7.5.3}$$

方程（7.5.3）左侧的括号内为比能。右侧第一项的 i_0 为河床梯度，第二项的 i_f 为总水头梯度，如图 7.4.1（a）所示，取向下为正。

设单宽流量为 q，对方程左侧进行进一步变形可得下式：

$$\frac{\mathrm{d}}{\mathrm{d}s}\left[\frac{1}{2g}\left(\frac{q}{h}\right)^2+h\right]=\left(-\frac{q^2}{gh^3}+1\right)\frac{\mathrm{d}h}{\mathrm{d}s}=(-F_r^2+1)\frac{\mathrm{d}h}{\mathrm{d}s}=i_0-i_f \tag{7.5.4}$$

因此可知，水深的变化遵从下式：

$$\frac{\mathrm{d}h}{\mathrm{d}s}=\frac{i_0-i_f}{1-F_r^2} \tag{7.5.5}$$

7.5.2　摩擦损失的评价

在方程（7.5.2）中，$i_0=i_f$ 时，水深 h 一定。这种水流就叫作“均匀流”。在均匀流中，设水深为 h_0，流速为 U_0，则下式成立：

$$i_f=C_f\frac{U^2}{gh}=C_f\frac{q^2}{gh^3},\quad i_0=C_f\frac{U_0}{gh_0}=C_f\frac{q^2}{gh_0^3}\Rightarrow i_f=i_0\frac{h_0^3}{h^3} \tag{7.5.6}$$

取两方程之比，则 i_f 可表示如下。此外，设临界状态中的水深为 h_c，流速为 U_c，则由弗劳德数的定义可得下式：

$$\frac{U_c^2}{gh_c}=\frac{q^2}{gh_c^3}=1 \Rightarrow F_r^2=\frac{U^2}{gh}=\frac{q^2}{gh^3}=\frac{h_c^3}{h^3} \tag{7.5.7}$$

将方程（7.5.6）和方程（7.5.7）代入方程（7.5.5）可得下式：

$$\frac{\mathrm{d}h}{\mathrm{d}s}=i_0\frac{1-\dfrac{h_0^3}{h^3}}{1-\dfrac{h_c^3}{h^3}} \tag{7.5.8}$$

此方程具有表 7.4.1 所示的性质。当 $h \to h_0$ 时，分子为 0，则有 $\mathrm{d}h/\mathrm{d}s \to 0$。此时水流即均匀流，水深 h_0 一定。而当 $h \to h_c$ 时，分母为 0，则有 $\mathrm{d}h/\mathrm{d}s \to \pm\infty$。但实际上，水面是不会垂直的，而这是因为在此之前，作为渐变流方程前提的静水压的假设就会失败。当 $h \to 0$ 时，$\mathrm{d}h/\mathrm{d}s$ 为 h_0^3/h_c^3，趋近于一定值。但实际上是不存在 $h=0$ 这种状态的。当 $h \to \infty$ 时，$\mathrm{d}h/\mathrm{d}s \to i_0$。此时水位 $h+z_0$ 的坡度应变为 $\mathrm{d}h/\mathrm{d}s+\mathrm{d}z_0/\mathrm{d}s \to 0$，水面即趋近于水平。

7.5.3 基本水面形状

方程（7.5.8）的特点受均匀流水深 h_0 和临界流深度 h_c 的对立关系影响，会发生很大变化。将方程（7.5.6）的第二个公式和方程（7.5.7）组合起来进行变形，则 h_0 和 h_c 的关系可表示如下。

$$C_f\frac{q^2}{gh_0^3}=i_0\frac{q^2}{gh_c^3}=1 \Rightarrow \frac{h_0^3}{h_c^3}=\frac{C_f}{i_0} \tag{7.5.9}$$

即，摩擦系数 C_f 越大，或者是水渠坡度 i_0 越小，则 h_0 就会相对越大。在这里，我们将 $h_0>h_c$ 的水渠叫作“缓坡渠”，将 $h_0<h_c$ 的水渠叫作“陡坡渠”。

我们基于表 7.4.1 所示的渐变流方程性质来具体描绘水面形状，当水渠为缓坡渠时，可分为图 7.5.1 所示的 3 种曲线（M_1、M_2、M_3）。而当水渠为陡坡渠时，可分为图 7.5.2 所示的 3 种曲线（S_1、S_2、S_3）。

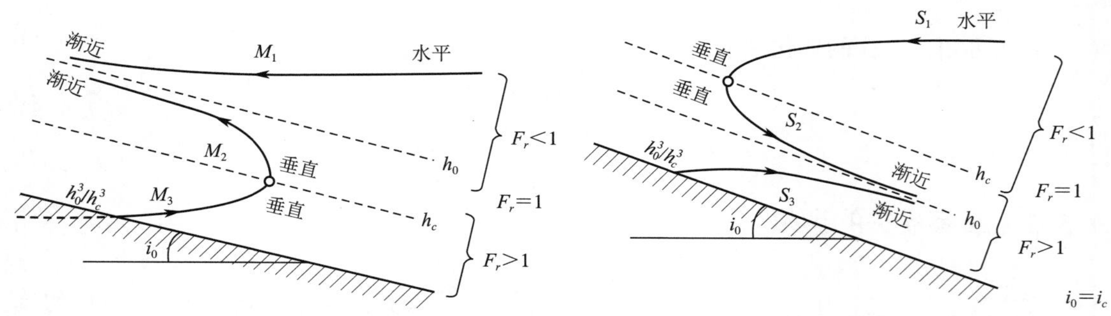

图 7.5.1 缓坡渠的水面形状

图 7.5.2 陡坡渠的水面形状

各曲线展现出来的情况如图 7.5.3 所示。临界流深度 h_c 是由流量而规定的，所以其在全区间内一定。另外，均匀流水深 h_0 在缓坡渠中大于 h_c，而在陡坡渠中小于 h_c。在这个图中，我们有意设置了 6 种展示全部水面形状的闸门，但同时仍存在其他各种各样的情况。此外，我们还在两处插入了“水跃”这种现象，对此我们将在第 8 章中进行讲解说明。

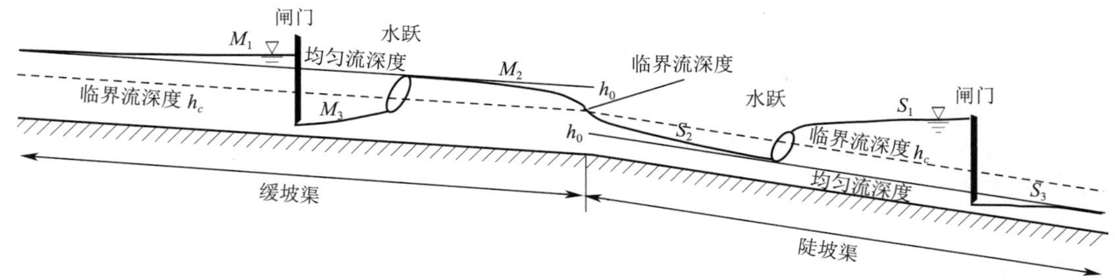

图 7.5.3　连续体水面形状的示例

【补充说明-7.1】　对流速水头的补充改正

在一维分析中，设断面内的流速为一定值 U。但在实际情况下，流速在水面附近较大，而在底部附近较小。因此，在流速水头中会产生误差。

而能量守恒定律中，对流速水头这一项，追其根源，其是由动能通量这一项中产生的。图 2.2.1 是在第 2 章中，给通量下定义时的示意图，而通量是以流量 Q 和浓度 ϕ 的乘积来表示。动能的浓度（即单位体积的量）表示为下述第一个公式，除去通过断面的水的质量即流速水头。也就是说

$$\text{动能：}\phi = \frac{\rho}{2}U^2\text{，流速水头：}\frac{Q\phi}{\rho g Q} = \frac{U^2}{2g} \tag{7.6.1}$$

因此，对图 7.6.1 所示的水流，我们试着考虑一下动能通量和流速水头的关系。从底部向水面方向，流速 u 增加，设其平均值为 U，与平均值的偏差值为 u'。则 u' 的平均值（垂直积分值）自然为 0。考虑到图中所示的高度 dz 的部分，则方程（7.6.1）变为下式。

$$\text{流量：}q = u\mathrm{d}z\text{，动能通量：}q\phi = \frac{\rho}{2}u^3\mathrm{d}z \tag{7.6.2}$$

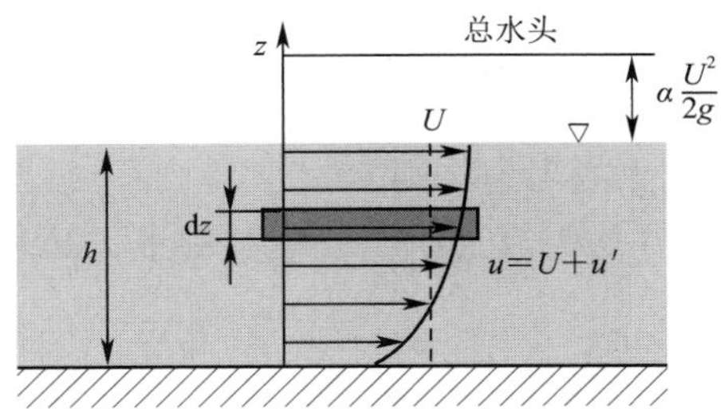

图 7.6.1　与平均流速的偏差值

从底部到水面对动能通量积分，对其总量 KE，可得下式。

$$KE = \int_0^h \frac{\rho}{2}u^3\mathrm{d}z = \int_0^h \frac{\rho}{2}(U+u')^3\mathrm{d}z = \frac{\rho U^3}{2}\int_0^h\left[1 + 3\left(\frac{u'}{U}\right) + 3\left(\frac{u'}{U}\right)^2 + \left(\frac{u'}{U}\right)^3\right]\mathrm{d}z \tag{7.6.3}$$

若 u' 的垂直分量的值为 0，则可忽略第二项。用此方程式除以 $\rho g Q = \rho g h U$，则水流的流速水头可表示如下。

$$\text{流速水头：}\frac{1}{\rho ghU}\int_0^h \frac{\rho}{2}u^3 \mathrm{d}z = \frac{U^2}{2g}\int_0^h \left[1+\left(\frac{u'}{U}\right)^2\left(3+\frac{u'}{U}\right)\right]\mathrm{d}\left(\frac{z}{h}\right) = \alpha\frac{U^2}{2g} \tag{7.6.4}$$

从图 7.6.1 中可以明显看出，$|u'|<U$，则积分内的第二项始终为正。也就是说，被积函数始终大于 1，设定积分的值为 α，则 $\alpha>1$。因此，实际水流的流速水头就如图右侧所示，其大于使用平均流速 U 推算出来的流速水头。α 的值随 $u'(z)$ 形状的变化而变化，在渐变流中约为 1.3。

【补充说明-7.2】 比能不足的情况

在 7.3.1 讲到的宽度缩窄的水渠中，当上流状态是处于图 7.6.2（a）的方点所示的位置时，不存在与 $q=q_2$ 所对应的比能曲线。也就是说，“在比能为 E_0 时，并不存在通过缩窄部分的恒定流”。因此，缩窄部分的流量为 $q<q_2$，水存积在缩窄部分上游，水位上升。其结果就是比能增加，$E>E_1$ 时，其为稳定状态。

而在 7.3.2 讲到的底部隆起的水渠中，当上流状态是处于图 7.6.2（b）的方点所示的位置时，不存在与 $q=q_2$ 所对应的比能曲线。也就是说，“在比能为 E_0 时，并不存在高度超过 z_0 的恒定流”。在这种情况下，水存积在上游部分，比能增加，$E>E_1$ 时，即变为稳定状态。

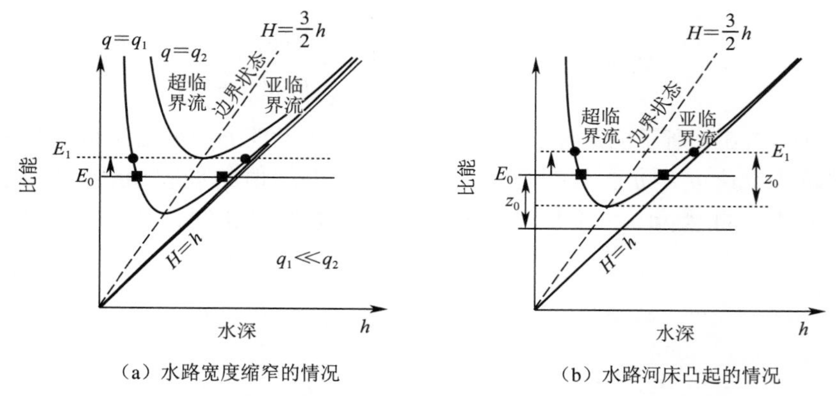

（a）水路宽度缩窄的情况　　（b）水路河床凸起的情况

图 7.6.2　对应的 q_2 曲线不存在的情况

【补充说明-7.3】 关于明渠的阻力法则

在方程（7.4.7）中，设在均匀流（$i_f=i_0$）的情况下，必有下式成立。

$$C_f\frac{U^2}{gh}=i_0 \Rightarrow U=\frac{1}{\sqrt{C_f}}\sqrt{ghi_0} \tag{7.6.6}$$

大量的实测结果表明，下述关系式成立。

$$U=\frac{1}{n}h^{2/3}\sqrt{i_0} \tag{7.6.7}$$

方程（7.6.7）就叫作曼宁公式，n 是反映河床粗糙程度的常数，我们称之为曼宁的粗糙系数。比较方程（7.6.6）和方程（7.6.7）可知，由方程（7.4.5），τ 可表示如下：

$$C_f=\frac{n^2 g}{h^{1/3}} \Rightarrow \tau=\rho C_f U^2=\rho n^2 g\frac{U^2}{h^{1/3}} \tag{7.6.8}$$

我们认为 $\rho n^2 g$ 是各水渠的粗糙程度的常数，所以即使在同一流速 U 下，τ 也会随水深

h 的增加而减少。

我们通过图 7. 6. 3 来说明此原因。图 7. 6. 3（a）和（b）的水流，其平均流速 U 相同，但水深不同（$h_1<h_2$）。可知，在水深的中心点向下的位置上，（a）的流速大于（b）的，且（a）的剪切变形速度 $\delta u/\delta z$ 也较大。因此，剪切力 τ 根据水深的不同而不同。

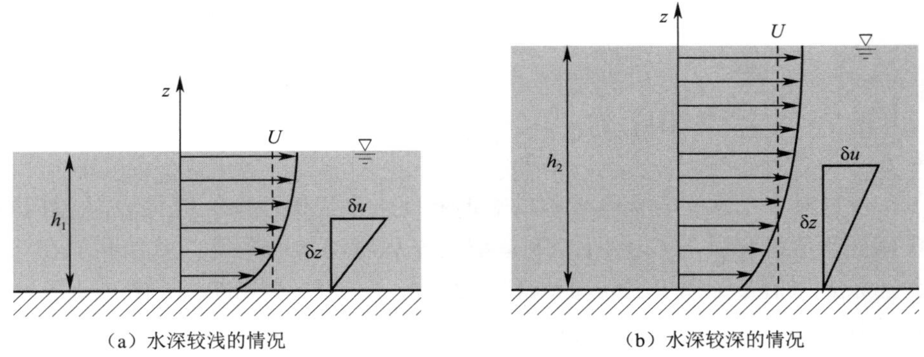

图 7. 6. 3　因水深造成的剪切大小不同

第 8 章　明渠流动量方程

8.1　动量守恒定律和比力

图 8.1.1 是某底部水平且宽度较宽的矩形断面水渠的侧面图。流量 Q 从左向右流动。我们将中间的阴影部分设为 $C.V.$（控制体积）来思考动量的平衡。就像我们在 2.2 节中讲到的，通量是以流量 Q 和浓度 ϕ 的乘积来表示，而单位体积的水所含的动量为 ρu，所以动量通量则为 $\rho u Q$。这里 ρ 为水的密度，u 是水渠方向的流速。

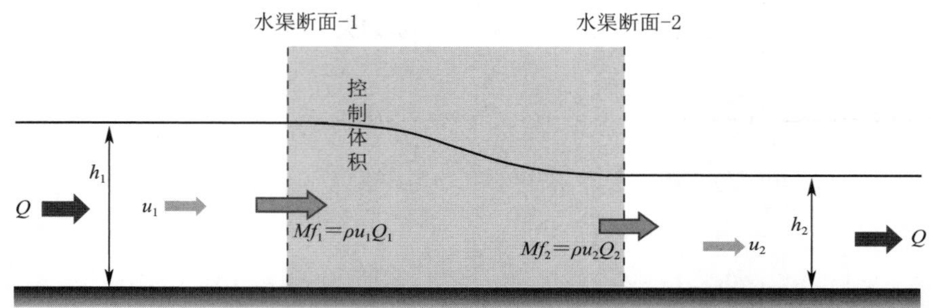

图 8.1.1　动量通量

分别设 $C.V.$ 上游一侧和下游一侧的流速为 u_1、u_2，则单位时间内通过水渠断面-1 流入 $C.V.$ 的动量 Mf_1 为 $\rho u_1 Q$，而通过水渠断面-2 从 $C.V.$ 流出的动量 Mf_2 为 $\rho u_2 Q$。二者的差值即从外部对 $C.V.$ 施加的力 F_D（设向下游方向为正）。也就是说

$$\rho u_2 Q - \rho u_1 Q = F_D \tag{8.1.1}$$

如图 8.1.2 所示，在水渠断面-1 中，向下流方向的水压 P_1 对 $C.V.$ 产生作用，而在水渠断面-2 中，则是向上游方向的水压 P_2 发生作用。设此处可近似为静水压力分布，则各断面水压可表示如下。

$$P_1 = \frac{1}{2}\rho g h_1^2 B,\ P_2 = \frac{1}{2}\rho g h_2^2 B \tag{8.1.2}$$

因此，方程（8.1.1）可写作：

$$\rho u_2 Q - \rho u_1 Q = \frac{1}{2}\rho g h_1^2 B - \frac{1}{2}\rho g h_2^2 B + F'_D \tag{8.1.3}$$

F'_D是作用于 $C.V.$ 的外力，且此外力不包括压力。对两边同除以 B，并将压力相关项向方程左侧移项，可得下式：

$$\left(\rho u q + \frac{1}{2}\rho g h^2\right)_2 - \left(\rho u q + \frac{1}{2}\rho g h^2\right)_1 = \frac{F'_D}{B} \tag{8.1.4}$$

q 为每单位宽度上水渠的输水流量 Q/B。此外，$(\,)_1$ 和 $(\,)_2$ 表示变量为水渠断面-1 和

水渠断面-2 上的值。再对方程两边同除以 ρg，利用 $u=q/h$，可得下式：

$$\left(\frac{q^2}{gh}+\frac{h^2}{2}\right)_2-\left(\frac{q^2}{gh}+\frac{h^2}{2}\right)_1=\frac{F_D'}{\rho gB} \tag{8.1.5}$$

方程（8.15）中括号内的值即“比力”（specific force）。当没有外力（及外部的动量）作用于水流时，可以发现比力守恒。

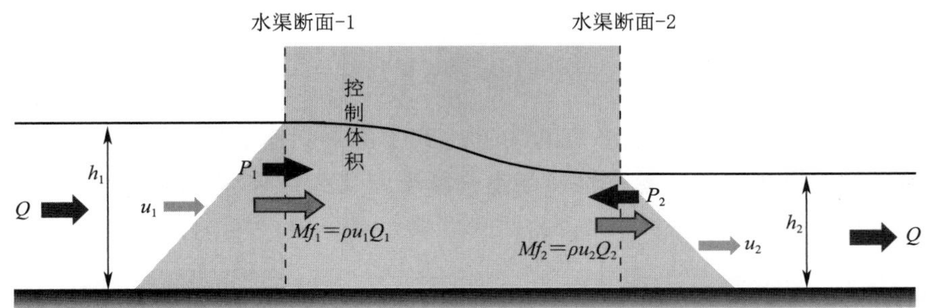

图 8.1.2　动量通量+压力

图 8.1.3 表示，在水渠底面，由障碍物和摩擦力而产生的阻力 D 发生作用，且从上部沿水渠方向以流速 u_3 流入 $C.V.$ 的情况。在这种情况下，方程（8.1.3）转化为下式：

$$\rho u_2Q_2-\rho u_1Q_1=\frac{1}{2}\rho gh_1^2B-\frac{1}{2}\rho gh_2^2B-D+\rho u_3Q_3 \tag{8.1.6}$$

将压力项移到方程左侧，并除以 ρgB，则可得与方程（8.1.5）相对应的方程式如下：

$$\left(\frac{q^2}{gh}+\frac{h^2}{2}\right)_2-\left(\frac{q^2}{gh}+\frac{h^2}{2}\right)_1=-\frac{D}{\rho gB}+\frac{u_3q_3}{g} \tag{8.1.7}$$

其中，q_3 为每单位宽度的流入量 Q_3/B。

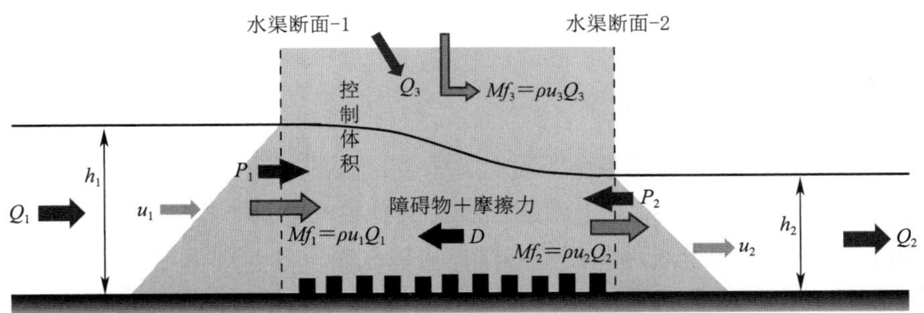

图 8.1.3　动量通量和各种外力

8.2　比力和水深的关系

下面我们将比力写作 F，也就是说

$$F=\frac{q^2}{gh}+\frac{h^2}{2} \tag{8.2.1}$$

当 $h\to0$，则方程右侧第一项为∞，第二项为 0。此外，随着 h 的增加，第一项逐渐趋向于 0，则 F 逐渐趋近于第二项的抛物线。假设 q 一定，则此时 F 和 h 的关系如图 8.2.1

所示。为求得 F 达到最小值的点，用 h 对 F 进行偏微分，并设其为 0，将其结果代入方程（8.2.1），可得下式：

$$\frac{\partial F}{\partial h}=-\frac{q^2}{gh^2}+h=0\Rightarrow\frac{q^2}{gh}=h^2\Rightarrow F=\frac{3}{2}h^2 \tag{8.2.2}$$

在图 8.2.1 中，这一关系由相应曲线表示。而对上式左侧第一个方程进行变形，可得下式：

$$\frac{\partial F}{\partial h}=-\frac{q^2}{gh^2}+h=0\Rightarrow\frac{q^2}{gh^3}=1\Rightarrow\frac{U^2}{gh}=F_r^2=1 \tag{8.2.3}$$

也就是说，其在连接 F 的极小值的线上达到了临界状态。因此，在极小值的左侧产生超临界流，右侧则为上游。这一性质与上一章中图 7.2.4 所示的比能曲线十分相似。

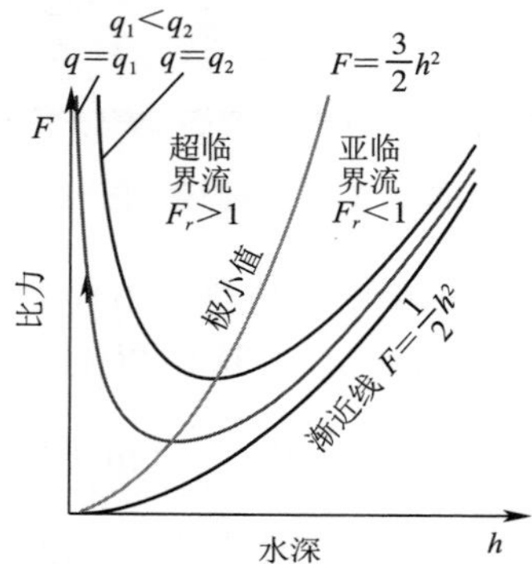

图 8.2.1 水深和比力的关系

8.3 从上方流入的水渠水位变化

8.3.1 比力的守恒

如图 8.3.1 所示，我们来思考一下由上方垂直流入的水流。对图中的变量全除以水渠宽度 B，则得单位宽度的量。对其上游断面相关的各量均添加下标“1”，而对缩窄断面的各量均添加下标“2”。假设底部和侧壁的摩擦可以忽略不计，那么通过 *C. V.* 之后的水面是上升还是下降呢？对这个问题，我们将使用比力图来进行求解。

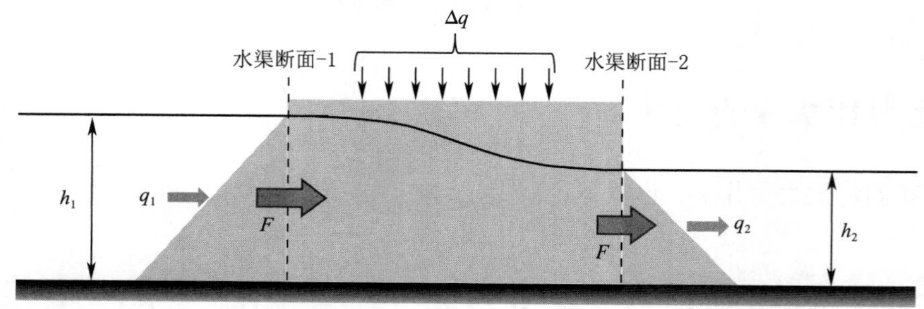

图 8.3.1 上方有水流流入的水路

由于受到侧向流入的影响，下游的流量 q_2 要大于上游流量 q_1。但由于侧向流入并不具有水渠方向的动量，所以其比力 F 是一定的。因此，在上游处的状态就是在 F 一定的线上，从 $q=q_1$ 的曲线向 $q=q_2$ 的曲线上移动。也就是说，当水流为超临界流时水位上升，而水流为亚临界流时水位下降。

那么，我们在这里将使用方程来尝试解决上述问题。首先在比力一定的条件下，由方程（8.1.7）可得下述关系式：

$$\left(\frac{q^2}{gh}+\frac{h^2}{2}\right)_2-\left(\frac{q^2}{gh}+\frac{h^2}{2}\right)_1=0 \tag{8.3.1}$$

首先设 $q_2=q_1+\Delta q$、$h_2=h_1+\Delta h$，这里我们和 7.3.1 中比能的计算采取同样方法，假设 $\Delta q\ll q_1$，$\Delta h\ll h_1$。这样，下游断面的比力 F_2 则可近似为下式：

$$q_2^2=(q_1+\Delta q)^2=q_1^2\left(1+\frac{\Delta q}{q_1}\right)^2\approx q_1^2\left(1+2\frac{\Delta q}{q_1}\right)$$

$$\frac{1}{h_2}=h_2^{-1}=h_1^{-1}\left(1+\frac{\Delta h}{h_1}\right)^{-1}\approx\frac{1}{h_1}\left(1-\frac{\Delta h}{h_1}\right)$$

$$\therefore\ \frac{q_2^2}{gh_2}\approx\frac{q_1^2}{gh_1}\left(1+2\frac{\Delta q}{q_1}\right)\left(1-\frac{\Delta h}{h_1}\right)\approx\frac{q_1^2}{gh_1}\left(1+2\frac{\Delta q}{q_1}-\frac{\Delta h}{h_1}\right)$$

$$\frac{1}{2}h_2^2=\frac{1}{2}h_1^2\left(1+\frac{\Delta h}{h_1}\right)^2\approx\frac{1}{2}h_1^2\left(1+2\frac{\Delta h}{h_1}\right)$$

$$\therefore\ F_2=\frac{q_2^2}{gh_2}+\frac{1}{2}h_2^2\approx\frac{q_1^2}{gh_1}\left(1+2\frac{\Delta q}{q_1}-\frac{\Delta h}{h_1}\right)+\frac{1}{2}h_1^2\left(1+2\frac{\Delta h}{h_1}\right) \tag{8.3.2}$$

我们再用上游断面的比力 F_1 除以差值 h_1^2，可得下式：

$$F_2-F_1=\frac{q_1^2}{gh_1^3}\left(2\frac{\Delta q}{q_1}-\frac{\Delta h}{h_1}\right)+\frac{\Delta h}{h_1}=0 \tag{8.3.3}$$

这里，我们用方程（7.2.5）所定义的弗劳德数进行变形，则可得 Δh 和 Δq 的关系如下：

$$2F_r^2\frac{\Delta q}{q_1}-(F_r^2-1)\frac{\Delta h}{h_1}=0\Rightarrow\frac{\Delta h}{h_1}=\frac{2F_r^2}{(F_r^2-1)}\frac{\Delta q}{q_1} \tag{8.3.4}$$

也就是说，通过对侧向流入量 Δq 赋值，则在超临界流（$F_r^2>1$）中有 $\Delta h>0$，在亚临界流（$F_r^2>1$）中有 $\Delta h<0$。此结果与图 8.3.2 中的推测相一致。

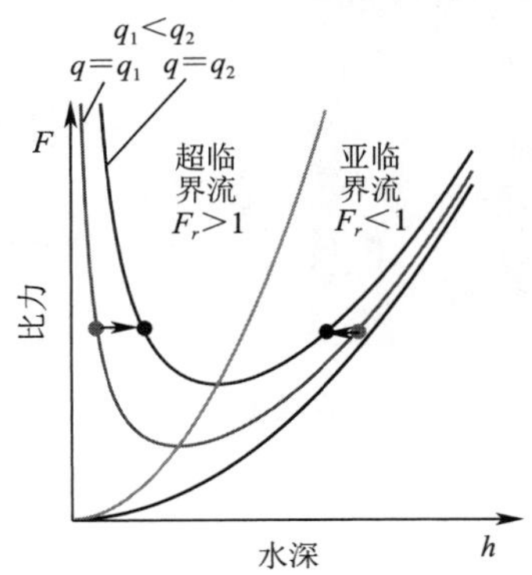

图 8.3.2　随侧面流入而形成的水位变化

8.3.2 能量损失

那么由侧方流入而产生的比能又会发生怎样的变化呢？*C. V.* 前后的比能之差可表示如下：

$$E_2 - E_1 = \Delta E = \left(\frac{q_2^2}{2gh_2^2} - \frac{q_1^2}{2gh_1^2}\right) + (h_2 - h_1) \tag{8.3.5}$$

在比能守恒方程（7.3.1）的分析中设其右侧为0，但这里的 ΔE 并不为0。因此用方程（7.3.4）、方程（7.3.5）的变形来表示 ΔE，则如下所示：

$$\frac{\Delta E}{h_1} \approx \frac{q_1^2}{gh_1^3}\left(\frac{\Delta q}{q_1} - \frac{\Delta h}{h_1}\right) + \frac{\Delta h}{h_1} \approx {F_r}^2\frac{\Delta q}{q_1} + (1 - {F_r}^2)\frac{\Delta h}{h_1} \tag{8.3.6}$$

将其代入方程（8.3.4），就可求得 ΔE 和 Δq 的关系：

$$\frac{\Delta E}{h_1} \approx -{F_r}^2\frac{\Delta q}{q_1} \Rightarrow \frac{\Delta E}{E_1} \approx \frac{-2{F_r}^2}{2 + {F_r}^2}\frac{\Delta q}{q_1} \tag{8.3.7}$$

由此方程可以看出，无论是在亚临界流中，还是在超临界流中，比能都会减少。其原因类似于我们在高中物理所学的“塑性体的碰撞”，是因为在合流后，水不会恢复成原来的形状。作为参考，我们将在【补充说明-8.1】中来分析由塑性体的碰撞而造成的能量损失。

8.4 水跃现象

在7.5.3节讲解渐变流的水面形状时，我们涉及了一点“水跃”的知识。图7.5.3中，像 M_3 曲线→M_2 曲线、S_2 曲线→S_1 曲线这样，当水流从超临界流向亚临界流转化时，按照渐变流方程，水面坡度即变为+∞。这是不现实的。而这是因为，在推导渐变流方程时所假设的静水压力近似是失败的。实际情况如图8.4.1中的照片所示，水面倒向上游一侧，形成了激烈的旋涡。

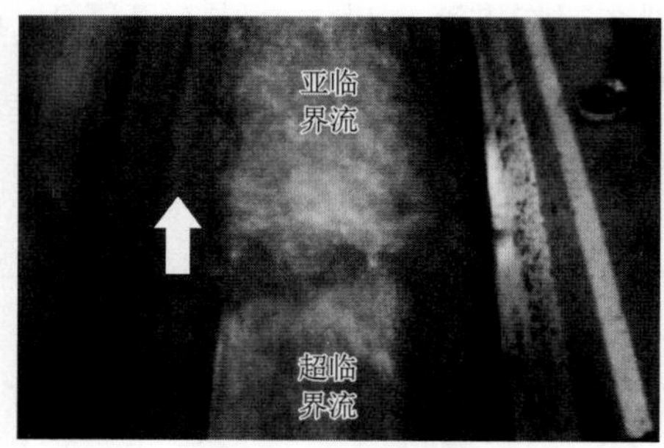

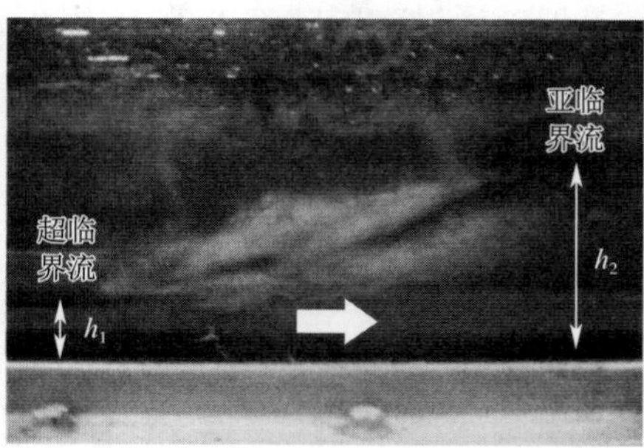

图8.4.1 实验水路中的水跃

图8.4.2是水跃现象的示意图。水渠床面水平，且没有从侧向流入的外力，则比力守恒。因有

$$\frac{q^2}{gh_1}+\frac{h_1^2}{2}=\frac{q^2}{gh_2}+\frac{h_2^2}{2} \tag{8.4.1}$$

将方程（8.4.1）右侧项移到左侧，进行变形可得下式：

$$\frac{2q^2}{g}\left(\frac{h_2-h_1}{h_1h_2}\right)+h_1^2-h_2^2=0\Rightarrow h_2+h_1-\frac{2q^2}{gh_1h_2}=0\Rightarrow h_2^2+h_1h_2-\frac{2q^2}{gh_1}=0 \tag{8.4.2}$$

我们将方程除以 h_1^2，再用第三项的弗劳德数的定义式，可得下式：

$$\left(\frac{h_2}{h_1}\right)^2+\left(\frac{h_2}{h_1}\right)-2F_{r1}^2=0,\ F_{r1}^2=\frac{q^2}{gh_1^3} \tag{8.4.3}$$

则此二次方程的根如下：

$$\frac{h_2}{h_1}=\frac{1}{2}\left(\sqrt{1+8F_{r1}^2}-1\right) \tag{8.4.4}$$

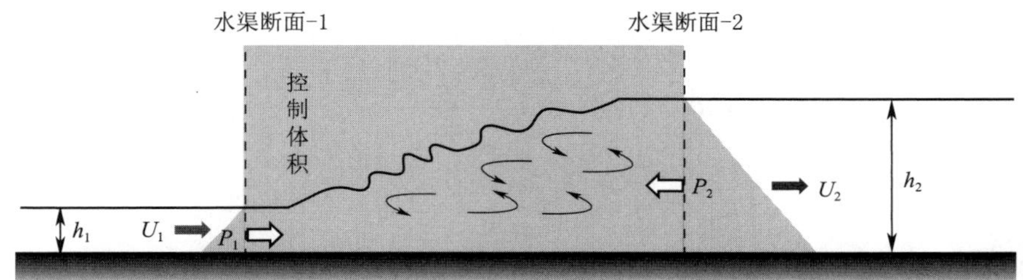

图 8.4.2　水跃现象的示意

图 8.4.3 是由水跃而产生的水深变化的图解。流量 q_1、q_1 所对应的曲线上的●（超临界流区域）的状态转化为比力相等的▲（亚临界流区域）的状态，而我们说●和▲的水深是“互为共轭”（conjugate）。要注意，不存在从▲转化为●。而这一点，在我们调查了共轭深度的能量关系后就可以得知。

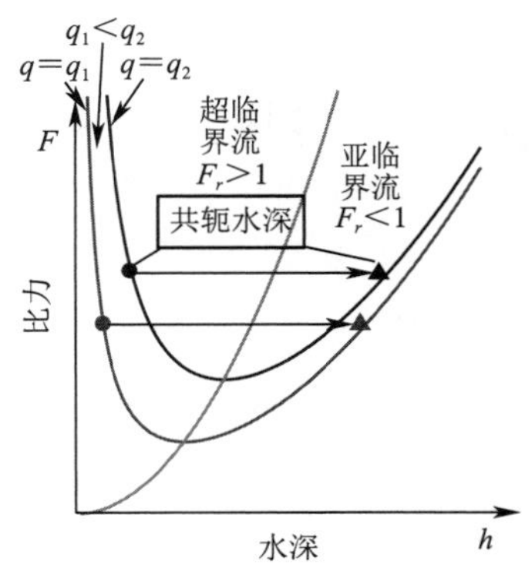

图 8.4.3　随水跃而产生的水深变化

我们在日常生活中也可以看到小规模的水跃现象，具体例子我们将在【补充说明-8.2】中进行介绍。

8.5 水跃能量损失

水跃会伴有激烈的旋涡运动，从而使水流损失动能。下面我们尝试来计算一下在 *C. V.* 的上游和下游断面上的比能 E_1、E_2 的差值 ΔE。

$$E_1 = \frac{q^2}{2gh_1^2} + h_1, E_2 = \frac{q^2}{2gh_2^2} + h_2, \ \Delta E = E_1 - E_2 = \frac{q^2}{2g}\left(\frac{1}{h_1^2} - \frac{1}{h_2^2}\right) + (h_1 - h_2) \quad (8.5.1)$$

对第三个等式右侧的第一个括号内的两项进行通分，并对其变形可得下式：

$$\Delta E = \frac{q^2}{2g}\frac{(h_2 + h_1)(h_2 - h_1)}{h_1^2 h_2^2} + (h_1 - h_2) = (h_1 - h_2)\left[1 - \frac{q^2}{2g}\frac{(h_2 + h_1)}{h_1^2 h_2^2}\right] \quad (8.5.2)$$

另外，由于上游和下游的比力相同，则由方程（8.4.2）可得，h_1 和 h_2 满足以下关系：

$$h_2^2 + h_1 h_2 - \frac{2q^2}{gh_1} = 0 \Rightarrow \frac{q^2}{2g} = \frac{h_1 h_2 (h_2 + h_1)}{4} \quad (8.5.3)$$

将其代入方程（8.5.2），并进行下述变形，则可得出表示 ΔE 的方程如下：

$$\Delta E = (h_1 - h_2)\left[1 - \frac{h_1 h_2 (h_2 + h_1)}{4}\frac{(h_2 + h_1)}{h_1^2 h_2^2}\right]$$
$$= (h_1 - h_2)\frac{4h_1 h_2 - (h_2 + h_1)^2}{4h_1 h_2} = \frac{(h_2 - h_1)^3}{4h_1 h_2} \quad (8.5.4)$$

由于上游的超临界流状态转化为下游的亚临界流状态会损失比能。所以反过来说，想要使亚临界流状态反过来转化为超临界流状态，就必须要从外部提供 ΔE 的能量，否则这种转化无法自然发生。

水跃一般用于堤坝下游处，来消解降低高速流动所释放的能量。【补充说明-8.2】中将运用二维模型，讲解了堤坝消能工设计的基本思路，对此感兴趣的同学可以参考阅读。

8.6 涌潮

当水跃的下游段水面上升时，比力平衡即被打破，如图 8.6.1 所示，水跃即开始向上游段移动。这种现象就叫作涌潮（hydraulic bore）。图 8.6.2 中海岸的碎浪，就是我们日常生活中可以看到的涌潮的例子。如其后所示，波浪越浅，波浪的传播速度就会越慢，所以在海岸附近波高变大，形成碎浪和涌潮。

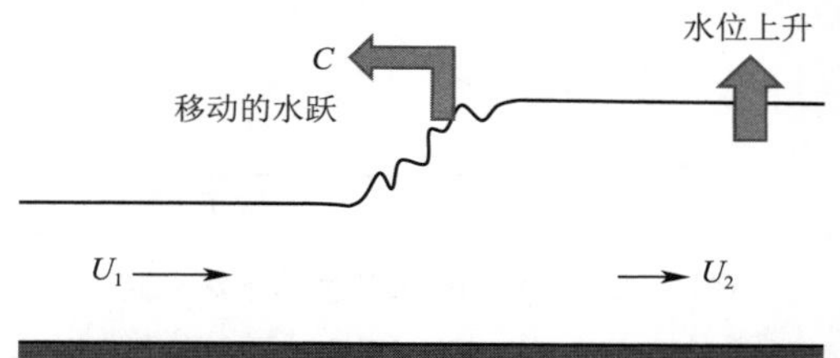

图 8.6.1 比力不平衡造成的涌潮

图 8.6.2　由海岸边的碎浪而产生的涌潮

涌潮的波速 C 则可照下述方法求得。若冲浪者随涌潮一起移动，则涌潮可看作是普通的水跃。则此时，与冲浪者相对的上游段流速即 U_1+C。而在水跃中，有方程（8.4.2）成立，对其进行变形则可得下式：

$$h_2^2+h_1h_2-\frac{2}{g}U_1^2h_1=0 \tag{8.6.1}$$

这是（静止）水跃的情况。而从冲浪者来看，有 $U_1\to U_1+C$，则对涌潮有下式成立：

$$h_2^2+h_1h_2-\frac{2}{g}(U_1+C)^2h_1=0\Rightarrow(U_1+C)^2=\frac{gh_2(h_1+h_2)}{2h_1} \tag{8.6.2}$$

因此，涌潮的波速则可由下式求得。

$$C=-U_1\pm\sqrt{\frac{gh_2(h_1+h_2)}{2h_1}}=-U_1\pm\sqrt{g\frac{h_2}{h_1}\bar{h}} \tag{8.6.3}$$

其中，$\bar{h}$ 为涌潮前后的平均水深。而像海洋或湖泊这种可以视 $U_1\approx 0$ 的水域中，第二项即涌潮的速度。平均水深 $\bar{h}$ 越大，其数值就会越大，所以涌潮在较深的海域中就移动快，而到了海岸附近就会变慢。因此，波浪的形状在海岸附近就会很陡峭。

涌潮的进一步发展还取决于地形条件，对这种例子我们将在【补充说明-8.4】进行讲解展示。

【补充说明-8.1】　塑性体的碰撞（复习高中物理）

如图 8.7.1 所示，两个物体正面碰撞后合二为一，那么我们就来求解这种情况下的能量损失。初始时，质量为 M 的物体以速度 V 移动，撞上质量为 m 的静止物体，合并后物体质量即变为 $M+m$，并以 V'的速度移动。

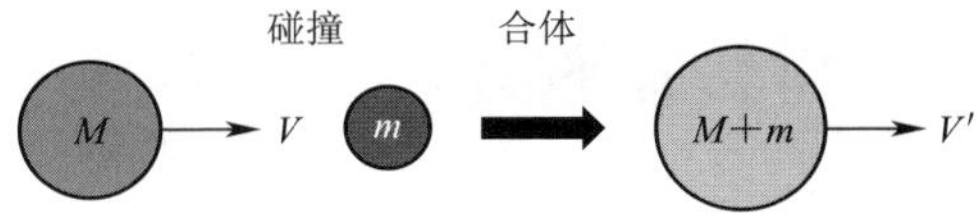

图 8.7.1　塑性体的碰撞合体

由动量守恒定律，发生碰撞后的速度 V' 可由下式求得：

$$MV = (M + m)V' \Rightarrow V' = \frac{M}{M + m}V \tag{8.7.1}$$

因此，经过碰撞并合并后，其动能的变化 ΔE 表示如下：

$$\Delta E = \frac{1}{2}(M + m)V'^2 - \frac{1}{2}MV^2 = -\frac{m}{M + m}\frac{1}{2}MV^2 \Rightarrow \frac{\Delta E}{E_0} = -\frac{m}{M + m} \tag{8.7.2}$$

即只要 m 不为 0，就一定会产生能量损失。而随着塑性变形，损失的动能会转变为热能。

【补充说明-8.2】 厨房水槽中的水跃现象

将厨房内洗碗的水槽清空，打开水龙头放水，就会出现如图 8.7.2 所示的圆环。水流呈放射状，中心部分的水深较小，流速较大。而从中心部分向外一定距离，水面会产生高度差，周围的流速会变小。图 8.7.3 表示通过中心轴断面的水面形状，此圆环即圆形的水跃现象。加大流量，圆环的径长变大；减小流量，径长就会减小。

图 8.7.2 厨房水槽中看到的圆环

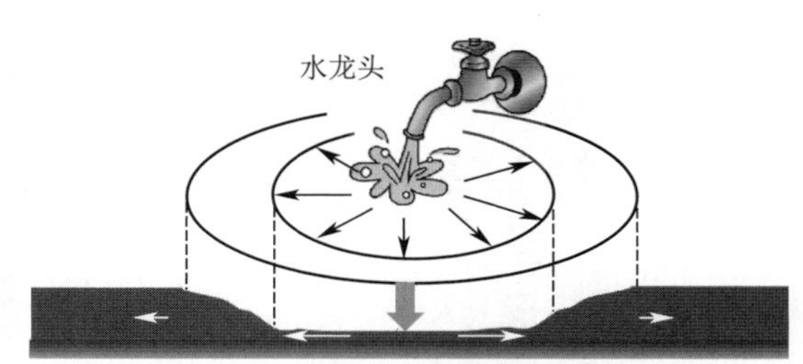

图 8.7.3 圆形水跃的断面

【补充说明-8.3】 利用水跃现象在水坝下游进行消能工设计的基本思路

图 8.7.4 是越过水坝的水流的示意。从大坝中释放的水有可能会在下游河道产生高速激流，会有冲蚀河床的危险。因此，我们在应对这一情况时利用水跃现象，来消解水流的能量。

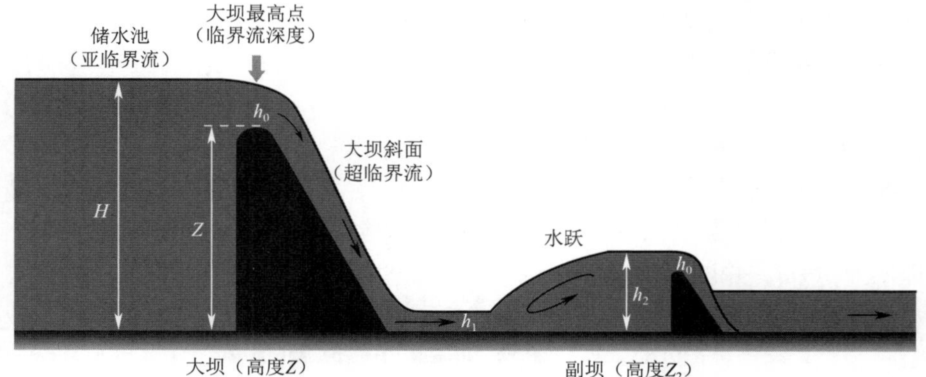

图 8.7.4 大坝下游的消能工

储水池内的水具有较大的水头，流速却很小，处于亚临界流状态。另外，水流在大坝坝体的下游面加速，流速水头增大，变为超临界流状态。于是在大坝最高点附近位置，就产生了临界流深度。设储水水位为 H，大坝最高点的高度为 Z，则此处的水深 h_0 和流速 U_0 可通过方程（7.2.4）和方程（7.2.5）求出，单宽流量 q 即它们的乘积（但是请各位同学牢记，在实际情况中，由于流线弯曲，就像我们在第 6 章 6.3 节所讲到的，静水压近似会产生误差，所以这些方程只是为了估算而推导出的近似方程）。

$$h_0 \approx \frac{2}{3}(H - Z),\ U_0 \approx \sqrt{gh_0}, q = U_0 h_0 \tag{8.7.3}$$

在流经大坝下游面时，总水头几乎全部转换为流速水头。因此，在最下游处的流速 U_1、水深 h_1 和 F_{r1}^2 可表示如下（但在实际情况中，由于侧壁面的摩擦以及空气的混入，水流会减速，所以这些方程只是为了估算而推导出的近似方程）。

$$U_1 \approx \sqrt{2gH}, h_1 = \frac{q}{U_1}, F_{r1}^2 = \frac{U_1^2}{gh_1} \tag{8.7.4}$$

使用上述条件，从方程（8.4.4）中便可求得水跃所需要的下游水深 h_2，将其减去临界流深度 h_0 就可求得副坝所需的高度 Z_2。此外，由方程（8.5.4）还可算出因水跃而导致的能量损失（水头）。

表 8.7.1 中表明了 H=50 m、Z=44 m 时的计算结果。副坝的必要高度约为 8 m，由此可以推测，储水池内 50 m 的水头中，有 38 m 是因水跃而被削减的。

表 8.7.1　大坝下游的消能工

H=50 m	Z=44 m	h_0=4.0 m
U_0=6.26 m/s	q=25.9 m²/s	U_1=31.3 m/s
h_1=0.80 m	F_r^2=125.0	h_2/h_1=15.3
h_2=12.24 m	ΔE=38.2 m	Z_2=8.24 m

【补充说明-8.4】　流入杭州湾深处的钱塘江涌潮

杭州湾朝内逐渐变窄，所以当远洋的潮水位置升高，传播到海湾内部时，其能量集中，前端陡峭，潮汐的振幅增大。8 月发生大潮（也称朔望潮）的那两天，在流入海湾内部的钱塘江上形成陡峭的潮波后，就会发生涌潮，并沿着很长的一段江流溯江而上。涌潮的前端如图 8.7.5 所示。这个涌潮是由潮汐变动而引起的，所以可以预测。因此，在涌潮日当天，有许多游客前往观潮。

图 8.7.5　溯钱塘江而上的涌潮

第 9 章　水　　波

9.1　波动方程

9.1.1　运动的传播

各位同学知道台球这项运动吗？它是在水平光滑的台子上，用细棒去击打坚硬的小球，使其撞到其他的球，并使被碰撞的小球落入台子某一角的球洞中。小球的大小和质量完全相同。如图 9.1.1 所示，假设我们去击打我们眼前的这个小球（质量为 m），使其以速度 V_1 去正面撞击下一个小球，则碰撞后第一个小球的速度变为 V_1'，并赋予第二个小球速度为 V_2'。那么求 V_1' 和 V_2' 如下：

假设台子十分光滑且没有摩擦，那么碰撞前后的总动量守恒，则下式成立。

$$mV_1 = mV_1' + mV_2' \Rightarrow V_1 = V_1' + V_2' \tag{9.1.1}$$

又因为小球比较坚硬，且设小球旋转的能量无法与动能相比，则这种碰撞可看作“完全弹性碰撞”。在这种情况下，碰撞前后的动能是守恒的，则有下式成立。

$$\frac{1}{2}mV_1^2 = \frac{1}{2}mV'^2_1 + \frac{1}{2}mV'^2_2 \Rightarrow V_1^2 = V'^2_1 + V'^2_2 \tag{9.1.2}$$

联立各式进行计算，可得下解：

$$V'_1 = 0, V'_2 = V_1 \tag{9.1.3}$$

也就是说，它们速度进行了交换。玩过台球的人应该都知道，方程（9.1.3）成立。

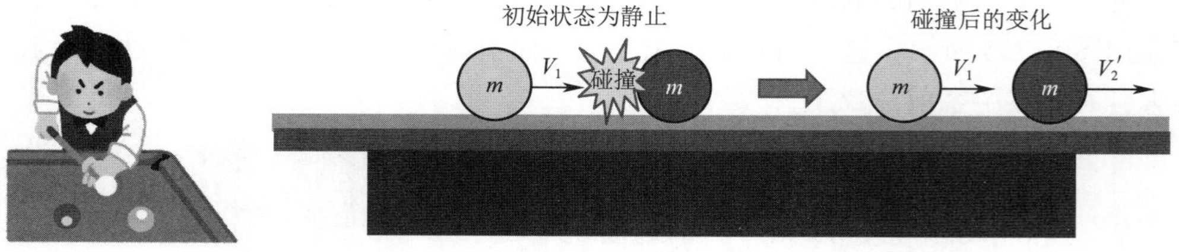

图 9.1.1　台球运动

接下来，如图 9.1.2 所示，许多小球以固定间隔 Δx 呈直线排列，假设我们以与图 9.1.1 相同的速度 v 去击打此时我们眼前的小球，则碰撞后，第二个小球的速度变为 v，然后去撞击第三个小球。同样的事情不断重复。于是各小球的移动距离为 Δx，碰撞现象如黄色部分所示，其以速度 v 来进行传播。

在此图中，纵轴向下为时间 t，横轴为距离 x。因此，以速度 $v(t)$ 进行移动的物体轨

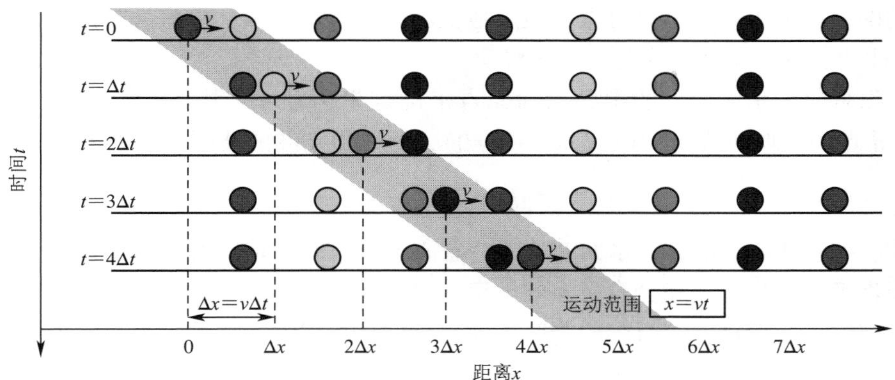

图 9.1.2 运动的传递

迹可用下述微分方程表示，求得的解就叫作“相似曲线”。

$$\frac{\mathrm{d}x}{\mathrm{d}t}=v(t)\Rightarrow x(t)=\int v(t)\,\mathrm{d}t \tag{9.1.4}$$

在此图中，每个小球的相似曲线长度为 Δx。但“碰撞现象”的相似曲线是沿着 $x=vt$ 这条直线，一直延续到台球桌面边缘，那么类似这种的（非物质运动）运动和状态的传播现象就叫作“波动”。

9.1.2 恒定波

如图 9.1.3 所示，在 $t=0$ 处所发生的水面位移 $y=f(x)$，在形状不发生改变的情况下以恒定速度 c 传递，那么这种波就叫作“恒定波”（permanent wave）。恒定波的相似曲线以 $x=ct$ 表示。在这里我们希望提醒各位同学注意的是，水粒子这一物质并不是以速度 c

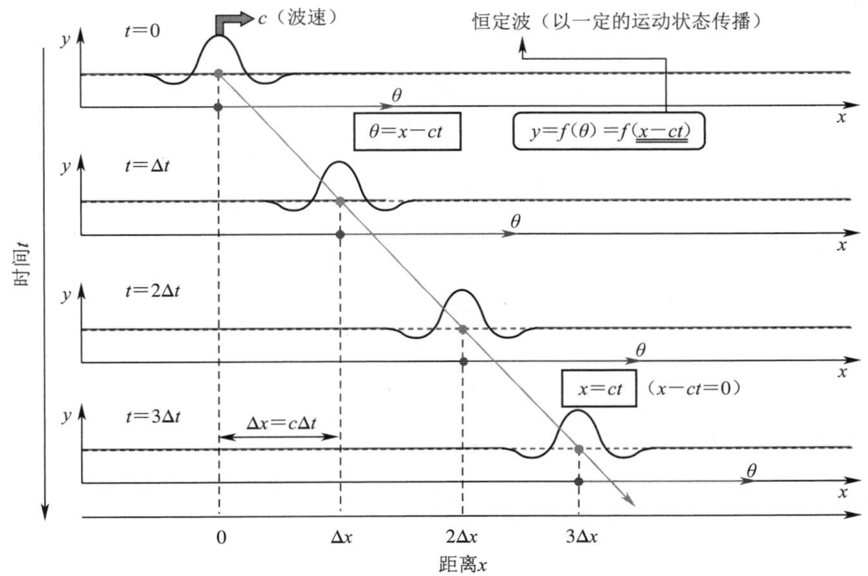

图 9.1.3 恒定波

进行移动的。波浪不断地涌上海岸，但陆地上却不会发生洪水，由此可知，波的移动只是“形”的移动。不存在水在传播方向的移动。

我们以各时刻水面变形的中心点为原点来确定坐标轴 θ，水面位移表示为 $y=f(\theta)$。另外，θ 原点的相似曲线为 $x=ct$（即 $x-ct=0$），所以恒定波的波形表示如下：

$$y=f(\theta)=f(x-ct) \tag{9.1.5}$$

此外，如 1.2.3 节所述，水面波从严格意义上来说并不是恒定波。也就是说，它会随着传播而逐渐发生变形。完全意义上的恒定波是均匀介质内的音波和光波。在音乐厅里，无论坐在前排还是后排，其听到的管弦乐的音色都是相同的，这是因为音波是恒定波。此外，海上灯塔的光的闪烁虽然因灯塔而异，但闪烁的方式与距离无关，因此即使距离很远也依然可以识别出是哪座灯塔的光，而这是因为光波是恒定波。

9.1.3 波动方程

一般恒定波所满足的微分方程叫作波动方程（wave equation）。我们首先将 9.1.2 节推导出的恒定波方程整理如下。水面位移 y 是只关于 θ 的函数，而 θ 是距离 x 和时间 t 的函数。因此，θ 有两种偏微分。

$$y=f(\theta),\ \theta=x-ct,\ \frac{\partial\theta}{\partial x}=1,\ \frac{\partial\theta}{\partial t}=-c \tag{9.1.6}$$

则关于 y 的 x 以及 t 的微分可写作。

$$\frac{\partial y}{\partial x}=\frac{\mathrm{d}y}{\mathrm{d}\theta}\frac{\partial\theta}{\partial x}=\frac{\mathrm{d}f}{\mathrm{d}\theta}\frac{\partial\theta}{\partial x}=\frac{\mathrm{d}f}{\mathrm{d}\theta},\ \frac{\partial y}{\partial t}=\frac{\mathrm{d}y}{\mathrm{d}\theta}\frac{\partial\theta}{\partial t}=\frac{\mathrm{d}f}{\mathrm{d}\theta}\frac{\partial\theta}{\partial t}=-c\frac{\mathrm{d}f}{\mathrm{d}\theta} \tag{9.1.7}$$

进一步地，我们对其以 x 和 t 进行微分可得下式：

$$\frac{\partial^2 y}{\partial x^2}=\frac{\partial}{\partial x}\left(\frac{\partial y}{\partial x}\right)=\frac{\partial}{\partial x}\left(\frac{\mathrm{d}f}{\mathrm{d}\theta}\right)=\frac{\partial}{\partial\theta}\left(\frac{\mathrm{d}f}{\mathrm{d}\theta}\right)\frac{\partial\theta}{\partial x}=\frac{\partial^2 f}{\partial\theta^2}$$

$$\frac{\partial^2 y}{\partial t^2}=\frac{\partial}{\partial t}\left(\frac{\partial y}{\partial t}\right)=\frac{\partial}{\partial t}\left(-c\frac{\mathrm{d}f}{\mathrm{d}\theta}\right)=\frac{\partial}{\partial\theta}\left(-c\frac{\mathrm{d}f}{\mathrm{d}\theta}\right)\frac{\partial\theta}{\partial t}=c^2\frac{\partial^2 f}{\partial\theta^2} \tag{9.1.8}$$

由上可得波动方程：

$$\text{波动方程：}\frac{\partial^2 y}{\partial t^2}=c^2\frac{\partial^2 f}{\partial x^2} \tag{9.1.9}$$

因此，在随时间 t 和空间 x 而变化的物理量 $\phi(t,x)$ 满足以下微分方程的情况下，我们也可以反过来说，该物理量具有波动性。且由其系数 K 可知波速。

$$\frac{\partial^2\phi}{\partial t^2}=K\frac{\partial^2\phi}{\partial x^2},\ \text{波速：}c=\pm\sqrt{K} \tag{9.1.10}$$

如图 9.1.4 所示，当波速 c 取正数时，水波的传播方向为 x 的正向，当其取负数时，其传播方向则为 x 的逆向。

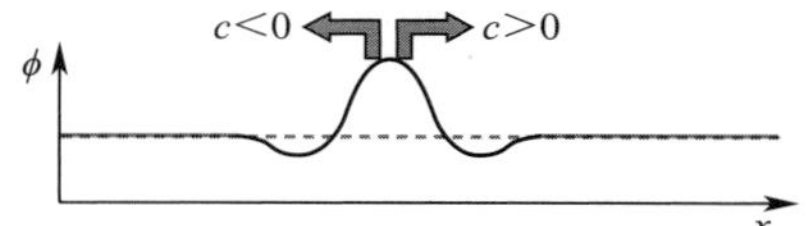

图 9.1.4　波速的负号和传播方向

9.2　周期性水波参数

我们接着来考虑一下图 9.2.1 所示的周期性波动。一个周期的波长为 L，振幅为 a，波速为 c。此外，H 为水波最高点与最低点的差值，叫作波高。若在定点处观测水位变化，则如图 9.2.2 所示，可以看到其周期性的振动，设该周期为 T。在一个周期 T 内，水波的前进距离等于一个波长，所以有 $L=cT$。

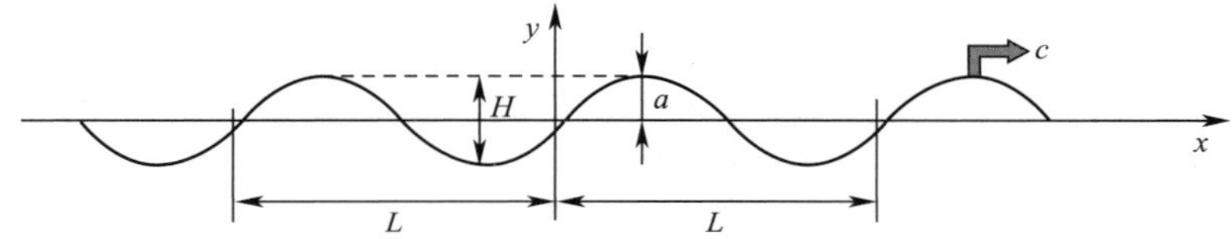

图 9.2.1　周期性行进波

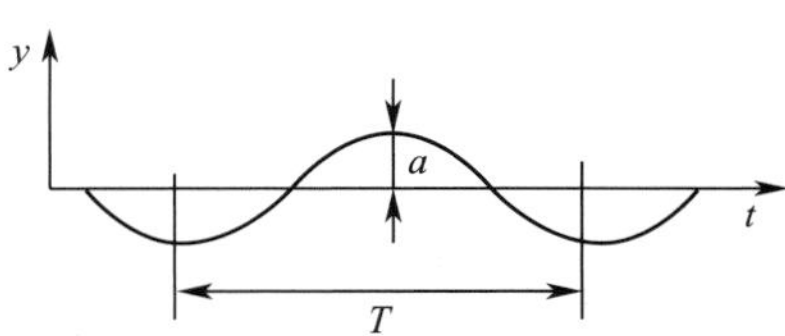

图 9.2.2　在定点处观测的水位

若用三角函数来表示这种周期性波动可得下式：

$$y = a\sin[k(x - ct)] = a\sin(kx - \sigma t) \tag{9.2.1}$$

式中，k 为波数，σ 叫作频率。如下式所示，波长 L 和周期 T 的倒数成比例。

$$\text{波数}:k = \frac{2\pi}{L};\text{频率}:\sigma = \frac{2\pi}{T} \tag{9.2.2}$$

因此，方程（9.2.1）可写作：

$$y = a\sin\left[2\pi\left(\frac{x}{L} - \frac{t}{T}\right)\right] = a\sin\theta \tag{9.2.3}$$

其中，θ 为三角函数的相位角。若固定时间 t，则有 $x=0\to L$，相位角 $\theta=0\to 2\pi$。若固定观测位置 x，则有 $t=0\to T$，相位角 $\theta=0\to 2\pi$。也就是说，L 和 T 对应正弦函数的一个周期。

下面，我们使用数学表记的简单方程式（9.2.1），且用到 k 和 σ，则波速 c 可表示如下：

$$\text{波速}:c = \frac{L}{T} = \frac{\sigma}{k} \tag{9.2.4}$$

将上述整理到表 9.2.1 中。

表 9.2.1 周期波的参数

项目	记号	备注
波长	L	
振幅	a	
波高	H	$H=2a$
周期	T	$T=L/c$
波速	c	$c=L/T$
波数	k	$k=2\pi/L$
频率	σ	$\sigma=2\pi/T$

9.3 二维波动方程

在前面 9.1 节和 9.2 节中，我们仅设了一个空间坐标 x，但实际的水面是二维的。因此，如图 9.3.1 所示，我们来思考一下在（x，y）平面内倾斜着向前直行的水波。设水波的行进方向和 x 轴之间的夹角为 φ，波速为 c，波长为 L。斜虚线表示相同的相角。可知在 x 轴和 y 轴上观测到的波长 L_x 及 L_y 要比实际的波长 L_x 长。从几何学上可看到下述关系：

$$L_x = \frac{L}{\cos\varphi} \quad L_y = \frac{L}{\sin\varphi} \tag{9.3.1}$$

又由于水波周期是一定的，并不取决于其方向，则各坐标轴上的波速 c_x、c_y 如下所示：

$$c_x = \frac{L_x}{T} = \frac{L}{T\cos\varphi} = \frac{c}{\cos\varphi} c_y = \frac{c}{\sin\varphi} \tag{9.3.2}$$

该方程表示波速 c 并非矢量。这是因为，一般的矢量都可以分解为如图 9.3.1 所示的分量。

$$U_x = U\cos\varphi, U_y = U\sin\varphi \tag{9.3.3}$$

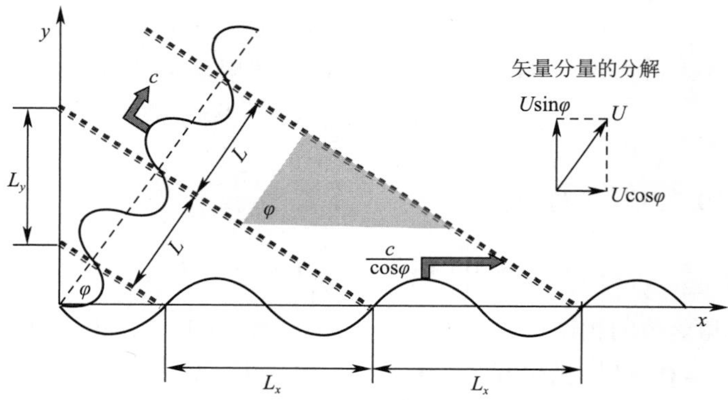

图 9.3.1 在平面上前进的波

由下式可知，表 9.2.1 所示的水波参数中的矢量即波数 k。

$$k_x = \frac{2\pi}{L_x} = \frac{2\pi\cos\varphi}{L} = k\cos\varphi, \quad k_y = \frac{2\pi}{L_y} = \frac{2\pi\sin\varphi}{L} = k\sin\varphi \tag{9.3.4}$$

设由静水水面的水面位移量为 η，则方程（9.2.1）所对应的二维平面上的周期波形可写作：

$$\eta = a\sin(\boldsymbol{k} \cdot \boldsymbol{x} - \sigma t) \tag{9.3.5}$$

其中，$\boldsymbol{k}$ 是以（k_x，k_y）为分量的波数矢量，而 $\boldsymbol{x}$ 则是以（x，y）为分量的坐标矢量，$\boldsymbol{k} \cdot \boldsymbol{x}$ 就是 $\boldsymbol{k}$ 和 $\boldsymbol{x}$ 的内积。将其写作标量则有下式：

$$\eta = a\sin(k_x x + k_y y - \sigma t) \tag{9.3.6}$$

又因为 η 是关于 x，y，t 的正弦函数，则其各自的二阶微分可表示如下：

$$\frac{\partial^2 \eta}{\partial x^2} = -k_x^2 \eta, \quad \frac{\partial^2 \eta}{\partial y^2} = -k_y^2 \eta, \quad \frac{\partial^2 \eta}{\partial t^2} = -\sigma^2 \eta \tag{9.3.7}$$

将左侧起第一个等式和第二个等式相加可得下式：

$$\frac{\partial^2 \eta}{\partial x^2} + \frac{\partial^2 \eta}{\partial y^2} = -(k_x^2 + k_y^2)\eta = -k^2 \eta \tag{9.3.8}$$

其中，k 为水波行进方向的波数。将此式和方程（9.3.7）的第三个等式组合起来，则可得二维空间的波动方程。

$$\frac{\partial^2 \eta}{\partial t^2} = \frac{\sigma^2}{k^2}\left(\frac{\partial^2 \eta}{\partial x^2} + \frac{\partial^2 \eta}{\partial y^2}\right) = c^2\left(\frac{\partial^2 \eta}{\partial x^2} + \frac{\partial^2 \eta}{\partial y^2}\right) \tag{9.3.9}$$

9.4　长波

9.4.1　基础方程式

如图 9.4.1 所示，与水深 H 相比，波长 L 大得多，这种水波就叫作“长波”（long waves）。我们使用图 9.4.1 所示的变量来分析长波的运动。设其从左到右的平均流速为 U，同时假设水道河床的摩擦力可忽略不计。此外，设水波引起的水面位移为 η，水波引起的流速变动为 u'。

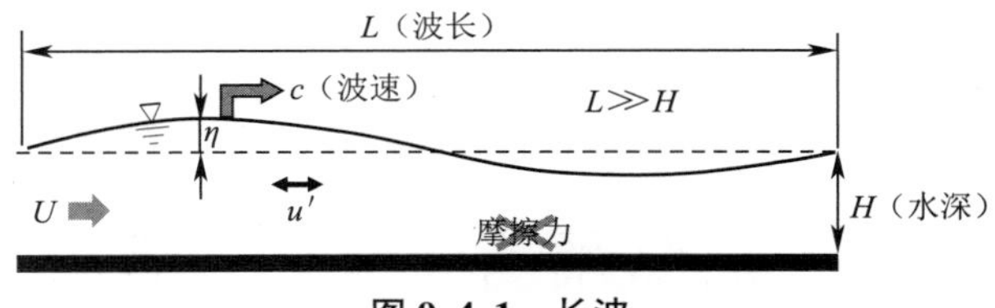

图 9.4.1　长波

则包括水波引起的变动在内的水深 h 和流速 u 可表示如下。

$$h = H + \eta, u = U + u' \tag{9.4.1}$$

此时，我们设 η 和 u' 极小。对于“极小”的含义我们将在【补充说明-9.1】进行解释说明。

分析的基础方程式，是第 7 章 7.4 节中的方程（7.4.2）和方程（7.4.5）。二者都是相对于一般条件来说的，此处我们要配合图 9.4.1 的条件来进行简化，并更改变量标记再来使用。

首先，此处我们忽略了水道河床的摩擦力，则方程（7.4.2）右侧的第一项可删去。此外，将变量改为 $U \to u$、$H \to h$、$s \to x$，乘以 g，并对方程右侧第二项和左侧第一项进行移项，可得：

$$\text{运动方程：}\frac{\partial u}{\partial t}+u\frac{\partial u}{\partial x}=-g\frac{\partial h}{\partial x} \tag{9.4.2}$$

将方程（7.4.5）中的变量改为 $H\to h$、$s\to x$。另外，假设一条宽度为 B 的矩形断面水道，设 $B_n\to B$、$Q\to Bhu$，则有下式。

$$\text{连续性方程：}\frac{\partial h}{\partial t}+\frac{\partial uh}{\partial x}=0 \tag{9.4.3}$$

9.4.2 省略极小项而得到的线性化

将方程（9.4.1）代入方程（9.4.2）中并展开，则有下式。且 H 和 U 为常数，则其微分都为 0。因此，标有 ↗ 的各项可消去。

$$\left[\cancel{\frac{\partial U}{\partial t}}+\frac{\partial u'}{\partial t}\right]+\left[U\cancel{\frac{\partial U}{\partial x}}+U\frac{\partial u'}{\partial x}+u'\cancel{\frac{\partial U}{\partial x}}+u'\cancel{\frac{\partial u'}{\partial x}}\right]=-g\cancel{\frac{\partial H}{\partial x}}-g\frac{\partial \eta}{\partial x} \tag{9.4.4}$$

此外，标有 ↗ 的各项为“极小项”同“极小项”的乘积，则其会“更加小”，所以可忽略不计。所以可得下述近似方程。

$$\frac{\partial u'}{\partial t}+U\frac{\partial u'}{\partial x}=-g\frac{\partial \eta}{\partial x} \tag{9.4.5}$$

将方程（9.4.1）代入方程（9.4.3）可得下式，常数 H 和 U 的微分项（↗）可消去，且极小项的乘积（↗）可忽略不计。

$$\left[\cancel{\frac{\partial H}{\partial t}}+\frac{\partial \eta}{\partial t}\right]+\left[\cancel{\frac{\partial UH}{\partial x}}+\frac{\partial u'H}{\partial x}+\frac{\partial U\eta}{\partial x}+\cancel{\frac{\partial u'\eta}{\partial x}}\right]=0 \tag{9.4.6}$$

所以可得下述近似方程。

$$\frac{\partial \eta}{\partial t}+U\frac{\partial \eta}{\partial x}+H\frac{\partial u'}{\partial x}=0 \tag{9.4.7}$$

9.4.3 长波的波速

将波形以方程（9.2.1）所示三角函数来表示，使用书后附录 C-1 的方程（C.1.6），设 η 和 u' 如下所示。

$$\eta=a_0\exp[ik(x-Ct)],\quad u'=u_0\exp[ik(x-Ct)] \tag{9.4.8}$$

其中，i 为纯虚数（即 $i^2=-1$）。a_0 和 u_0 为各自的振幅，此处都是复数。而方程（9.4.5）、方程（9.4.7）中所包含的 η 和 u' 的微分，各自表示如下。

$$\begin{aligned}
\frac{\partial u'}{\partial t}&=-ikcu_0\exp[ik(x-ct)]=-ikcu'\\
\frac{\partial u'}{\partial x}&=iku_0\exp[ik(x-ct)]=iku'\\
\frac{\partial \eta}{\partial t}&=-ikca_0\exp[ik(x-ct)]=-ikc\eta\\
\frac{\partial \eta}{\partial x}&=ika_0\exp[ik(x-ct)]=ik\eta
\end{aligned} \tag{9.4.9}$$

将其代入方程（9.4.5）和方程（9.4.7），可得下式：

$$-ikcu' + ikUu' = -ikg\eta$$

$$-ikc\eta + ik\eta + ikHu' = 0 \tag{9.4.10}$$

将方程（9.4.10）中的第二个方程的第三项移至右侧，消去各项中都包含的 ik，可得。

$$(U-c)u' = -g\eta$$

$$(U-c)\eta = -Hu' \tag{9.4.11}$$

对方程（9.4.10）中两方程的各侧进行乘法运算，消去各项中都有的 $u'\eta$，则对波速可得下式。

$$(U-c)^2u' = gH \Rightarrow c = U \pm \sqrt{gH} \tag{9.4.12}$$

即存在 2 个波速。假设这两个波速如下：

$$c_+ = U + \sqrt{gH}, c_- = U - \sqrt{gH} \tag{9.4.13}$$

如图 9.1.4 所示，$c>0$ 时，水波向 x 轴的正向（下游方向）传播，$c<0$ 时，水波向 x 轴的负向（上游方向）传播。c_+总为正，所以其向下游方向传播。另外，c_-是由两项的大小关系不同，传播方向而发生改变的。也就是说

$$\frac{U}{\sqrt{gH}} = F_r < 1 \text{（亚临界流：向上游传播）}$$

$$\frac{U}{\sqrt{gH}} = F_r < 1 \text{（超临界流：向下游传播）} \tag{9.4.14}$$

因此，水流为超临界流时，c_+和 c_-的水波都向下游传播。换句话说，在超临界流中，长波无法溯洄到上游。

9.5　长波的能量

水波具有能量，由势能和动能构成。对三角函数来表示的水波，我们来试求一下其各自的能量。

9.5.1　势能

我们使用图 9.5.1 来说明其计算方法。对某瞬间从静止水面位置的水面位移，如方程（9.2.1）所示，是用正弦函数来表示的，那么我们试想一下在 $t=0$ 的瞬间的波形所具有的能量。此波为恒定波，形状不会发生改变，所以该波在任何时间内都具有相同的势能。

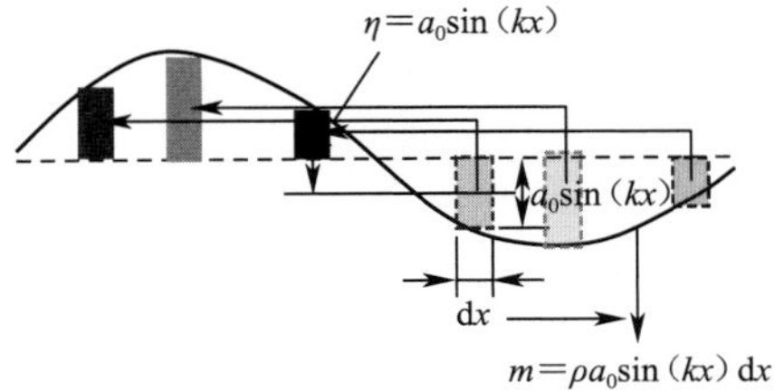

图 9.5.1　势能计算的说明

$$\eta=a\sin(kx) \tag{9.5.1}$$

要想从静止水面位置形成此种波形，那么就需要将凹陷部分的水移动到隆起的部分。即将虚线所示的各矩形部分，抬升到实线所示的各矩形部分。我们假设一个矩形的宽度为 Δx，高度为 $\Delta\eta$，需要抬升的高度为 Δh，水的密度为 ρ，那么随移动而产生的势能的增加量 ΔPE 可用下式求得。

$$\Delta PE=\rho g\Delta\eta\Delta x\Delta h=\rho ga^2\sin^2(kx)\,\mathrm{d}x \tag{9.5.2}$$

对 ΔPE 进行半波长的积分，则可得势能总量。

$$PE=\int_0^{L/2}\Delta PE\mathrm{d}x=\rho ga^2\int_0^{L/2}\sin^2(kx)\,\mathrm{d}x \tag{9.5.3}$$

先设 $kx=\theta$，则有 $\mathrm{d}x=\mathrm{d}\theta/k$，又由 x 的积分范围［0，$L/2$］可得 θ 的积分范围［0，π］。因此

$$PE=\frac{\rho ga^2}{k}\int_0^{\pi}\sin^2\theta\mathrm{d}\theta \tag{9.5.4}$$

这里，我们使用附录 C 中的三角函数方程（C. 2. 10），则可得上式的定积分如下：

$$\int_0^{\pi}\sin^2\theta\mathrm{d}\theta=\int_0^{\pi}\frac{1-\cos2\theta}{2}\mathrm{d}\theta=\frac{\pi}{2} \tag{9.5.5}$$

将该数值代入方程（9. 5. 4）中，并用到方程（9. 2. 2）所示的波长和波数的关系，则可求得势能如下：

$$PE=\frac{L}{2\pi}\rho ga^2\,\frac{\pi}{2}=\frac{1}{4}\rho ga^2L \tag{9.5.6}$$

9. 5. 2 动能

我们使用图 9. 5. 2 来说明动能的计算方法。对从静止水面位置发生的水面位移，我们以正弦函数来表示。

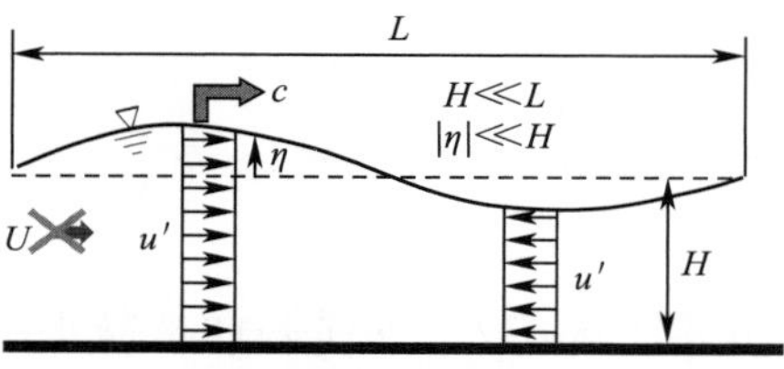

图 9. 5. 2 动能计算的说明

$$\eta=a\sin[k(x-ct)] \tag{9.5.1'}$$

为简化计算，我们设此时没有水流（$U=0$），则由方程（9. 4. 5），η 和 u'满足以下关系。

$$\frac{\partial u'}{\partial t}=-g\frac{\partial\eta}{\partial x}\Rightarrow u'=ak\int\cos[k(x-ct)]=-\frac{ag}{c}\sin[k(x-ct)] \tag{9.5.7}$$

我们首先考虑一下 $t=0$ 这个瞬间，流速波形所具有的动能。此波为恒定波，形状不会发生改变，所以该波在任何时间内都具有相同的动能。且 u'从底部到水面都是相同的，

所以宽度为 dx 的水柱所具有的动能 ΔKE 可表示如下：

$$\Delta KE=\frac{\rho}{2}\frac{a^2g^2}{c^2}(H+\eta)\sin^2(kx)dx \tag{9.5.8}$$

又，$\eta\ll H$，所以 η 可忽略不计，对其一个波长进行积分，则可得动能总量。

$$KE=\int_0^{L/2}\Delta KE dx=\frac{\rho}{2}\frac{a^2g^2H}{c^2}\int_0^L\sin^2(kx)dx \tag{9.5.9}$$

先设 $kx=\theta$，则有 $dx=d\theta/k$，又由 x 的积分范围 $[0,\ L]$ 可得 θ 的积分范围 $[0,\ 2\pi]$。因此，

$$KE=\int_0^{L/2}\Delta KE dx=\frac{\rho}{2}\frac{a^2g^2H}{c^2k}\int_0^{2\pi}\sin^2\theta d\theta \tag{9.5.10}$$

和方程（9.5.5）相同，我们在这里同样用到方程（C.2.10)，则上式中的定积分为 π。且有 $k=2\pi/L$，由方程（9.4.12）有 $c^2=gH$，则可求 KE 如下。

$$KE=\frac{\rho}{2}\frac{a^2g^2HL}{gH2\pi}\pi=\frac{1}{4}\rho ga^2L \tag{9.5.11}$$

对方程（9.5.6）加上势能 PE，则长波的一个波长所具有的能量 TE 可表示如下。

$$TE=\frac{1}{2}\rho ga^2L \tag{9.5.12}$$

9.5.3　长波的变形

由方程（9.4.12）可知，在没有水流 U 的情况下，波速为 $c=\sqrt{gH}$，且由水深决定。在海洋的平均深度 $H=3\,000$ m 时，$c\approx170$ m/s ≈600 km/h，相当于飞机的速度。另外，在靠近海岸线的 $H=10$ m 处，有 $c\approx10$ m/s ≈36 km/h，差不多相当于自行车的最高速度。

如图 9.5.3 所示，由于受到海洋地震的影响水面发生位移，水波向陆地移动。随着水波逐渐趋近于陆地，其深度会变小，所以前面的波速就会变慢。这样一来，其与后面的水波之间的距离就会变小，波长 L 也会变小。一个波长的水波所具有的能量可用方程（9.5.11）来表示，波长 L 变短时，振幅 a 会增加。因此，随着水波逐渐靠近岸边，其振幅 a 增大，最终形成涌潮。这种现象就被叫作“海啸”。图 9.5.4 就是 2011 年 3 月 11 日，发生在日本东北部的大海啸所形成的涌潮溯游到陆地的照片。

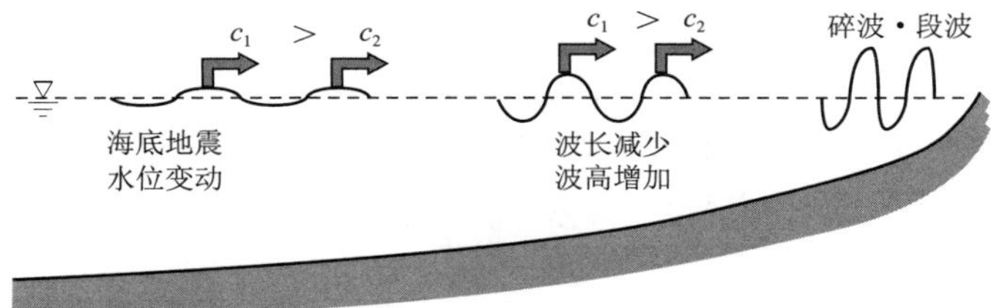

图 9.5.3　海底地震和海啸

图 9.5.4 2011 年 3 月 11 日在日本东北部发生的海啸

9.6 驻波（重复波）

如图 9.6.1 所示，假设有一个可左右滑动的二维水槽，浸水深度为 H。将水槽向左移动，由于惯性，则水面会像图中曲线［Ⅰ］一样向右倾斜。如果停止移动水槽，则水面将重新变成水平，但此时也会由于惯性的影响，在变回水平之前会像图中曲线［Ⅱ］一样向左侧倾斜。如果摩擦力较小，这之后其就会在［Ⅰ］和［Ⅱ］之间振动。这种水波就叫作“驻波（或者说重复波）”。此外，我们在 9.5 节之前讨论的水波会随着时间的推移而移动，所以其叫作“行进波”。

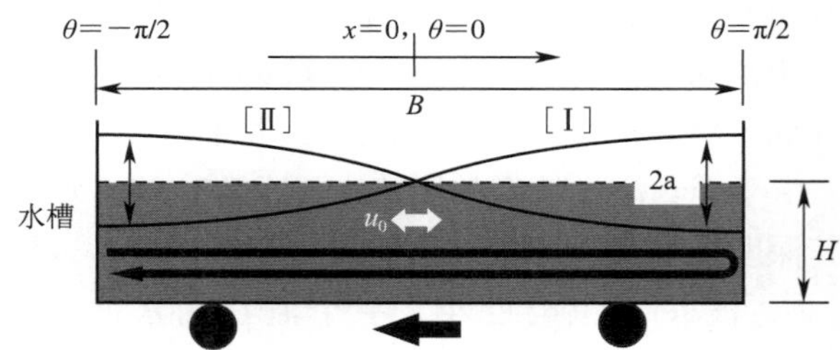

图 9.6.1 水槽内的水面振动

从水槽中央向右取 x，设波形［Ⅰ］时的时刻为 $t=0$，则从静止水面位置的位移 η 可近似如下：

$$\eta = a\sin kx\cos\sigma t \tag{9.6.1}$$

其中，k 是波数，σ 是振动的频率，其分别定义如下：

$$k = \frac{\pi}{B},\ \sigma = \frac{2\pi}{T} \tag{9.6.2}$$

这里，B 为水槽长度，T 为振动周期。从原点到左右壁面的距离为 $x=\pm B/2$，将其代入方程（9.6.1），此处请各位同学要明确，写入图中的相位角 θ 为$\pm\pi/2$。

由三角函数的微分方程，我们可求得下述关系：

$$\eta = -\frac{1}{k^2}\frac{\partial^2\eta}{\partial x^2} = -\frac{1}{\sigma^2}\frac{\partial^2\eta}{\partial t^2} \tag{9.6.3}$$

因此，η 满足下述波动方程：

$$\frac{\partial^2\eta}{\partial t^2} = c^2\frac{\partial^2\eta}{\partial x^2}，此处c^2 = \frac{\sigma^2}{k^2} \tag{9.6.4}$$

该方程与波长为 $L=2B$ 时的行进波的方程（9.2.4）相同。也就是说，将水槽的往返距离作为一个波长的行进波与驻波是同等的。

因此，如图 9.6.2 所示，有相同振幅的波长为 $L=2B$ 的长波，穿过长度为 B 的水槽，设其是从左右两侧通过的。由两个行进波合并而成的水面位移 η 变化如下，我们使用附录 C 中的三角函数方程（C.2.10）对其进行变形，则可得方程（9.6.5）。

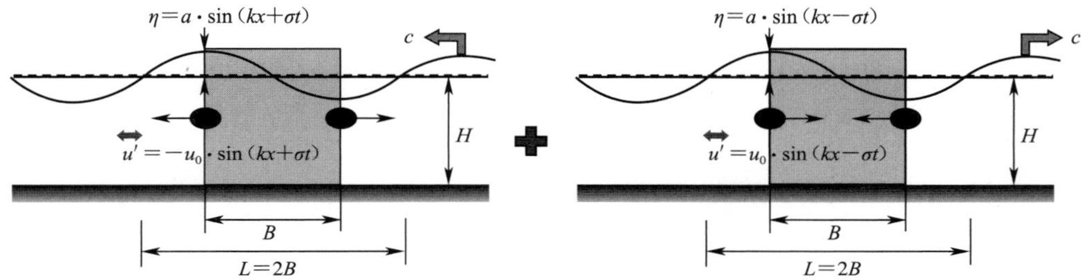

图 9.6.2 前进波在相反方向上的合成

$$\eta = a_0\sin(kx - \sigma t) + a_0\sin(kx + \sigma t) = 2a_0\sin kx\cos\sigma t \tag{9.6.5}$$

也就是说，驻波的振幅可以看作具有 1/2 振幅的反向行进波的合成。

此外，由方程（9.5.7）所示的行进波的速度变化 u'和水面变化 η 的关系可得下式：

$$u' = u_0\sin(kx - \sigma t) - u_0\sin(kx + \sigma t) = -2u_0\cos kx\cos\sigma t \tag{9.6.6}$$

可知，驻波的流速变化是在水槽中心处（$x=0$）达到最大，在左右两壁面（$x=\pm B/2$，$kx=\pm\pi/2$）处为 0。而水面变化的情况也与此相同，驻波的流速振幅是两个行进波流速振幅的 2 倍。

【补充说明-9.1】 “极小值”的数学含义

在 9.4.1 节的解析中，用下式来表示水深和流速，设 η 和 u'为“极小值”。但我们并未说明其与什么相比是极小的。

$$h = H + \eta,\ u = U + u' \tag{9.7.1}$$

对 η，其与 H 相比是极小的。但对 u'，我们却并不能说它与 U 相比是极小。这是因为也存在 U 为 0 的情况。

极小的定义与“函数的形式（mode：形态）”这一概念相关。在 9.4 节的解析中，我们设水波的形态为单一的正弦函数，如方程（9.7.2）所示。反过来说。我们也可以假设除此形态之外的水波皆忽略不计。

$$\eta = a_0\sin\theta,\ u' = u_0\sin\theta,\ \theta = k(x - ct) \tag{9.7.2}$$

那么，在方程（9.4.4）、方程（9.4.6）中，对$\frac{\partial u'\eta}{\partial x}$、$u'\frac{\partial u'}{\partial x}$两项有“极小项与极小

项的乘积更加小”，则对其忽略不计。

我们在此用到三角函数方程，可知各项形式皆为 $\sin 2\theta$ 及 $\cos 2\theta$。即其变为双倍周期（一半波长），但在解析所提到的这个前提条件下，可以判断出这些形式的水波是极小的。

此外，在无法忽略方程（9.7.3）各项所造成的影响时，我们便会依次增加对象形式来进行复杂分析。这一方法就叫作“摄动法”。对此感兴趣的同学请参阅数理分析的专业书籍。

第四部分 环境水力学基础

第 10 章 紊 流 现 象

10.1 紊流和层流

10.1.1 雷诺实验

雷诺（Osborne Reynolds，19 世纪的英国物理学家）做过一个著名的实验，如图 10.1.1 所示。放置于桌台上的水槽中设有一透明圆管。圆管最左端开口为喇叭状，四周水流可以通畅地流入，类似这样的流入口就被叫作钟口（bell mouth）。流量可通过靠近排水口的阀门来进行调整。

设置于上游较高处的平底烧瓶中装有染料，通过一根细管将染料导流进钟口中心，并顺着圆管内部水流形成一条细流流下来。雷诺就是从侧面观察了该染料的动向，其结果如图 10.1.2 所示。在流量并不算大的情况下，染料会形成一条与图中（a）一样的细线状流下，几乎不会和周围的水混合。当流量变大，染料的细流就会像图中（b）所示的那样，从中间开始晃动，开始和水激烈地混合在一起。前者的状态称为“层流”（laminar flow），后者这种状态就叫作“紊流”（turbulent flow），紊流也叫作湍流。

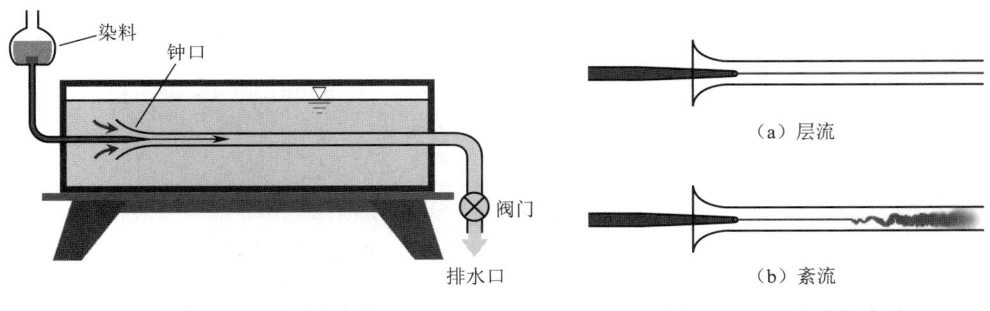

图 10.1.1 雷诺实验　　　图 10.1.2 层流和紊流

设圆管直径为 D，平均流速为 U，同时使用 4.2 节的方程（4.2.4）中所定义的运动黏滞系数 ν，从层流向湍流转变的范围整理如下。且纯水 ν 的数值如图 10.1.3 所示，其取决于水温变化，在 20℃时，其值大约为 0.01 cm^2/s。

$$Re=\frac{UD}{\nu} \tag{10.1.1}$$

Re 为量纲为一的参数，叫作雷诺数。当 $Re<2\,000$ 时，流体大致为层流，超过此数值即转变为紊流。当我们使用 20℃时的运动黏滞系数，在管径 D 为 10 cm 时，其平均流速

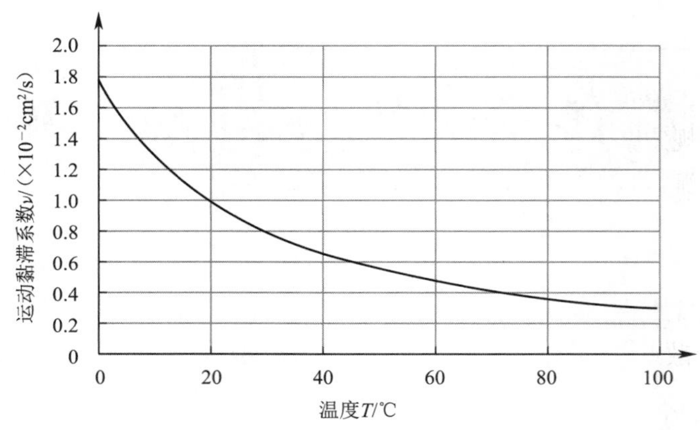

图 10.1.3　水的运动黏滞系数

U 为 2 cm/s，流体为紊流。也就是说，在我们日常生活的空间尺度中，水流大多都是紊流状态。

10.1.2　紊流的不确定性

我们来观察一下厨房水龙头里流出的水流，如图 10.1.4 所示，流量较小时，其侧面较为平稳，水路下落得较平整。当流量增大，从某一点开始侧面就会变得坑洼不平，水路也会开始变得不规则。前者即层流，后者即紊流。

无风时，可以观察到香烟冒出的烟雾如图 10.1.5 那样变化。香烟的烟雾比周围空气更温热，密度更小，所以其速度会向上逐渐增加。这种流体就叫作“缕流”（plume）。缕流的流速 U 和径长 D 逐渐增加。也就是说随着烟雾逐渐上升，缕流的 Re 增加，其逐渐脉动起来，从某处起，即转变为紊流。

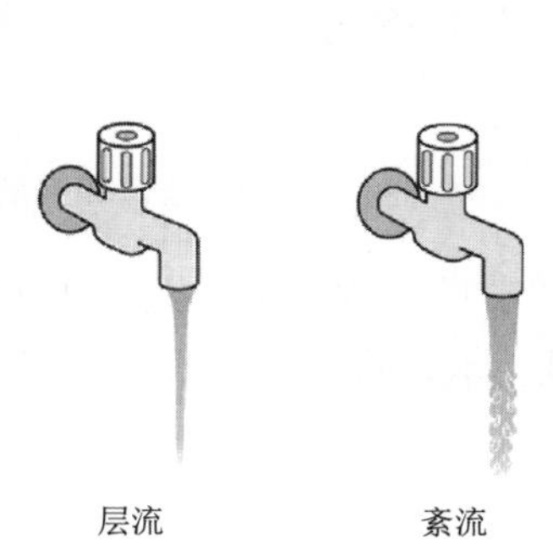

图 10.1.4　水龙头处流出的水流

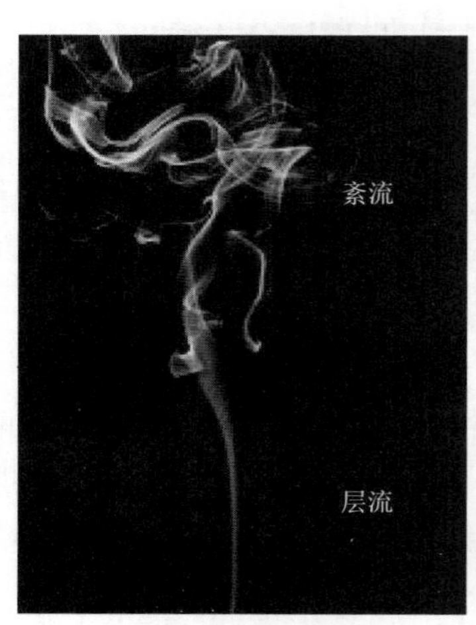

图 10.1.5　飘升的烟

层流状态的水流可以用流体力学的基本方程［方程（4.2.10～12）以及方程（2.1.6）］来进行分析。该解在指定的边界条件中确定为唯一解。作为参考，我们将在

【补充说明-10.1】中具体展示平行平板间流体的严格解。但是，若 Re 增大，即使是在完全相同的初始条件和边界条件下，其也会转变为紊流，流体将变得不规则起来。即即使所给定条件为恒定流，流体也会“任性地”变为非恒定流。因此，我们就无法用流体力学的基础方程来严格规定紊流的状态。但是正如我们之前所讲到的，在我们日常生活的空间尺度中，水流为紊流，且紊流中热能以及物质的扩散十分强烈，所以在自然科学以及工学中，推测出紊流的特点是非常重要的。因此，为了评估紊流变动对均匀流所造成的影响，我们设定了一种“概念性模型”来进行思考。所谓概念性模型，就是代替流体运动的基础方程式，从对现象的观察结果中“直观地”创造出方程式，并基于此来进行分析。10.4 节讲到紊流扩散系数以及水文学（注意与水力学进行区分）中所用到的流出模型都是概念模型。

10.2 紊流波动

我们在空气中设置一个精密的风速计来进行观测，可得到数据如图 10.2.1（a）的实线所示。将其分解为平均风速 U 和偏差值 u'。即

$$u = U + u'(t) \tag{10.2.1}$$

此方程，与 9.4 节的长波解析中所用到的方程（9.4.1）是相同的形式。其中的 $u'(t)$ 即“周期性波动”。但方程（10.2.1）中的 $u'(t)$ 为“不规则波动”。紊流的最大特点就是这种无序性。此外，不规则也意味着对同样的 U，会有如虚线那样的波动存在。也就是说，存在无数可能性，也包含这一点在内，不规则波动分量 $u'(t)$ 即被定义。

但是，在较长的时间尺度中，平均风速也是会波动的。一般来说，上午的风较小，到了下午就会变强。此外，河流入海口附近的水流会受到潮汐的影响，以 12 小时或 24 小时为周期进行波动。在这种情况下，如图 10.2.1（b）所示，我们就可以认为平均流速也是时间的函数 $U(t)$。但由于 U 和 u' 都是随时间波动，所以并不存在将其分离的一般方法。因此，我们一般会基于下述几种观点来定义紊流波动 $u'(t)$。

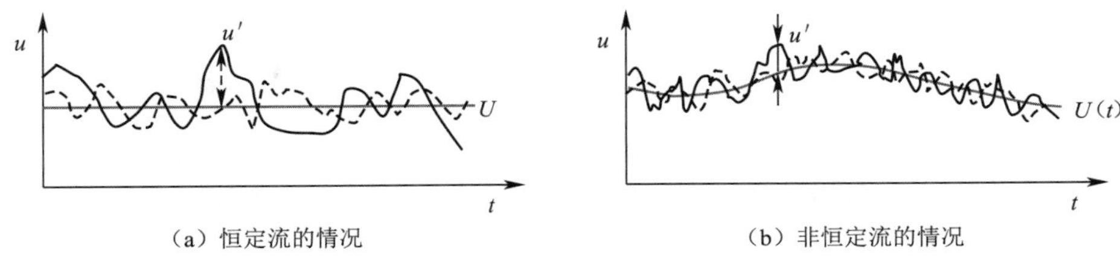

（a）恒定流的情况　（b）非恒定流的情况

图 10.2.1 波动流速示意

（1）$u'(t)$ 是比 $u(t)$ 的一般观测时间间隔（如 1 h）更短的时间尺度中进行波动的分量。

（2）$u'(t)$ 是比我们所感兴趣的 $u(t)$ 的时间波动尺度（如 1 min）更短的时间尺度中进行波动的分量。

（3）$u'(t)$ 是我们无法根据力学方程式来进行解析的，具有无序性的波动分量。

无论是上述哪种情况下，都还是存在一些歧义，不过我们认为紊流波动 $u'(t)$ 大致就

分为上述几种情况。

以上皆与紊流的时间波动相关，但 u'在空间中也会有无规则波动。因为水为连续体，则无规则的流速波动也应伴随着水粒子的无规则变形。其结果为，u'的无规则波动是通过连续方程式（2.1.6）来使 v'或 w'也进行无规则波动。总之，紊流波动的无序性是发生于时间和空间整体中的。

总之，湍流波动在时间和空间中是不规则的。我们就以此为前提来推进下面的探讨。

10.3 雷诺应力

10.3.1 雷诺数含义

基于4.3节求得的不可压缩流体的运动方程，我们来查看一下雷诺数的含义。对基本的讨论我们可以用二维的 x-方向运动方程来进行，所以这里我们从方程（4.3.8）来开始讨论。

$$\frac{\partial u}{\partial t}+\frac{\partial uu}{\partial x}+\frac{\partial uv}{\partial y}=-\frac{1}{\rho}\frac{\partial p}{\partial x}+\nu\left(\frac{\partial^2 u}{\partial x^2}+\frac{\partial^2 u}{\partial y^2}\right) \tag{4.3.8}$$

（平流项）　（压力梯度）(黏滞性项)

其中，t 为时间，$(x,\ y)$ 为空间坐标，$(u,\ v)$ 为流速分量，p 为压力，ρ 为流体密度，ν 为运动黏滞系数。在公式下方标注的名词，是我们在4.3节学过的各项的含义。

我们分别设研究对象的时间和速度的代表尺度为 L 和 U。L 可以是圆管直径，也可以是明渠的平均水深，是分析标准的量值。U 一般设为断面平均流速。此外，设时间的代表尺度为 L/U。方程（4.3.9）中所包含的物理量具有不同的维度，用这些物理量除以其代表的尺度，来得出量纲为一的量。其目的就是要得出量纲为一的方程。这是因为，正如【补充说明-10.2】中所示，物理学的各方程式（除了经验方程）都可以转换为量纲为一公式，我们便可以系统地评价各个项的大小关系。

$$x_r=\frac{x}{L},\ y_r=\frac{y}{L},\ t_r=\frac{t}{L/U},\ u_r=\frac{u}{U},\ v_r=\frac{v}{U},\ p_r=\frac{p}{\rho gL} \tag{10.3.1}$$

下标“r”表示此为量纲为一的量。此外，对压力，我们在接下来的讨论中，也会用到 ρg 来对其进行量纲为一化。将上述各项代入方程（4.3.8）整理可得下式。

$$\frac{U^2}{L}\left(\frac{\partial u_r}{\partial t_r}+\frac{\partial u_r u_r}{\partial x_r}+\frac{\partial u_r v_r}{\partial y_r}\right)=g\left(-\frac{\partial p_r}{\partial x_r}\right)+\frac{\nu U}{L^2}\left(\frac{\partial^2 u_r}{\partial x_r^2}+\frac{\partial^2 u_r}{\partial y_r^2}\right) \tag{10.3.2}$$

我们再用整个公式除以重力加速度 g，可得下述量纲为一的方程。如图10.1.3所示，是对水管施加压力梯度，从而引起流动，为与之相对应，则方程（10.3.3）左侧也随之具有压力梯度项；右侧第一项为平流项，第二项为黏滞性项。这些和压力梯度项是达到平衡的；右侧项的第一项最左边是与7.2节的方程（7.2.5）中所导入的弗劳德数相同的变量的组合，所以在这里，我们将其写作 F_r^2。且右侧第二项最左边的分母即 Re。

$$-\frac{\partial p_r}{\partial x_r}=\frac{U^2}{gL}\left\{\left(\frac{\partial u_r}{\partial t_r}+\frac{\partial u_r u_r}{\partial x_r}+\frac{\partial u_r v_r}{\partial y_r}\right)-\frac{1}{\frac{UL}{\nu}}\left(\frac{\partial^2 u_r}{\partial x_r^2}+\frac{\partial^2 u_r}{\partial y_r^2}\right)\right\} \tag{10.3.3}$$

（压力梯度）　　　　（平流项）　　　　（黏滞性项）

$$-\frac{\partial p_r}{\partial x_r}=F_r^2\left\{\left(\frac{\partial u_r}{\partial t_r}+\frac{\partial u_r u_r}{\partial x_r}+\frac{\partial u_r v_r}{\partial y_r}\right)-\frac{1}{Re}\left(\frac{\partial^2 u_r}{\partial x_r^2}+\frac{\partial^2 u_r}{\partial y_r^2}\right)\right\} \tag{10.3.4}$$

若在压力梯度项的平衡中考虑到平流项和黏滞性项的影响程度，可知 Re 较小时，黏滞性项占主导地位，Re 较大时，平流项占主导地位。

黏滞性项如 4. 3 节及【补充说明-4. 3】中所示，它是与剪切应力存在一定关系的。因此，可以将其理解为与压力梯度这种外力相对抗的“力”。那么为什么平流项在右侧呢？实际上，图 10. 1. 1 所示的实验装置的水流恒定，且管径一定，所以流速 u 的时间微分和空间微分都应为 0，所以大家可能会产生疑问，认为其并未对力的平衡做出贡献。对于这个疑问，我们将在 10. 3. 2 节和 10. 3. 3 节给出答案。

10. 3. 2　运动方程的时间平均

我们对不可压缩流体相关的 x 方向运动方程（4. 3. 9）求其时间平均。

$$\overline{\frac{\partial u}{\partial t}}+\overline{\frac{\partial uu}{\partial x}}+\overline{\frac{\partial uv}{\partial y}}=-\overline{\frac{1}{\rho}\frac{\partial p}{\partial x}}+\overline{\nu\left(\frac{\partial^2 u}{\partial x^2}+\frac{\partial^2 u}{\partial y^2}\right)} \tag{10.3.5}$$

其中，记号 $\bar{X}$ 表示 X 的时间平均。“微分”和“平均化”的演算都是对原函数进行的线性微分演算，所以可以交换演算顺序。则可得如下。此外，对于可以交换演算顺序这一点的简单说明，我们将在【补充说明-10. 3】中进行陈述。

$$\frac{\partial\overline{u}}{\partial t}+\frac{\partial\overline{uu}}{\partial x}+\frac{\partial\overline{uv}}{\partial y}=-\frac{1}{\rho}\frac{\partial\overline{p}}{\partial x}+\nu\left(\frac{\partial^2\overline{u}}{\partial x^2}+\frac{\partial^2\overline{u}}{\partial y^2}\right) \tag{10.3.6}$$

同样地，我们对 v、p 也进行和方程（10. 2. 1）相同的分量分解。

$$u=U+u',\ v=V+v',\ p=P+p' \tag{10.3.7}$$

各项的时间平均可得如下，以大写字母表示的量（U，V，P）已经进行了平均化，所以再对其平均也不会再发生变化。此外，发生的波动量的平均值为 0（↗），所以全部项都等于平均值（U，V，P）。

$$\overline{u}=\overline{U}+\cancel{\overline{u'}}=U,\ \overline{v}=\overline{V}+\cancel{\overline{v'}}=V,\ \overline{p}=\overline{P}+\cancel{\overline{p'}}=P \tag{10.3.8}$$

另外，方程（10. 3. 6）的左侧第二项和第三项的偏微分内的 $\overline{uu}$ 和 $\overline{uv}$ 展开如下。这里，从流速波动的定义来看，标有↗的项为 0。

$$\begin{aligned}\overline{uu}&=\overline{(U+u')(\cancel{U}+\cancel{u'})}=\overline{UU}+\overline{Uu'}+\overline{u'U}+\overline{u'u'}\\&=UU+U\overline{u'}+\overline{u'}U+\overline{u'u'}=UU+\overline{u'u'}\end{aligned} \tag{10.3.9}$$

$$\begin{aligned}\overline{uv}&=\overline{(U+u')(\cancel{V}+\cancel{v'})}=\overline{UV}+\overline{Uv'}+\overline{u'V}+\overline{u'v'}\\&=UV+U\overline{v'}+\overline{u'}V+\overline{u'v'}=UV+\overline{u'v'}\end{aligned} \tag{10.3.10}$$

那么这里的问题就是各方程式最后的项（$\overline{u'u'}$，$\overline{u'v'}$）了。因此，我们来分析一下$\overline{u'v'}$的性质。如图 10.3.1 所示，x 方向的流速 u 在 y 增加，我们来考虑一下这种情况。假设有在 A 层，具有流速 u_A 的水粒子，由于受到 y 方向的流速波动 v'的影响而流入了 B 层，那么我们在 B 层就可以瞬间观察到 $u'\approx u_B\to u_A$ 的速度波动。此时的 u'应为负。此外，我们假设有在 C 层，具有流速 u_C 的水粒子，由于受到$-y$ 方向的流速波动 v'的影响而流入了 B 层，那么我们在 B 层就可以瞬间观察到 $u'\approx u_B\to u_C$ 的速度波动。此时的 u'为正。也就是说，我们可以认为 u'和 v'之间存在“负相关”。

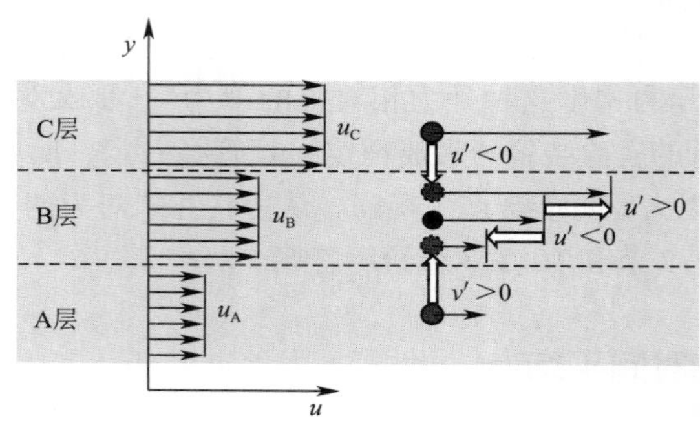

图 10.3.1　u 因v'而产生波动示意

类似上述这种研究就叫作“思想实验”。思想实验与实际的实验不同，是对现象进行一种定性的推测分析。它是为了将难以解析的现象结构进行大致模型化而使用的。实际上，若用精密仪器同时测量 u'和 v'，并绘制出两者相关性，就会变为图 10.3.2（a）所示的那样。u'和 v'的平均值都为 0。但两者之间存在负相关。当流速 u 在 y 方向上减少时，则可得如图 10.3.2（b）所示的正相关。

于是，$u'v'$的值在图中的第一象限、第三象限为正，在第二象限、第四象限为负。在图 10.3.2（a）中，第二象限、第四象限的数据远大于另外两个象限，则有 $\overline{u'v'}<0$。而对图 10.3.2（b）则有 $\overline{u'v'}>0$。无论在哪种情况下，“恰好为 0”的现象是非常少见的。因此，一般都会有 $\overline{u'v'}\neq 0$。那么易知，方程（10.3.10）的 $\overline{u'u'}$总是取正值。

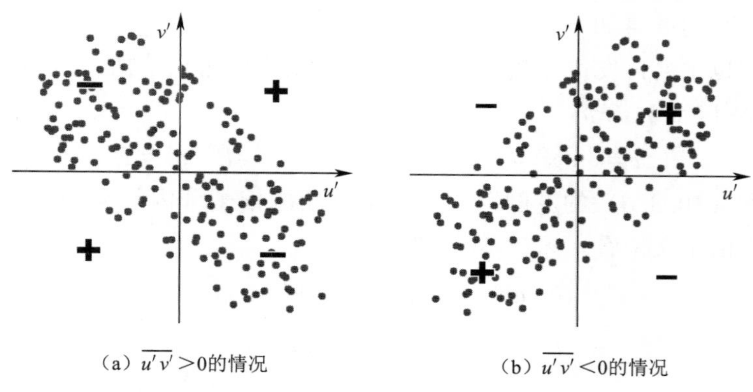

（a）$\overline{u'v'}>0$的情况　　（b）$\overline{u'v'}<0$的情况

图 10.3.2　u'和v'的相关关系

基于上述，对方程（10.3.6）进行整理可得下式：

$$\frac{\partial U}{\partial t}+\frac{\partial UU}{\partial x}+\frac{\partial UV}{\partial y}=-\frac{1}{\rho}\frac{\partial P}{\partial x}+\nu\left(\frac{\partial^2 U}{\partial x^2}+\frac{\partial^2 U}{\partial y^2}\right)-\frac{\partial\overline{u'u'}}{\partial x}-\frac{\partial\overline{u'v'}}{\partial y} \tag{10.3.11}$$

除去方程右侧最后两项，其他与方程（4.3.9）中进行 $u\to U$、$v\to V$、$p\to P$ 的置换之后的方程一样。反过来说，对原来的运动方程的变量，只是将其简单地置换为平均量是无法表示动量平衡的。

10.3.3　紊流波动引起的动量传递

我们在这里说明一下将方程（10.3.11）的最后两项称为应力（stress）的含义。首先，请各位同学回忆一下我们在 2.2 节中引入的通量 F 和通量密度 f。如图 2.2.1 所示，与流体呈直角放置的面 A 所相对的 F 和 f 分别写作：

$$F=\phi Q=\phi uA,\ f=\frac{F}{A}=\phi u \tag{10.3.12}$$

ϕ 为被传递物质的浓度（单位体积所含的量），Q 为流量，u 为断面直角方向的流速。二维空间（x，y）中各方向的通量密度表示如下：

$$x\text{ 方向}: f_x=\phi u,\ \text{方向}: f_y=\phi v \tag{10.3.13}$$

在紊流中，除流速外，我们一般认为 ϕ 也存在波动，则将其分为平均值和波动部分，有 $\phi=\Phi+\phi'$。这样一来，在 x 方向和 y 方向的通量密度，可采用和方程（10.3.9）相同的方法，求得其时间平均如下：

$$\overline{f_x}=\overline{\phi u}=\overline{(\Phi+\phi')(U+u')}=\overline{\Phi U}+\overline{\Phi u'}+\overline{\phi' U}+\overline{\phi' u'}=\overline{\Phi U}+\overline{\phi' u'} \tag{10.3.14}$$

$$\overline{f_y}=\overline{\phi v}=\overline{(\Phi+\phi')(V+v')}=\overline{\Phi V}+\overline{\Phi v'}+\overline{\phi' V}+\overline{\phi' u'}=\overline{\Phi V}+\overline{\phi' u'} \tag{10.3.15}$$

考虑到 x 方向的动量传递，则有 $\phi=\rho u$。则可得下式：

$$\overline{f_x}=\overline{\rho uu}=\overline{\rho UU}+\overline{\rho u'u'}=\rho UU+\rho\overline{u'u'} \tag{10.3.16}$$

$$\overline{f_y}=\overline{\rho uv}=\rho UV+\rho\overline{u'v'} \tag{10.3.17}$$

在这里，我们来考虑一下在 $V=0$ 时，方程（10.3.17）的右侧第二项的含义。受到图 10.3.3 所示的 $\pm v'$ 的波动速度的影响而在 A 层和 B 层之间发生水粒子交换时，速度波动变为 $u'\approx|u_A-u_B|$，由此，会发生 $\rho u'v'$ 程度的动量交换。此动量交换的时间平均为 $\rho\overline{u'v'}$，是方程（10.3.11）右侧最后一项的含义。

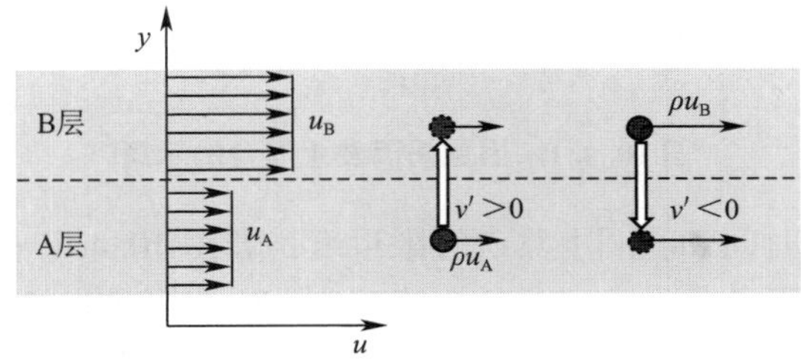

图 10.3.3　u 因 v' 而产生波动示意

此外，动量传递等同于应力。因此，我们将 $\overline{\rho u'u'}$ 和 $\overline{\rho u'v'}$ 看作应力，称之为雷诺应力（Reynolds stress）。而进一步地，作为对动量传递和应力同等性的证明例题，我们将在【补充说明-10.4】中讲解。

那么，前面我们讲到"*Re* 较小时，黏滞性项占主导地位，而 *Re* 较大时，平流项占主导地位"。但同时我们也讲到，"图 10.1.1 所示的实验装置的水流恒定，且管径一定，所以流速的时间微分和空间微分都应为 0"。对这两种记述之间的矛盾，有下述说明。对方程（10.3.11）的左侧"平均流速相关的平流项"，其确实变为 0，但"波动流速相关的平流项"是作为右侧的最后两项保留的。而随着 *Re* 而增加的是波动流速相关的平流项。

10.4 涡流黏度

10.4.1 紊流扩散系数

紊流中的流速波动如图 10.1.2 和图 10.1.4 所示，其引起的扩散远大于层流所引起的，这就叫作"紊流扩散"。为使用数学方法来表现紊流扩散，我们将使用"涡流扩散"（eddy diffusion）这个概念。此概念如图 10.4.1 所示。

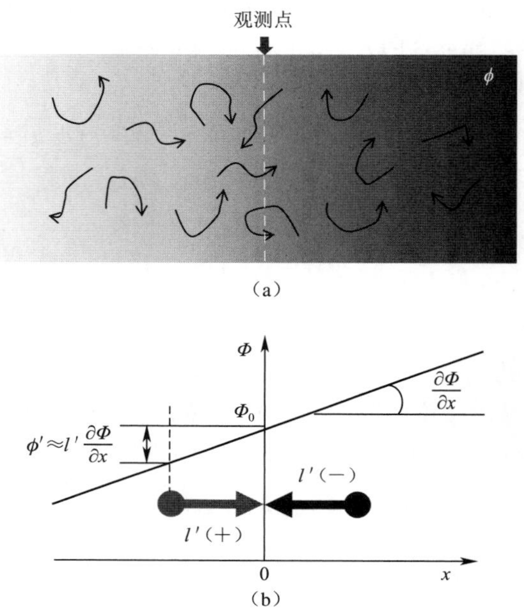

图 10.4.1 因旋涡而发生混合的示意

紊流波动的大小在时间和空间上具有有限尺度，如图 10.4.1（a）所示，我们认为此为有限大小的不规则旋涡的复合。背景的深浅程度即对应了被运输物质的浓度 ϕ。即右侧为高浓度。在白色虚线所示位置观测 ϕ，可以看到从右侧过来的水粒子的 ϕ 较大，而从左侧过来的水粒子的 ϕ 较小。也就是说，我们一般认为浓度波动 ϕ' 的正负取决于波动速度

u'的方向。

对这一情况，我们用图 10. 4. 1（b）所示的坐标图来进行模式化。ϕ 的时间平均值写作 Φ，设观测点（$x=0$）附近相对 x 呈线性增加。此外，考虑到平均流速为 0 的情况，设观测点处的值为 Φ_0。也就是说，Φ 的分布表示如下：

$$\Phi(x)=\Phi_0+x\frac{\partial\Phi}{\partial x}\tag{10.4.1}$$

设水粒子从左侧流向观测点。将其移动距离写作 l'，则浓度波动 ϕ'的阶表示如下：

$$\phi'=-l'\frac{\partial\Phi}{\partial x}\tag{10.4.2}$$

因此，通量密度及其时间平均值表示如下：

$$\phi'u'=-u'l'\frac{\partial\Phi}{\partial x},\quad \overline{\phi'u'}=-\overline{l'u'}\frac{\partial\Phi}{\partial x}\tag{10.4.3}$$

l'和 u'是涡流的空间尺度和速度尺度的指标，但对 $\overline{l'u'}$，我们并不能定量地去确定它。但是，如图 10. 4. 1（b）所示，我们可以期待 u'为正时，l'也为正，u'为负时，l'也为负。因此，与其相关的 $\overline{l'u'}$可以取正值，而此正值是受涡流的大小和强度所规定的。这就叫作涡流扩散系数（eddy diffusion coefficient），写作 μ_T。因此，三维空间中的通量密度表示如下：

$$\overline{\phi'u'}=-\mu_{Tx}\frac{\partial\Phi}{\partial x},\quad \overline{\phi'v'}=-\mu_{Ty}\frac{\partial\Phi}{\partial y},\quad \overline{\phi'w'}=-\mu_{Tz}\frac{\partial\Phi}{\partial z}\tag{10.4.4}$$

也就是说，3. 1 中所讲到的分子的布朗运动而导致的扩散通量方程（3. 1. 2）和此方程是相同形式。但是，在分子扩散中，扩散系数 μ 是受流体性质影响的常数，而与此相对，涡流扩散系数是取决于涡流的状态（也就是紊流的状态）。也就是说，涡流的空间尺度和速度尺度越大，μ_T 就会越大。此外，由于一些数值可能会因方向不同而变得不同，所以在方程（10. 4. 4）中，我们按照各个方向，分别写作 μ_{Tx}、μ_{Ty}、μ_{Tz}。比如说，在第 12 章中讲到的密度分层的流体中，垂直方向的涡流尺度变小，则有 $\mu_{Tz}\ll\mu_{Tx}$，μ_{Ty}。

10. 4. 2　涡动黏性系数

设被传递的量为动量，则方程（10. 4. 4）如下：

$$\rho\overline{u'u'}=-\mu_{Tx}\frac{\partial U}{\partial x},\quad \rho\overline{u'v'}=-\mu_{Ty}\frac{\partial U}{\partial y},\quad \rho\overline{u'w'}=-\mu_{Tz}\frac{\partial U}{\partial z}\tag{10.4.5}$$

用各方程除以密度 ρ，可得如下：

$$\overline{u'u'}=-\frac{\mu_{Tx}}{\rho}\frac{\partial U}{\partial x}=-\nu_{Tx}\frac{\partial U}{\partial x},\quad \overline{u'v'}=-\frac{\mu_{Ty}}{\rho}\frac{\partial U}{\partial y}=-\nu_{Ty}\frac{\partial U}{\partial y},\quad \overline{u'w'}=-\frac{\mu_{Ty}}{\rho}\frac{\partial U}{\partial z}=-\nu_{Tz}\frac{\partial U}{\partial z}\tag{10.4.6}$$

ν_{Tx}，ν_{Ty}，ν_{Tz} 就叫作“涡动黏性系数”。将方程（10. 4. 6）代入方程（10. 3. 11）可得下式：

$$\frac{\partial U}{\partial t}+\frac{\partial UU}{\partial x}+\frac{\partial UV}{\partial y}=-\frac{1}{\rho}\frac{\partial P}{\partial x}+\nu\left(\frac{\partial^2 U}{\partial x^2}+\frac{\partial^2 U}{\partial y^2}\right)+\frac{\partial}{\partial x}\left(\nu_{Tx}\frac{\partial U}{\partial x}\right)+\frac{\partial}{\partial y}\left(\nu_{Ty}\frac{\partial U}{\partial y}\right)\tag{10.4.7}$$

因为水可以看作是不可压缩流体，则（在二维空间中）我们可假设下式：

$$\overline{\left(\frac{\partial u}{\partial x}+\frac{\partial v}{\partial y}\right)}=\frac{\partial U}{\partial x}+\frac{\partial V}{\partial y}+\overline{\frac{\partial u'}{\partial x}}+\overline{\frac{\partial v'}{\partial y}}=\frac{\partial U}{\partial x}+\frac{\partial V}{\partial y}=0 \tag{10.4.8}$$

用此方程对方程（10.4.7）的左侧第二项和第三项进行变形可得下式：

$$\frac{\partial U}{\partial t}+U\frac{\partial U}{\partial x}+V\frac{\partial U}{\partial y}=-\frac{1}{\rho}\frac{\partial P}{\partial x}+\nu\left(\frac{\partial^2 U}{\partial x^2}+\frac{\partial^2 U}{\partial y^2}\right)+\frac{\partial}{\partial x}\left(\nu_{Tx}\frac{\partial U}{\partial x}\right)+\frac{\partial}{\partial y}\left(\nu_{Ty}\frac{\partial U}{\partial y}\right) \tag{10.4.9}$$

将上述讨论扩展到三维空间中并不困难，所以我们在此处略去不讲。

在这里比较重要的一点是，当紊流逐步发展，则涡动黏性系数 ν_{Tx}、ν_{Ty}、ν_{Tz} 就会远大于运动黏滞系数 ν。就像 10.3.3 的最后部分所讲到的，随 Re 的增加，相对于黏滞性项，平流项将占据支配地位，但其大多数还是“波动流速相关的平流项”，也就是 $\overline{u'v'}$ 等。这一点与 $\nu_T \gg \nu$ 是一个意思。此外还有一点较为重要，那就是在理论上并不存在规定 ν_T 的方法。要以经验性（或者是实验性的）去求得，就需要进一步引入紊流波动相关的概念性模型。对这些例子，我们将在第 11 章和第 13 章中进行具体补充展示。

【补充说明-10.1】 均匀圆管内层流的严格解

我们来求解图 10.5.1 所示的平行的两块平板之间的流速分布。在下侧的平板上设坐标原点，取水流方向为 x 轴，与水流垂直的方向为 y 轴。由于此为恒定流，则流速 u 的时间相关微分为 0。此外，水流状态在 x 方向不会发生变化，所以 x 的相关微分也为 0。因此，方程（4.3.9）转化为下式：

$$\frac{1}{\rho}\frac{\mathrm{d}p}{\mathrm{d}x}=\nu\frac{\partial^2 u}{\partial y^2} \tag{10.5.1}$$

由图所示的各项条件，压力梯度可写作：

$$\frac{\mathrm{d}p}{\mathrm{d}x}=\frac{p_2-p_1}{L} \tag{10.5.2}$$

方程（10.5.1）是关于 y 的二阶微分方程，所以要确定 u 相关的解需要有两个条件。而这些，是由“在黏性流体与固体相接触的部分，两者的移动速度相等”这一条件（壁面无滑移条件）所赋予的。其原因涉及流体分子与固体分子的结合力的问题，太过复杂，所以我们在此处并不深入。对图 10.5.1 这种情况，在平板上（$y=0$、$y=h$）会变为 $u=0$。其结果就是我们可求解 u 的分布如下：

$$u=-\frac{p_1-p_2}{2\rho\nu L}y(h-y) \tag{10.5.3}$$

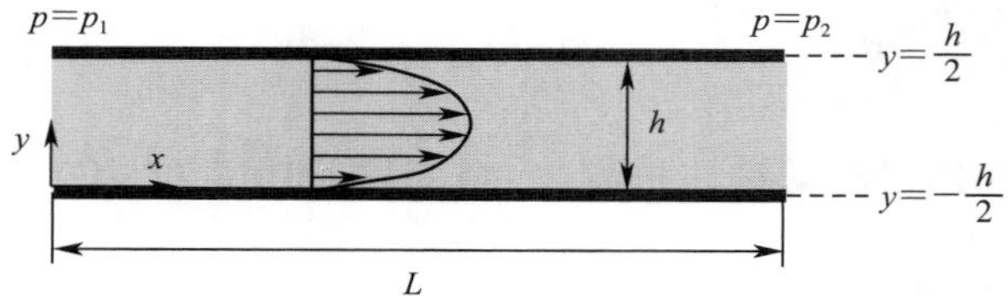

图 10.5.1 平行平板之间的层流

无论在多么复杂的条件下，只要流体是层流状态，方程（4.3.9）、方程（4.3.10）都只存在唯一的解。无论压力条件（p_1，p_2）、水路的几何学条件（L，h）以及流体的性质（ρ，ν）如何，方程（10.5.3）都是对图 10.5.1 中问题的严格解。但当我们试行实验后发现，当雷诺数大致超过 2 000，流体即变为紊流，则会产生与方程（10.5.3）所不同的水流。而且在每次实验中，紊流的流速波动都不同。也就是说，方程（4.3.9）、方程（4.3.10）存在无数个解。

【补充说明-10.2】 物理学方程皆可转变为量纲为一的方程

在物理学中所定义的量，大多会像长度和重量一样具有“维度”，这些量叫作“有量纲量”。有量纲量必然有“单位”，长度的单位就是 km 和 nm，重量的单位就是 kg 和 ng。而不具有维度的量就叫作“量纲为一的量”。比如三角函数的 $\cos\theta$，就是图 10.5.2 所示的直角三角形的底边与斜边的比（x/l），是量纲为一的。此外，对于角度 θ，也有人认为它是具有“°”这样的单位的，但它原本就是对周角的比例，是量纲为一。对于圆周角，我们并不写成 360°，而是写作 2π，那么 30°就等于 $\pi/6$，π 并不具有量纲。而这是因为，π 的定义是圆周长与直径的比值。

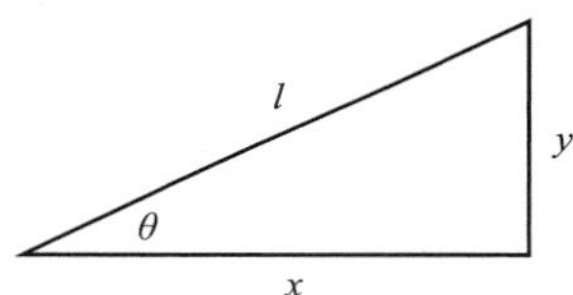

图 10.5.2　三角函数的定义

那么在物理学中，对 $A+B=C$ 这个数学公式有一条绝对的规则，即 A、B、C 必须是同一维度。两边同除 C，就可将其转换为量纲为一的方程，$A/C+B/C=1$。只要我们遵守维度相关的规则，无论是多么复杂的方程都可以转变为量纲为一的方程。因此，物理学方程可以不考虑单位而进行变形。但是，在代入具体数值时，必须要使用“统一单位制”。当用厘米—克—秒单位制对一个物理量代入数值时，就不能再使用米—千克—秒单位制对其他的物理量代入数值了。

【补充说明-10.3】 可以交换微分和平均化演算顺序的理由

如图 10.5.3 中的圆圈所示，对每 Δt 的变量，$y(t)$ 的观测数值都可得到数列 y_j。包含各时刻在内，前后 n 个的 y_j 的平均值写作 Y_j。在这里，将“由 y_j 的差分函数得到微分的平均”和先对 y_j 进行平均化的“Y_j 的微分”进行比较。

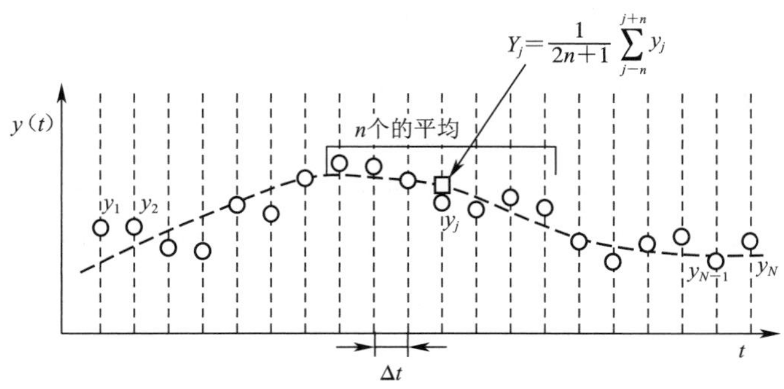

图 10.5.3　平均化和微分

y_j 的微分的平均表示如下。使用中心差分法来近似微分，如图 10.5.4 所示，第 k 点处的微分系数即近似为下式：

$$\left.\frac{\Delta y}{\Delta t}\right|_k = \frac{y_{k+1} - y_{k-1}}{2\Delta t} \tag{10.5.4}$$

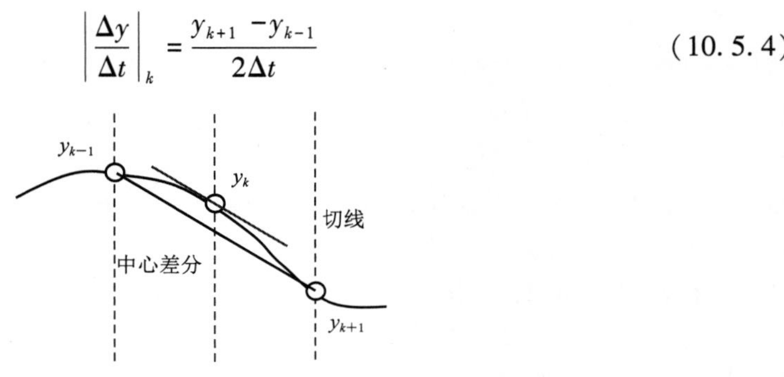

图 10.5.4 中心差分近似

参考图 10.5.5 所示的点的布置，$i=[j-n,j+n]$ 处的微分系数的平均即如下。此处，$2n+1$ 为取平均的点的数量。这样的平均就叫作“移动平均”。

$$\frac{\Delta \bar{y}}{\Delta t} = \frac{1}{2n+1}\sum_{i=j-n}^{j+n}\frac{y_{i+1} - y_{i-1}}{2\Delta t} = \frac{y_{j+n+1} + y_{j+n} - (y_{j-n} + y_{j-n-1})}{2(2n+1)\Delta t} \tag{10.5.5}$$

接下来，将 y_j 进行平均的 Y_j 的微分表示如下：

$$\frac{\Delta \bar{y}}{\Delta t} = \frac{Y_{j+1} - Y_{j-1}}{2\Delta t} = \frac{1}{2\Delta t}\left[\frac{1}{2n+1}\left(\sum_{i=j+1-n}^{j+1+n} y_i\right) + \frac{1}{2n+1}\left(\sum_{i=j-1-n}^{j-1+n} y_i\right)\right] = \frac{y_{j+n+1} + y_{j+n} - (y_{j-n} + y_{j-n-1})}{2(2n+1)\Delta t} \tag{10.5.6}$$

也就是说，方程（10.5.5）和方程（10.5.6）会给出相同的结果。上述讨论是通过差分函数来进行的，在（$2n+1$）Δt 为一定时，设 $\Delta t \to 0$、$n \to \infty$，则有下式：

$$\frac{\Delta \bar{y}}{\Delta t} = \frac{\Delta \bar{y}}{\Delta t} \Rightarrow \frac{d\bar{y}}{dt} = \frac{d\bar{y}}{dt} \tag{10.5.7}$$

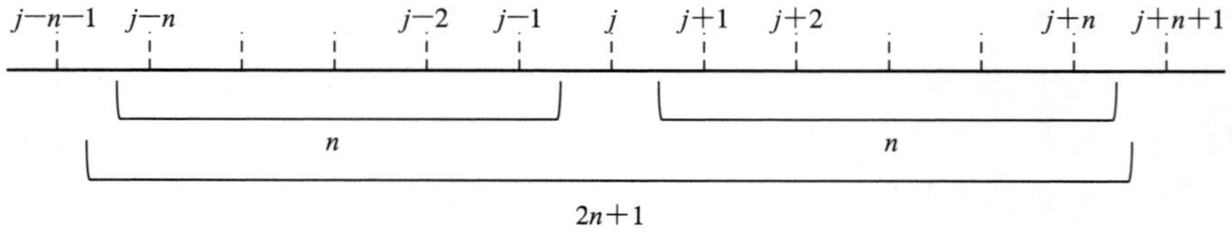

图 10.5.5 差分点的设置

【补充说明-10.4】 动量传递与应力的等同性

如图 10.5.6 所示，有两辆相同型号的卡车在行驶着。两辆卡车的质量均为 M，起初卡车 A 的速度为 V_1，卡车 B 的速度为 V_2。在卡车 A 追上卡车 B 的瞬间“极短的时间内”，它们交换了相同质量 m 的货物。那么卡车的速度会发生怎样的变化呢？

设在交换货物之后，卡车 A 的速度为 $V_1+\Delta V_1$，B 的速度为 $V_2+\Delta V_2$，则这两辆卡车的动量变化如下式所示：

$$\begin{aligned}&\text{卡车 A：}(M+m)(V_1+\Delta V_1) - (M+m)V_1 = mV_2 - mV_1\\&\text{卡车 B：}(M+m)(V_2+\Delta V_2) - (M+m)V_2 = mV_1 - mV_2\end{aligned} \tag{10.5.8}$$

方程右侧是交换的货物所具有的动量。将两个等式相加可得下式：

$$\Delta V_2 = -\Delta V_1 \tag{10.5.9}$$

在此，设$-\Delta V_1 = \Delta V_2 = \Delta V$，取两式的差，可得下式：

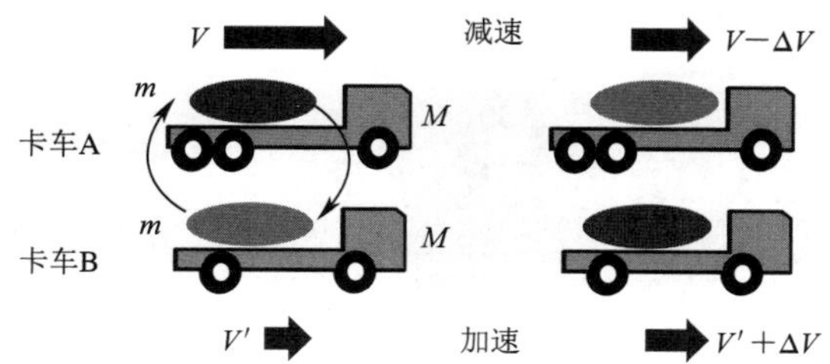

图 10.5.6　动量交换引起速度变动

$$\Delta V = \Delta V_2 = -\Delta V_1 = \frac{m}{M + m}(V_1 - V_2) \tag{10.5.10}$$

虽然这里的速度变化量是共同的，但卡车 A 是减速，卡车 B 是加速。

由于我们并未对卡车施加外部的力，外界并不知道货物进行了交换，他们就可以认为，“如图 10.5.7 所示，两台卡车在极短的时间内绑住绳索互相牵引，这就导致了卡车 A 减速、卡车 B 加速的结果”。但实际上，将绳索互相拉扯的冲量写作 $F\Delta t = m(V_1 - V_2)$，则其与交换货物所得到的结果完全相同。

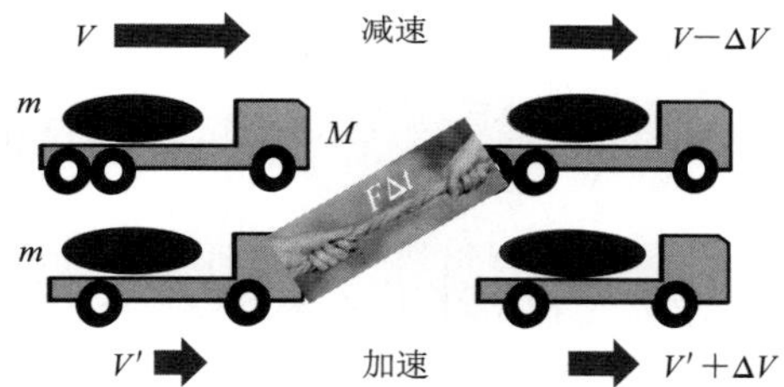

图 10.5.7　内力引起的速度变动

图 10.3.3 所示的各水流层之间的动量交换，在物理学上来说，也与图 10.5.6 中进行的货物交换相同，我们可以认为，A、B 两个分层之间的力是在发生作用的。那么在这里，对紊流混合所引起的动量交换，我们就称之为雷诺应力。

第 11 章　浅　水　方　程

11.1　浅水模型

11.1.1　简化方程的必要性

我们用图 11.1.1 所示的三维笛卡尔坐标系来表示方程（10.4.7），则如下：

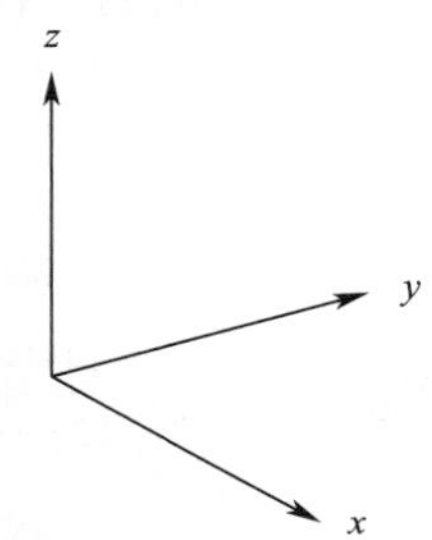

图 11.1.1　坐标系

$$\frac{\partial u}{\partial t}+u\frac{\partial u}{\partial x}+v\frac{\partial u}{\partial y}+w\frac{\partial u}{\partial z}=-\frac{1}{\rho}\frac{\partial p}{\partial x}+\frac{\partial}{\partial x}\left(\nu_H\frac{\partial u}{\partial x}\right)+\frac{\partial}{\partial y}\left(\nu_H\frac{\partial u}{\partial y}\right)+\frac{\partial}{\partial z}\left(\nu_V\frac{\partial u}{\partial z}\right) \tag{11.1.1}$$

$$\frac{\partial v}{\partial t}+u\frac{\partial v}{\partial x}+v\frac{\partial v}{\partial y}+w\frac{\partial v}{\partial z}=-\frac{1}{\rho}\frac{\partial p}{\partial y}+\frac{\partial}{\partial x}\left(\nu_H\frac{\partial v}{\partial x}\right)+\frac{\partial}{\partial y}\left(\nu_H\frac{\partial v}{\partial y}\right)+\frac{\partial}{\partial z}\left(\nu_V\frac{\partial v}{\partial z}\right) \tag{11.1.2}$$

$$\frac{\partial w}{\partial t}+u\frac{\partial w}{\partial x}+v\frac{\partial w}{\partial y}+w\frac{\partial w}{\partial z}=-\frac{1}{\rho}\frac{\partial p}{\partial z}+\frac{\partial}{\partial x}\left(\nu_H\frac{\partial w}{\partial x}\right)+\frac{\partial}{\partial y}\left(\nu_H\frac{\partial w}{\partial y}\right)+\frac{\partial}{\partial z}\left(\nu_V\frac{\partial w}{\partial z}\right)-g \tag{11.1.3}$$

但变量的标记进行下述更改：

$$U\to u,V\to v,W\to w,P\to p,\nu_{Tx},\nu_{Ty}\to\nu_H,\nu_{Tz}\to\nu_V \tag{11.1.4}$$

其中，ν 的下标 H 和 V 分别表示水平方向（horizontal）和垂直方向（vertical）的涡动黏性系数。此外，z 轴方程式中还包含垂直向下作用的重力加速度 g。

“流体力学”的问题，最终还是会归结为数学问题，即方程（11.1.1）~方程（11.1.3）再加上方程（2.1.6），用这 4 个方程，在指定的边界条件下，求解 4 个变量 $u(t,x,y,z)$、$v(t,x,y,z)$、$w(t,x,y,z)$以及 $p(t,x,y,z)$ 的时间空间分布。

而对这种复杂的联立偏微分方程组，一般来说是无法求解的。因此，在水力学中，我们配合作为研究对象的各现象，进行一些简化。换句话说，水力学的一个重点，就是进行合理的方程式简化。而这种简化的代表案例就是浅水方程。

11.1.2　浅水方程

从定义来说，浅水流一般是指与水平方向的尺度相比，水深非常浅的流体。具体来说有下述两个假设：第一个是“可以忽略垂直方向的流速”，因此，压力 p 可用静水压力分布来近似得出；第二个假设是，“u 和 v 在垂直方向上相同”。这两个假设与我们在 7.4 节学过的一维渐变流相同。因此，根据从一维扩展向二维的渐变流方程，我们可以推导出浅水方程。

在 7.4 节，运动方程由方程（7.4.2）给出，连续性方程由方程（7.4.5）给出。

$$\frac{\partial}{\partial x}\left(\frac{U^2}{2g}+H\right)=-\frac{\tau_0}{\rho g}\frac{R_c}{A}-\frac{1}{g}\frac{\partial U}{\partial t} \tag{7.4.2}$$

$$B\frac{\partial H}{\partial t}+\frac{\partial Q}{\partial x}=0 \tag{7.4.5}$$

其中，A 为水路的截面积，R_c 为湿周（与水接触的固体壁面的长度），B 为水面宽度，τ_0 为湿周上的剪切力，Q 为流量（图 11.1.2）。

截取出流入平面的部分水流（$\Delta x\times\Delta y$），如图 11.1.3 所示。设水流底部 $z=z_0$，水位 $z=H$，水深 $h=H-z_0$，水流方向是沿 x 轴方向。此立方体没有靠近侧岸，所以有剪切力发生作用的湿周只有水底部分，则 $R_c=\Delta x$，此外由此图可得 $A=h\Delta x$，$Q=Uh\Delta x$。将这些变量代入上述两个方程中，并改写 $U\to u$，进行一些变形可得下式：

$$\frac{\partial u}{\partial t}+u\frac{\partial u}{\partial x}=-g\frac{\mathrm{d}H}{\mathrm{d}x}-\frac{\tau_0}{\rho h} \tag{7.4.2}$$

$$\frac{\partial h}{\partial t}+\frac{\partial(uh)}{\partial x}=0 \tag{7.4.5}$$

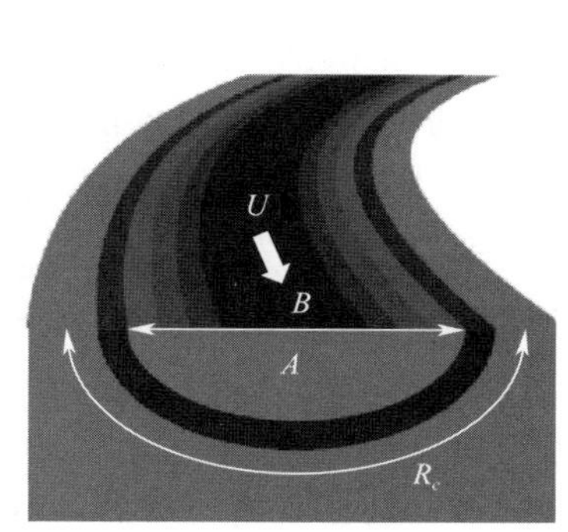

图 11.1.2　断面变量的定义

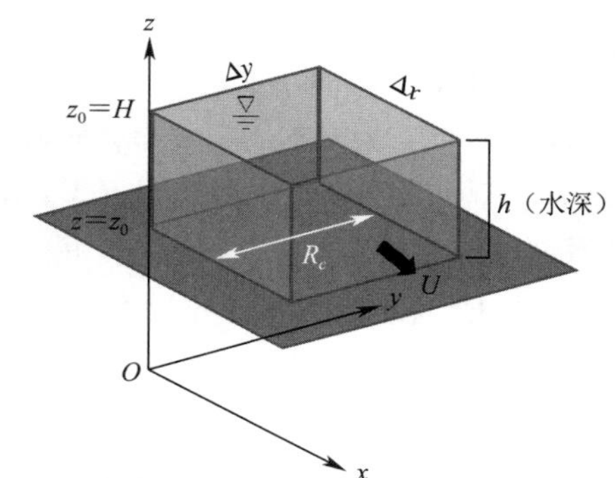

图 11.1.3　矩形变量的定义

此外，在这之后的（u，v）是垂直平均出的流速。我们在 9.4 节长波的解析中，假设了水流底部为没有摩擦的水平面。这里，设上述方程中 $z_0\equiv0$、$\tau_0\equiv0$，则其与长波的解析中用到的方程（9.4.2）和方程（9.4.3）是一致的。

这里，请各位同学回想一下我们在 2.4 节讲过的实质微分的运算符。

$$\frac{\mathrm{D}}{\mathrm{D}t}=\frac{\partial}{\partial t}+u\frac{\partial}{\partial x}+v\frac{\partial}{\partial y}+w\frac{\partial}{\partial z} \tag{2.4.8}$$

方程（2.4.8）的左侧，是一维空间中 u 的实质微分。在此，将其扩展为二维的渐变流方程，则其如下：

$$\frac{\partial u}{\partial t}+u\frac{\partial u}{\partial x}+u\frac{\partial u}{\partial y}=-g\frac{\mathrm{d}H}{\mathrm{d}x}-\frac{\tau_{x0}}{\rho h} \tag{11.1.5}$$

这里，在剪切力的下标中加上 x，即τ_{x0}，其原因是通过将其扩展至二维，也有可能在 y 方向出现剪切力τ_{y0}。

而向二维空间的扩展，仅凭这些还是不够充分的。图 11.1.3 的水流两侧与相邻流体相接。因此，就像 10.3 节的紊流讲解中图 10.3.1 中所示的那样，其与周围流体之间发生了动量交换。这种效果就叫作“涡流黏度”。

$$\frac{\partial u}{\partial t}+u\frac{\partial u}{\partial x}+u\frac{\partial u}{\partial y}=-g\frac{\mathrm{d}H}{\mathrm{d}x}-\frac{\tau_{x0}}{\rho h}+\frac{\partial}{\partial x}\left(\nu_H\frac{\partial u}{\partial x}\right)+\frac{\partial}{\partial y}\left(\nu_H\frac{\partial u}{\partial y}\right) \tag{11.1.6}$$

这里，ν_H 为水平面内的涡动黏性系数。同样地，对 y 方向的运动方程我们也可以如下求得：

$$\frac{\partial v}{\partial t}+u\frac{\partial v}{\partial x}+u\frac{\partial v}{\partial y}=-g\frac{\mathrm{d}H}{\mathrm{d}y}-\frac{\tau_{y0}}{\rho h}+\frac{\partial}{\partial x}\left(\nu_H\frac{\partial v}{\partial x}\right)+\frac{\partial}{\partial y}\left(\nu_H\frac{\partial v}{\partial y}\right) \tag{11.1.7}$$

连续性方程（7.4.5）也扩展为二维形式：

$$\frac{\partial h}{\partial t}+\frac{\partial(uh)}{\partial x}+\frac{\partial(vh)}{\partial y}=0,\ h=H-z_0 \tag{11.1.8}$$

我们用方程（11.1.6）、方程（11.1.7）和方程（11.1.8）这三个方程，来计算 $H(t,x,y)$、$u(t,x,y)$、$v(t,x,y)$ 三个变量，这就叫作“浅水模型”。此外，将方程变形，用下述的变量的组合（h，q_x，q_y）来进行编程的情况也不在少数。

$$h=H-z_0,\ q_x=uh,\ q_y=vh \tag{11.1.9}$$

（q_x，q_y）就叫作“线性流量的矢量”。此外，在湖泊这种水位大致一定的水域，我们用 H，但像斜面上的泛滥水流那样，H 会变大的情况下，我们就使用水深 h。

进一步地，假设 p 是静水压力分布，并设 u 和 v 在垂直方向上相同，从底部到水面对方程（11.1.1）、方程（11.1.2）和方程（2.1.6）进行积分，则可得浅水模型的三个方程。但由于计算的假设过于复杂，所以本书中并不涉及。但是因为方程（11.1.1）和方程（11.1.6）中所包含的一部分变量不同，所以对它们之间的关系我们将在【补充说明-11.1】中表示。

11.2 底面剪切力τ_0的表示方法

从系数值的稳定性出发，方程（7.6.8）是较好的，所以在实际应用当中，主要还是使用曼宁公式。另外，系数 C_f 是量纲一的，所以方程（7.5.2）适合理论上的方程变形。因此，下面我们将基于方程（7.5.2），来求解剪切力的方向分量（τ_{x0}，τ_{y0}）。同样的讨论也适用于方程（7.6.8）中，在此我们略过不再具体探讨。

底面剪切力的作用方向与水流相反。如图 11.2.1 所示，设流速矢量的方向与 x 轴之间的夹角角度为 θ，流速的绝对值为 U，x 方向分量为 u，y 方向分量为 v，则有以下关系：

$$\cos\theta = \frac{u}{U} = \frac{u}{\sqrt{u^2+v^2}},\ \sin\theta = \frac{v}{U} = \frac{v}{\sqrt{u^2+v^2}} \tag{11.2.1}$$

因此，底面剪切力的各方向分量表示如下：

$$\tau_{x0} = \tau_0\cos\theta = C_f\rho u\sqrt{u^2+v^2},\ \tau_{y0} = \tau_0\sin\theta = C_f\rho v\sqrt{u^2+v^2} \tag{11.2.2}$$

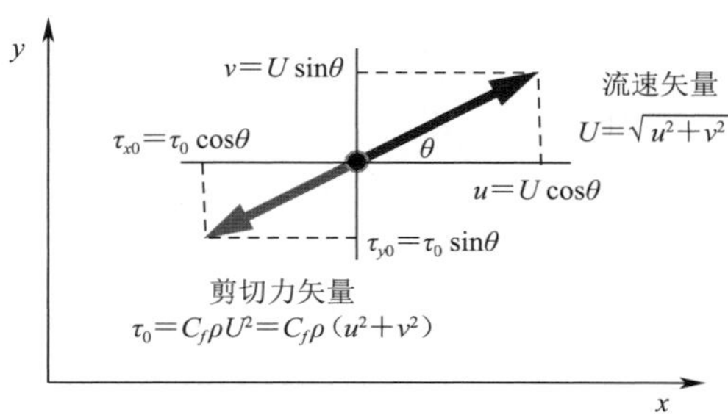

图 11.2.1　底面剪切力的分解

11.3　水平涡流黏度 ν_H 的表示方法

11.3.1　基于维度考察的标记

就像我们在 10.4 节讲过的，涡动黏性系数是与涡流的空间尺度 l' 和速度尺度 u' 的乘积密切相关的 $\overline{l'u'}$ 所定义的量，并不存在理论上能确定它的方法。因此，我们接下来将基于“维度考察”来从经验上进行确定。

我们选定一个具有长度维度的量，设其为 L_S，并假设 l' 与 L_S 成比例。此量值是任意选定的。水流为明渠流时，考虑到其平均水深，水路宽度等与水路形状相关的量。此外，也有如图 11.3.1 所示的射流，我们一般认为其局部的水流宽度 $b(x)$ 是合适的。

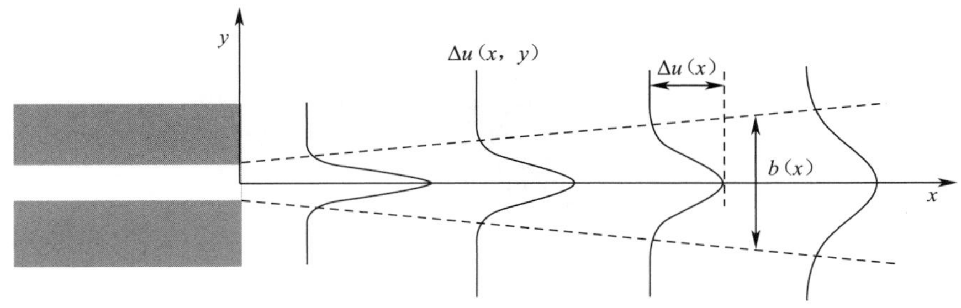

图 11.3.1　射流的代表尺度

接下来我们选定一个具有速度维度的量 U_S，假设 u' 与 U_S 成比例。U_S 是任意选定的。水流为明渠流时，除平均流速 U 外，7.5 节所介绍到的摩擦速度 u_* 也可以作为候补纳入考量。此外，在图 11.3.1 所示的射流中，一般认为流速差 Δu 是合适的。

接下来，我们假设 $\overline{l'u'}$ 如下，便可从经验上来确定比例常数 A。

$$\overline{l'u'} = AL_SU_S \tag{11.3.1}$$

但是，涡流的尺度也有可能随时间和空间发生变化。因此，我们一般在一开始并不去固定 L_S 和 U_S 的值，而是使用计算过程中所求出的量。为求解这些量值，我们根据新加的微分方程的数量，将其分为 0-方程模型、1-方程模型和 2-方程模型。0-方程模型最常用于推算浅水模型的水平涡流黏度 ν_H 中，设 L_S 为水深 h，U_S 为摩擦速度 u_*，则其表示为下式。

$$\nu_H = Ah(t,x,y)u_*(t,x,y) = A\sqrt{C_f}U(t,x,y)h(t,x,y) \tag{11.3.2}$$

这种类型的 ν_H 只与浅水方程中所包含的变量 U 和 h 所组成的代数方程相关，所以并不需要新的微分方程。但是，在浅流场中，底面剪切力大于水平剪切力的影响，所以我们并不需要知道 ν_H 的正确值，也就并不进行关于系数 A 的严格讨论。实际上，方程（11.3.2）的形式与垂直方向的涡黏性系数相同。也就是说，可以单纯地假设“水平涡流黏度与垂直涡流黏度成比例”。关于垂直涡流黏度的公式形式为方程（11.3.2）的原因，我们将在【补充说明-11.2】中进行进一步讲解说明。

使用上述 0-方程模型来模拟洪水泛滥的案例如图 11.3.2 所示。日本黑部川流经半径为 13 km 的广阔扇形地带，我们就来计算此河流的泛滥程度。左侧为扇形地带的地形图，右侧则表示矩形框所包围部分的泛滥流速分布。对这样广阔区域的泛滥计算，0-方程模型是十分有效的。另外，上述计算的参考文献我们列举在了【补充说明-11.3】中，对此有兴趣的同学可以作为参考。

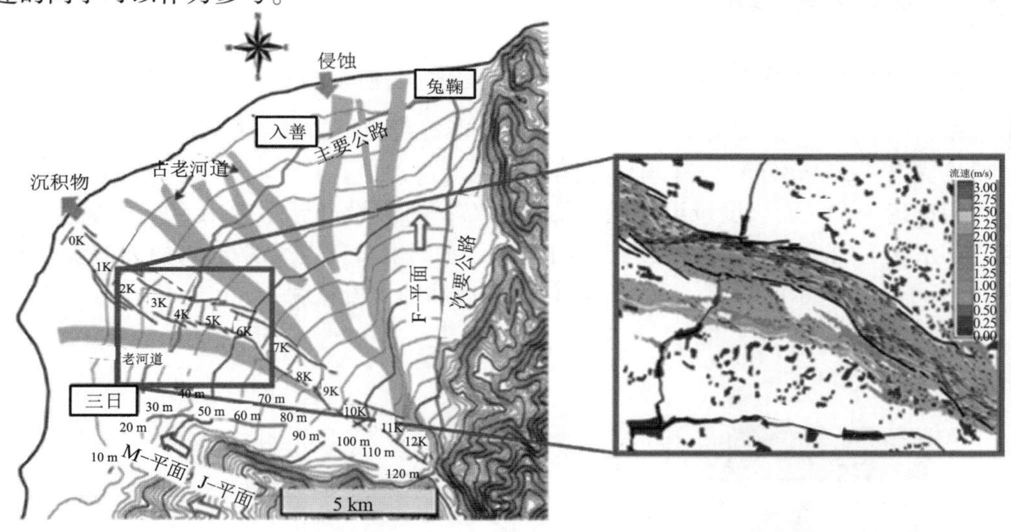

图 11.3.2 黑部川泛滥的模拟示例

11.3.2 *k*-输送方程模型

对紊流状态在空间上发展和衰减的情况，我们将使用下述 1-方程模型，其由紊流动能 k 定义了 U_S。

$$k = \frac{1}{2}(u'^2 + u'^2) \Rightarrow \nu_H = \beta\sqrt{k}h \tag{11.3.3}$$

为求得新导入变量 k 的时间和空间分布，我们将下示的“k 的输送方程”与浅水模型方程（11.1.6）～方程(11.1.8）进行联立求解。

$$\frac{\partial k}{\partial t}+u\frac{\partial k}{\partial x}+u\frac{\partial k}{\partial y}=\frac{\partial}{\partial x}\left(\nu_H\frac{\partial k}{\partial x}\right)+\frac{\partial}{\partial y}\left(\nu_H\frac{\partial k}{\partial y}\right)+P_{kh}+P_{kv}+P_{kd}-\varepsilon \qquad (11.3.4)$$

这里，方程右侧的三个 P 项表示紊流动能的生产率，P_{kh} 为水平剪切，P_{kv} 为水面摩擦，P_{kd} 是置于水中的物体的抵抗力所引起的一项。此外，ε 为紊流动能的损失率。其中各项的形式都非常复杂，且包含基于实验所得的经验常数，因此在这里，对它们的说明略过不谈。对此感兴趣的同学们可以阅读【补充说明-11.3】中所示的参考文献。

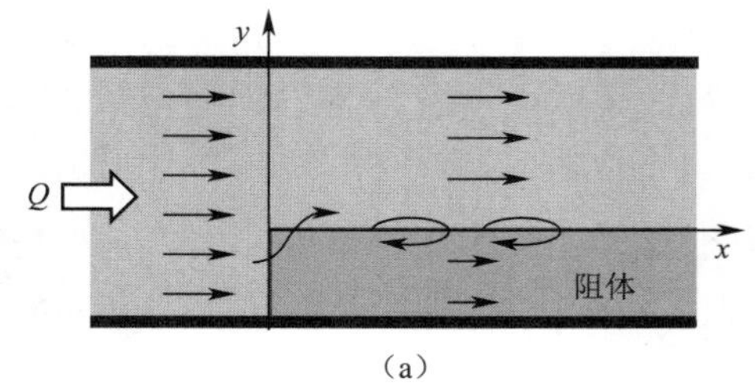

（a）

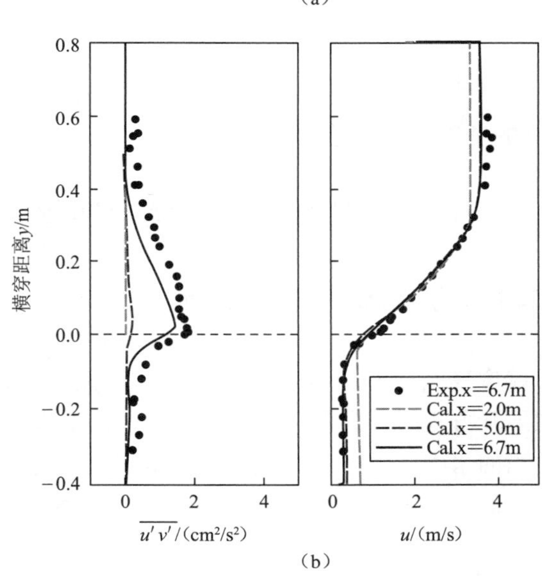

（b）

图 11.3.3 输送方程模型的计算例

图 11.3.3（a）给出了实验水路水流的示意图，其数值模拟示例如图 11.3.3（b）所示。在水路宽度 1/3 处，设置了阻体（圆柱群），其他部分的河床平坦光滑。水流即移动到没有阻体的一侧，且在阻体外侧生成水平涡流。因此，紊流状态在空间上发生变化。在图 11.3.3（b）中，对雷诺应力 $\overline{u'v'}$ 和平均流速 u 横截分布，比较了其实验结果和模拟结果。由此得知，两者的结果十分一致。但 1-方程模型的计算载荷较大，只适用于这种简单条件下的计算，并不适用于现场现象模拟的计算。

此外，关于 2-方程模型，我们将在第 12 章的分层水域的流体中进行说明。

11.4 关于计算条件

要进行数值计算一般需要规定两种条件，即初始条件和边界条件。下述是基于浅水方程来进行计算的示例。假设有一深度较浅的湖泊，如图 11.4.1 所示。设河流从图的右上方流入，并在下侧和外海进行交换，给定湖泊内的地形 $z_0(x, y)$，则边界条件分为两种。一种是规定水位，在此湖泊的情况下，就是用潮位 $H_T(t)$ 来给出与外海相接部分边界处的水位 $H(t, x_s, y_s)$。其中，(x_s, y_s) 是与外海相接的网格点的坐标。另一种则是给定通量，此图中，在河流的流入口处，由流入量 $Q(t)$ 来规定 $q_x(t,x_r y_r)$，$q_y(t,x_r y_r)$。其中，(x_r, y_r) 为河流流入口处网格点的坐标。此外，在没有流入的湖岸部分处，有 $q_x=0$，$q_y=0$。

初始条件就是开始计算时（$t=0$）的水位 $H(x, y)$ 和 $q_x(x, y)$，$q_x(x, y)$ 的条件。

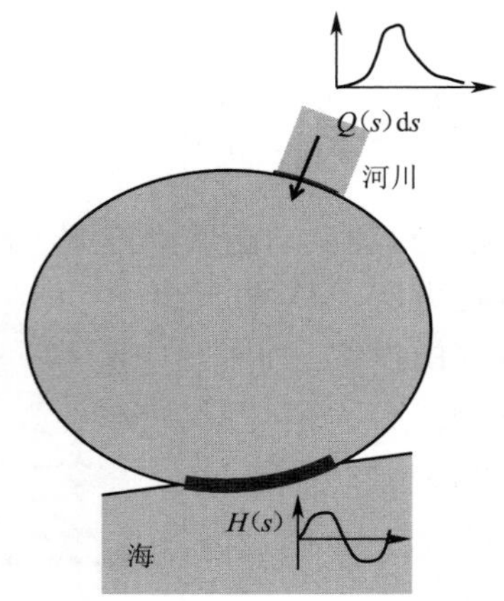

图 11.4.1 边界条件的示例

但在实际情况中，很少能够清楚所有的地点，所以我们一般会在设 $H=H_T(0)$、$q_x=0$、$q_y=0$ 的基础上，先进行“先行计算”之后再开始正式计算。

11.5 浅水方程中无法表现的现象

11.5.1 弯曲流道中的二次流

就像我们在 11.1 节讲到的，浅水流是“与水平方向的尺度相比，水深较浅的水流”，但在展开方程时，我们假设了“u 和 v 在垂直方向上相同”。我们需要注意，此假设在并不适当的水力条件下，即使水深非常浅，浅水方程的解也无法表示现实情况。为举例说明，我们在这里将介绍图 11.5.1（a）所示的弯曲流道的水流。

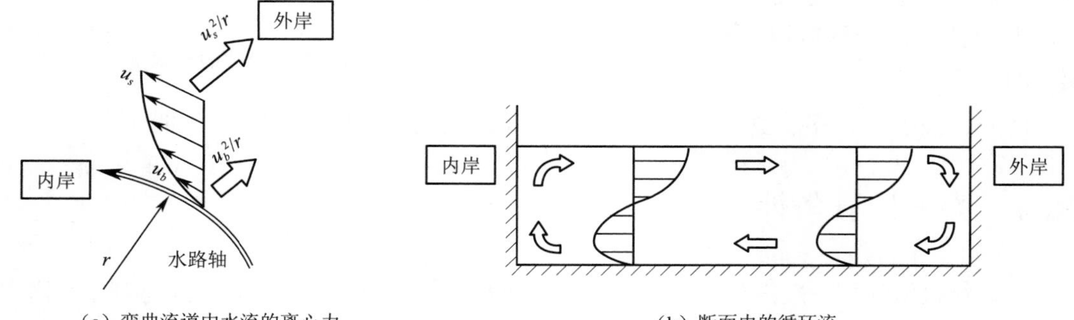

（a）弯曲流道中水流的离心力　（b）断面内的循环流

图 11.5.1 弯曲流道中的二次流

在流道轴以曲率半径 r 进行弯曲的流道中，水粒子在外岸一侧受到离心力。设平均流速为 U，则离心力与半径方向的压力梯度达到平衡，如下所示：

$$\frac{U^2}{r}=\frac{1}{\rho}\frac{\partial p}{\partial r}=g\frac{\partial H}{\partial r} \tag{11.4.1}$$

但是在一般情况下，水面附近的流速 u_s 大于 U，而水流底部的流速 u_b 小于 U。因此，水面附近的水粒子受到方向指向外岸的力，而水流底部附近的水粒子则受到朝向内岸的力。也就是说：

$$\text{水面附近的水粒子：}\quad \Delta F = \frac{u_s^{\ 2}}{r} - g\frac{\partial H}{\partial r} > 0 \Rightarrow \text{向外岸一侧移动}$$

$$\text{水流底部附近的水粒子：}\quad \Delta F = \frac{u_b^{\ 2}}{r} - g\frac{\partial H}{\partial r} < 0 \Rightarrow \text{向内岸一侧移动} \qquad (11.4.2)$$

结果如图 11.5.1（b）所示，在断面内形成循环流。这种水流就叫作“二次流”。

因此，如图 11.5.2 所示，我们便设计出了将流速分布以两种形式的合成来表示的准三维浅水模型。图 11.5.3 对单曲流道的实验结果和准三维浅水模型的计算结果进行了比较。图中●为实验结果，○为准三维浅水模型的计算结果，△为一般浅水模型的计算结果。一般浅水模型的解△对应内岸一侧的流速变大，而实验结果●是外岸一侧的流速变大。准三维浅水模型的计算结果○与实验结果一致。图 11.5.4 对“S”形流道的 1/4 波长处二次流的实验结果和准三维浅水模型的计算结果（流速分布形式）进行了比较。计算结果大致再现了循环流的形状和朝向逐渐变化的样子。对准三维浅水模型的概略和计算结果感兴趣的同学，可以参考【补充说明-11.3】中所示的 2 个参考文献。

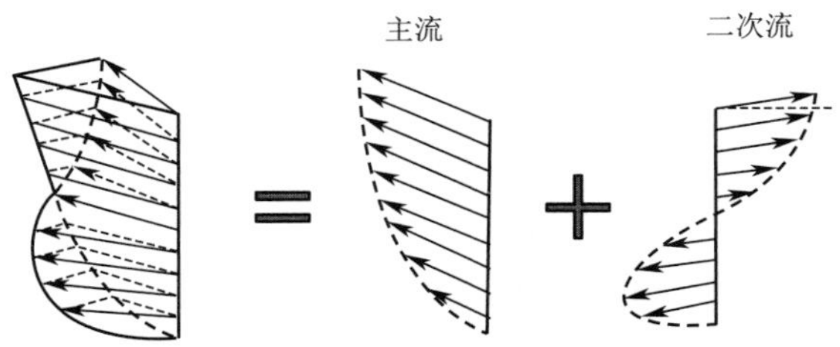

图 11.5.2　准三维浅水模型

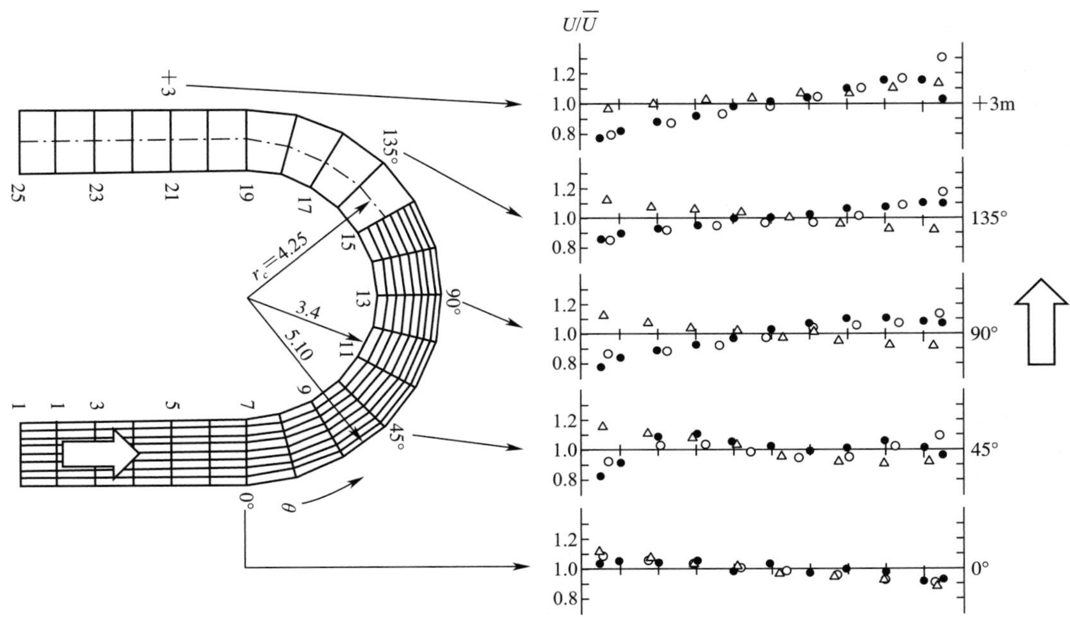

图 11.5.3　单曲流道的二次流

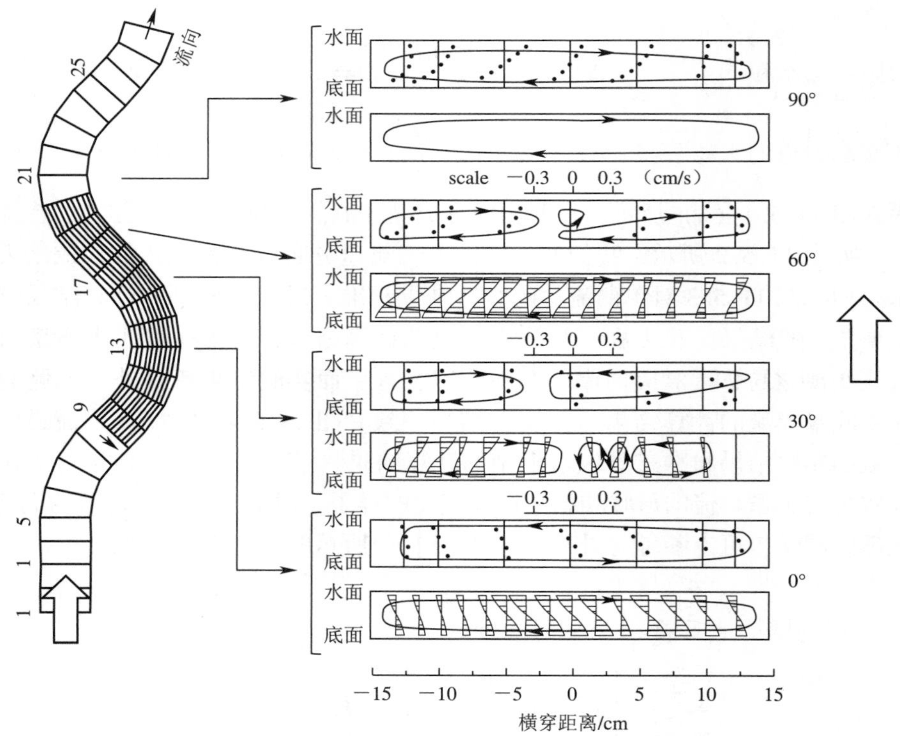

图 11.5.4 "S"形流道的二次流

【补充说明-11.1】 三维运动方程和浅水方程变量的关系

(1) 关于压力项

方程 (11.1.6)、方程 (11.1.7) 的压力 p 并未用到变量。其理由如下。

假设在浅水流中,垂直方向的流速可以忽略不计,则流速矢量的分量由 (u, v, w) 减到 (u, v)。因此,在方程 (11.1.3) 中设 $w=0$,在水面 $(z=H)$ 处设 $p=0$,则可得静水压力分布:

$$-\frac{1}{\rho}\frac{\partial p}{\partial z} - g = 0 \Rightarrow p = \rho g(H - z) \tag{11.6.1}$$

由此式,则可得压力梯度表示为下式:

$$\frac{\partial p}{\partial x} = \rho g \frac{\partial H}{\partial x},\ \frac{\partial p}{\partial y} = \rho g \frac{\partial H}{\partial y} \tag{11.6.2}$$

也就是说,方程 (11.1.1)、方程 (11.1.2) 中的压力 p,在方程 (11.1.6)、方程 (11.1.7) 中都改换为 H。

(2) 关于剪切力项

接下来,在方程 (11.1.6)、方程 (11.1.7) 中,并没有包含垂直方向的运动黏滞性 ν_V 的项,取而代之的是底面剪切力 (τ_{x0}, τ_{y0})。其理由如下。方程 (11.1.6) 最后项的 ( ) 中是雷诺应力,但由 4.3 节的图 4.3.3 所示的剪切应力和偏移变形的关系可得,其相当于 τ_{xz}/ρ。也就是说

$$\nu_V \frac{\partial u}{\partial z} = \frac{\tau_{xz}}{\rho}, \Rightarrow \frac{\partial}{\partial z}\left(\nu_V \frac{\partial u}{\partial z}\right) = \frac{1}{\rho}\frac{\partial \tau_{xz}}{\partial z} \tag{11.6.3}$$

要由方程（11.1.1）求出浅水方程就要在垂直方向积分，并除以水深 h，此时其项（大致）如下。

$$\frac{1}{h}\int_{z_0}^{H}\frac{\partial}{\partial z}\left(\nu_V \frac{\partial u}{\partial z}\right)\mathrm{d}z = \frac{1}{\rho h}\int_{z_0}^{H}\frac{\partial \tau_{xz}}{\partial z}\mathrm{d}z = \frac{\tau_{xs} - \tau_{x0}}{\rho h} \tag{11.6.4}$$

其中，τ_{xs} 为水面 x 方向的剪切力，τ_{x0} 为水流底部 x 方向的剪切力。忽略水面上的风所引起的剪切力，则有$\tau_{xs}=0$。即包含 ν_V 的雷诺应力的项在方程（11.1.6）和方程（11.1.7）中，在其右侧第二项中改变了其样态。这是因为，在从水底到水面进行积分时，没有考虑到水位 H 的波动，从数学上来说并不严谨。但是即使我们进行严格的方程变形，最终也还是会得到相同的结果。

【补充说明-11.2】 浅水流垂直方向的涡黏性系数

众所周知，恒定均匀流的流速垂直分布是遵守对数分布规律的。

$$u(z) = \frac{u_*}{\kappa}\ln z + \text{const.} \tag{11.6.5}$$

其中，u_* 为摩擦速度，z 为垂直于水流方向向上的坐标，$\ln z$ 是 z 的自然对数，κ 为卡门常数（约为0.41）。另外，由方程（11.6.3）可得下式：

$$\frac{\tau_{xz}}{\rho} = \nu_V \frac{\mathrm{d}u}{\mathrm{d}z} = \nu_V \frac{u_*}{\kappa z} \tag{11.6.6}$$

在图11.6.1所示的恒定均匀流中，流速 $u(z)$ 一定，其他方向不存在流速。因此，施加在水粒子上的力是平衡的。在此图中，取流道梯度为 i_0，水流方向为 x 轴，沿直角向上为 z 轴。将图中的四角部分放大，可得如图11.6.2所示。单位体积的水受到垂直向下的重力 ρg 作用，所以在水流方向上有 $\rho g i_0$ 的分力发生作用。因此，体积 $\Delta x \Delta y$ 受到水流方向上 $\rho g i_0 \Delta x \Delta y$ 的力的作用。该力应与剪切力 τ 的偏差值 $\Delta\tau\Delta x$ 达到平衡，则有下式成立：

$$\rho g i_0 \Delta x \Delta z = \Delta\tau\Delta x = -\frac{\mathrm{d}\tau_{xz}}{\mathrm{d}z}\Delta z\Delta x \Rightarrow \tau_{xz} = -\rho g i_0 z + \text{const.} \tag{11.6.7}$$

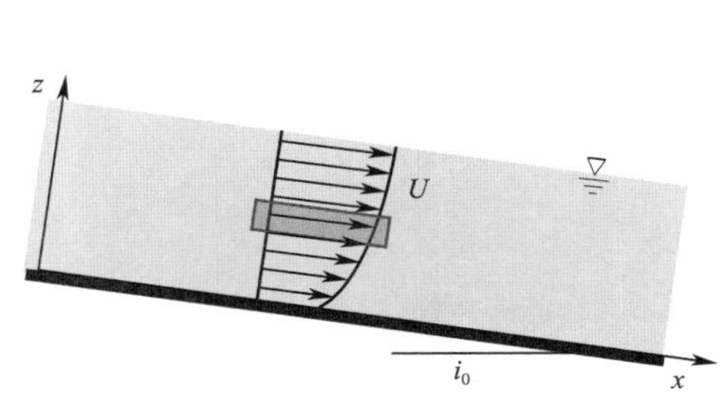

图11.6.1 恒定流的侧面

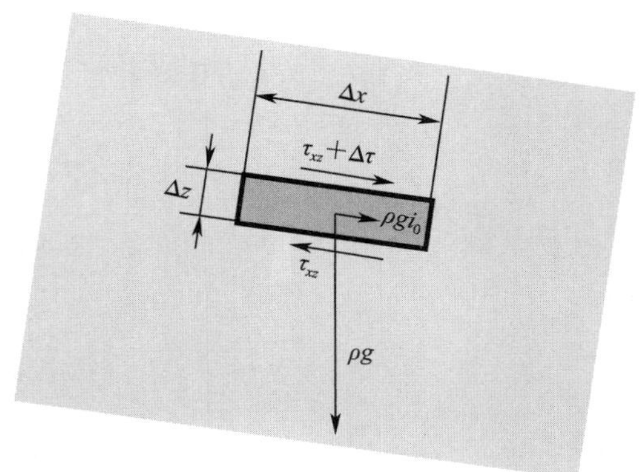

图11.6.2 恒定流中力的平衡

在水面（$z=h$）处有$\tau_{xz}=0$，从这一条件可得方程（11.6.8）左侧等式，将水流底部（$z=0$）的τ_{xz}写作τ_0，进而可得右侧的等式。

$$\tau_{xz}=\rho g i_0(h-z)\Rightarrow\tau_{xz}=\tau_0\frac{(h-z)}{h}\text{其中}\rho g h i_0=\tau_0=\rho u_*^2 \tag{11.6.8}$$

最右侧的等式是由方程（7.5.2）中所讲到的摩擦速度u_*的定义得出的。由方程（11.6.6）和方程（11.6.8）得到方程（11.6.9）左侧的等式，从水底到水面取平均则得到右侧等式。

$$\nu_V=\kappa u_*\frac{z(h-z)}{h}\Rightarrow\overline{\nu_V}=\kappa u_* h\int_0^1\frac{z}{h}\left(1-\frac{z}{h}\right)\mathrm{d}\left(\frac{z}{h}\right)=\frac{\kappa}{6}u_* h \tag{11.6.9}$$

由上可知，垂直方向的涡黏性系数的平均$\overline{\nu_V}$与$u_* h$成比例关系。因此，在11.3.1中对水平方向的涡黏性系数也假设了相同形式的方程（11.3.2）。

【补充说明-11.3】 本章中出现的计算示例的参考文献

0-方程模型的计算示例

Ishikawa, T. and Senoo, H., Hydraulic Evaluation of the Levee System Evolution on the Kurobe Alluvial Fan in the 18th and 19th Centuries, *Energies* 2021, 14: 4406.

1-方程模型的计算示例

高爽，石川忠晴. 对河岸植被区域边界中水平剪切力的空间发展过程相关的数值计算，土木学会论文集 B1. 2013，69（4）：859-864.

准三维浅水模型

石川忠晴，铃木研司，田中昌宏. 与明渠流的准三维计算方法相关的基础性研究，土木学会论文集. 1986，35：181-189.

赤穗良辅，石川忠晴. 在三角形网格中运用CIP有限体积法对准三维浅水紊流计算模型的开发研究，土木学会论文集 B1. 2011，67（4）：1207-1212.

第 12 章　分　层　流

12.1　水域中密度差的产生

12.1.1　密度差引起的水力学效果

如图 12.1.1（a）所示，我们设密度 ρ_0 的液体中存在一密度 ρ_1 的矩形物体。假设上面的水深为 h，下面水深为 $h+\Delta h$。同时，设物体表面积为 A，假设其为静水压力分布，则有向上的力发生作用，如下：

$$F=\rho_0 g\Delta hA=\rho_0 gV \tag{12.1.1}$$

其中，V 为物体的体积。这个力即被称为浮力。也就是说，有浮力作用于水中的物体，且此浮力与体积成比例。

这就使得作用于物体的力如图 12.1.1（b）所示，仅有密度差大小的重力。$\rho_1\approx\rho_0$，设差值为 $\Delta\rho$，并取重力与浮力的差值，则向下的力的净值可得如下：

$$\Delta F=\rho_1 gV-\rho_0 gV=\Delta\rho gV\approx\rho_0\left(\frac{\Delta\rho}{\rho_0}g\right)V \tag{12.1.2}$$

也就是说，在能够将压力近似为静水压力的范围内，重力仅减少 $\Delta\rho/\rho_0$ 倍。这种近似就叫作布辛涅司克近似（Boussinesq approximation）。

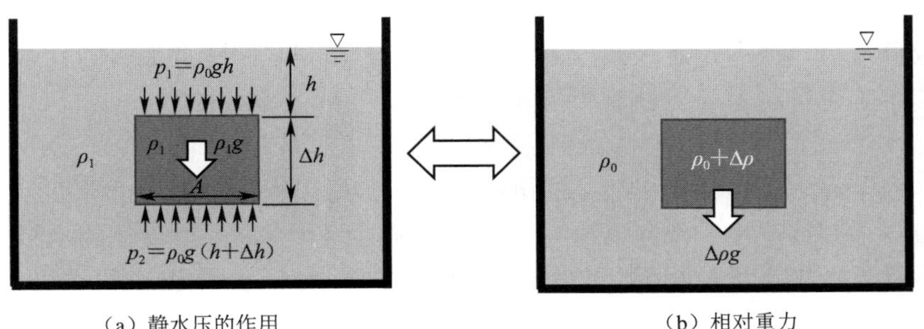

（a）静水压的作用　　（b）相对重力

图 12.1.1　密度差和重力的作用

对较小重力的运动，我们想象一下月球表面的情况就可大致了解。月球表面的重力大小是地球的 1/6。所以若在月球表面进行跳跃，其高度会远大于我们在地球上的跳跃高度，且落地所需要的时间也会变长。换句话说，就是会感觉到运动的空间尺度增大，时间变得迟缓。

如图 12.1.2（a）所示的自由水面中的水波，在水和油类这种无法混合的液体之间，也会产生同样的水波。比如说，将沙拉中的法式调味汁倒入玻璃杯中并静置，就可以看到水和油分开为两部分的边界面。这个边界面就叫作内部界面。用勺子缓慢搅动，来观察内部界面的动向，就会发现其如图 12. 1. 2（b）所示，波高 H'大于 H，波速 c'小于 c。当水的内部产生密度差，就会有这样具有较大波高的水波开始缓慢运动。

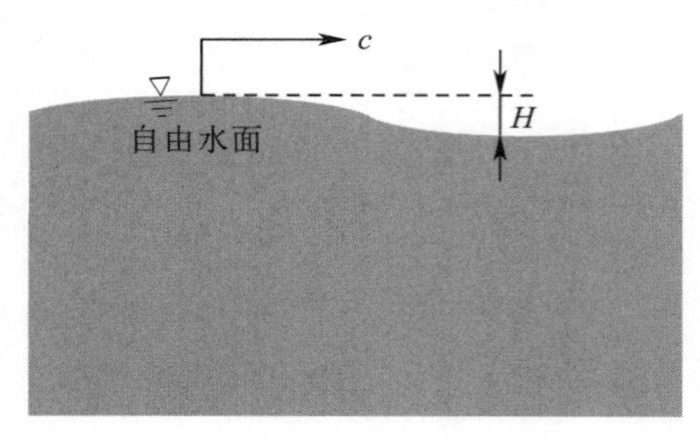

（a）自由水面的水波

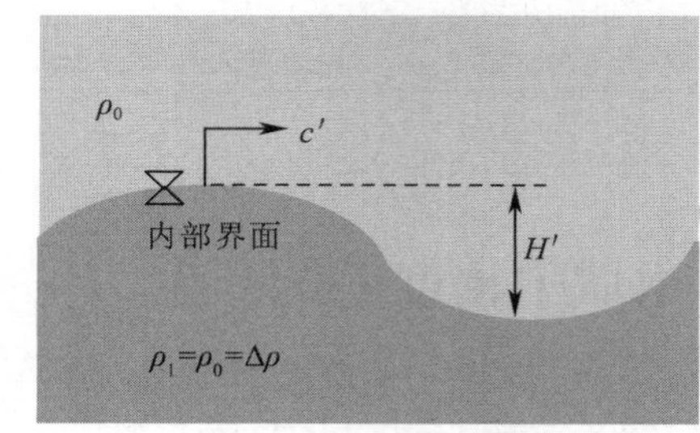

（b）内部界面的水波

图 12. 1. 2　自由水面的水波和内部界面的水波

12. 1. 2　产生密度差的主要原因

就像我们在第 3 章的【补充说明-3. 5】中所讲到的，水的密度是根据水温的变化而发生变化的。图 12. 1. 3 表示水温和密度的关系。正如我们将在后面讲到的，在夏天，在温带的较深水库中，其表面和底部之间会产生 20℃的温度差。由图可知，此时的密度差为 0. 005 g/cm^2。

因海水中含有盐分，所以其密度大于淡水密度。在河口附近，海水和淡水发生混合，就会产生其中间密度的“咸淡水”。对盐分的数值，我们使用 psu（practical salinity unit：实用盐标），即将 1 kg 海水中所含的盐分用 g 表示，单位为‰（千分之一）。海水中的盐分由于存在蒸发或淡水流入等的影响，所以不同地点的数值大小不尽相同，但基本上都是处于 3. 1‰～3. 8‰的范围内，平均为 3. 5‰。但是，因为盐分中所包含的种类也不尽相同，所以对其成分进行严格的定量是比较困难的。因此，对海水中所含最多的元素 Cl 的浓度，我们通过滴定来进行测量，可换算为下述关系式。

$$\text{psu}(‰) \approx 1.807\text{Cl}(‰) \tag{12.1.3}$$

此外，由于海水是各种无机盐类的电解质溶液，所以提供了测量电导度以经验求解盐分值的测量器，其普遍用于像河口这样，盐分会随时间和空间发生变化的水域的观测。

对水中悬浮的细小微粒物质，我们称之为悬浮物（suspended solid，SS）。SS 被定义为通过筛孔为 2 mm 大小的筛子后残留在 1μm 的过滤材料上的物质量，单位为 mg/L。SS 可根据水质分析求出，但作为一个能够简单测定的指标，其一般是使用光学性可测量的浊度（turbidity）来求解。其一般单位为 NTU。1 NTU 大致等于 SS 的 1 mg/L，但由于其会根据悬浮物的种类和大小不同而发生变化，所以在进行现场测量等工作时，需要先对两者关系进行调查。

密度差 $\Delta\rho$ 与平均密度 ρ 的比值叫作相对密度差，在本书中，将其写作 δ。δ 的正负与浮力（buoyancy）的相反。

$$\delta = \frac{\Delta\rho}{\rho} \tag{12.1.4}$$

在地表附近的气温变化下，自然生成的 δ 的量级基本在 $10^{-4} \sim 10^{-3}$，由盐分而产生的 δ 的量级则在 $10^{-3} \sim 10^{-2}$。另外，因悬浮物而产生的 δ，在浓度较大的浑水中可以达到 10^{-1}，但通常情况下都是小于 10^{-2}。像这样，在自然界产生的相对密度差都是非常小的，但正如我们将在下节中讲到的，其对水流和水质都会产生较大的影响。

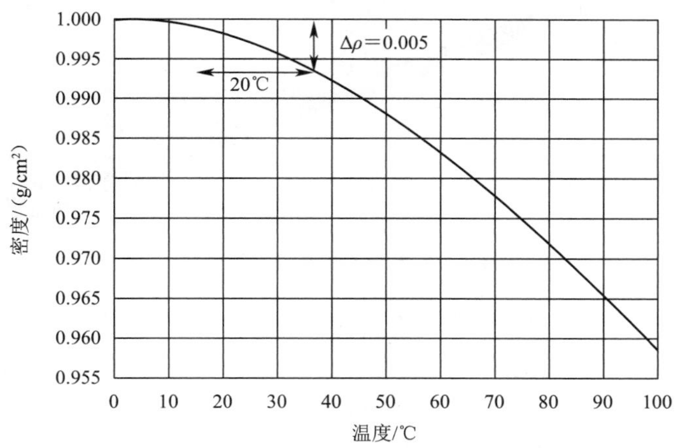

图 12.1.3　水温和密度

12.2　分层化现象

12.2.1　较深水域的水温分层

当相对平静的水域中产生相对密度差时，如图 12.2.1（a）所示，由于重力作用，水会被分离，形成低密度水层和高密度水层。这种现象就叫作“分层”，对密度有一个飞跃变化的水层就叫作“密度跃层”。此外，像图 12.2.1（b）这样密度跃层非常小的情况，我们就称之为“密度界面”。对“分层现象”，我们根据不同密度差，区分为“水温分层”、“盐度分层”和“浊度分层”。

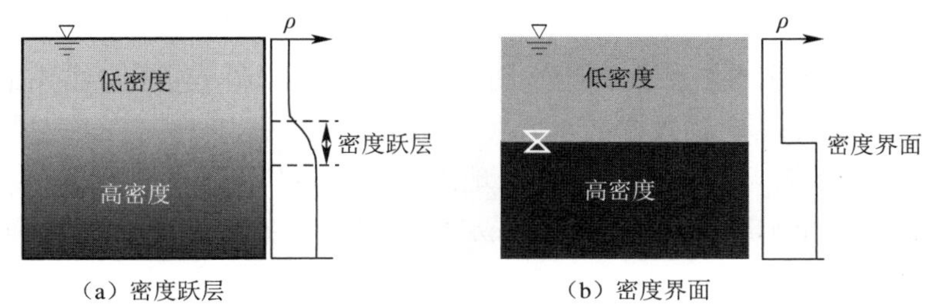

（a）密度跃层　　（b）密度界面

图 12.2.1　密度分层的形成

图 12.2.2 是在温带条件下，某较深的水库中水温分层的形成示意图。在夏天，较强的阳光会导致水体表面升温，形成温度较高的水。但在阳光照不进的水体深处，底层的水还是会维持一个较低的水温。另外，在风力较大的日子，水体表层会形成紊流状态，在垂直方向上混合起来。这就会明确区分出表层和底层的边界。

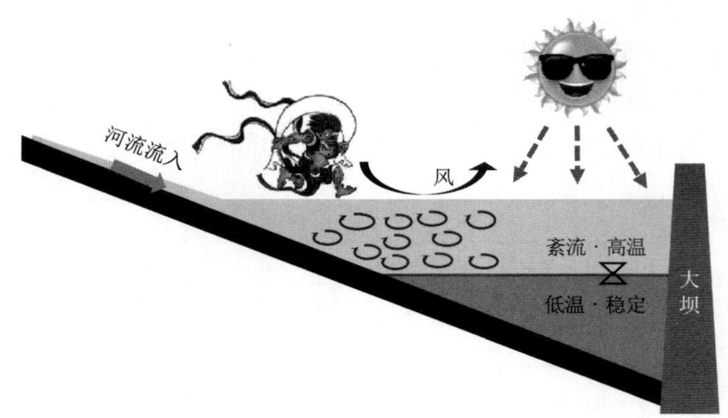

图 12.2.2 储水池的水温变化

在图 12.2.3 中，通过有色等温线图向我们展示了突尼斯市 Joumine 水库（北纬 36°40′）在夏季的水温变化。此地从 5 月到 11 月是干季，因为要进行水利补给，水库的水面下降（图中并未画出），12 月至次年 4 月回升。自 6 月末开始，水库表层 10m 的水温升高，到 8 月会达到 28℃。但此时底层的水温还停留在 14℃左右。而表层水温到了 9 月开始下降，在 10 月整个水层会混合在一起。像这样，在温带地区的较深水库中产生的，以一年为周期的分层，就叫作“季节性分层”（seasonal stratification）。此外，边界处的水温发生骤变的部分也叫作“温跃层”。

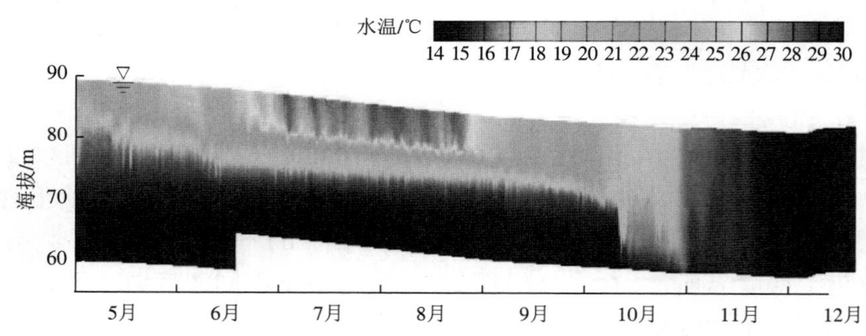

图 12.2.3 储水池的水温分层（突尼斯市 Joumine 水库）

水温分层也会给洪水水流带来影响。图 12.2.4 是洪水流入位于日本东北部的七宿水库（北纬 37°57′）时，其观测数据的示意图。观测船从水库上游（图片左侧）向下游移动着进行测量。图 12.2.4（a）表示在 4 个地点处，水温和浊度的垂直分布。含有浑浊物质的洪水，其密度大于水库表层水，小于底层水。因此，在上游处，其沿着湖底流动，之后流入温跃层之中。

图 12.2.4（b）是测量水深用的回声测深仪（echo-sounder）的记录。这个装置是通过测量计测器所产生的超声波从湖底反射回来所需要的时间来求得水深，宽度较大的色带部分的上端表示湖底。浊水层的上下面反射而来的反射波如图中箭头标注。

图 12.2.4（c）所示的图表是声学多普勒流速剖面仪（Acoustic Doppler Current Profiler，ADCP）所捕捉到的流速。流向下游的水流的位置和形状和温跃层及浊水层中的一致，其上则有流向上游的水流。像这样，水库内的洪水水流方向受水温分布的影响。

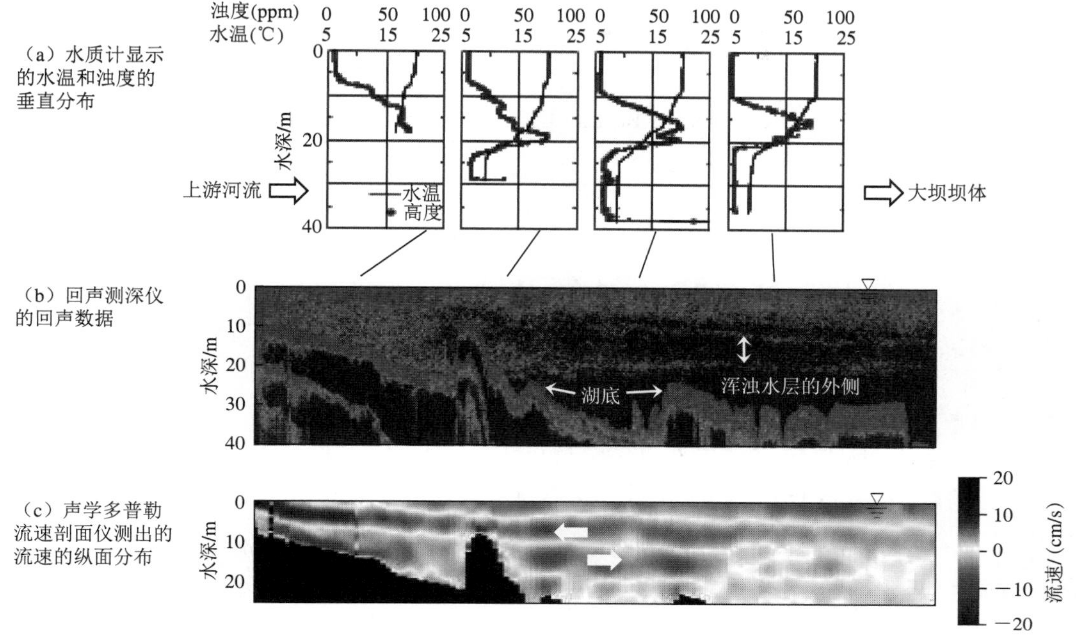

图 12. 2. 4　温跃层和浊水流动（七宿水库）

12. 2. 2　浅水域的分层现象

在较浅水域中，风对水面造成的混乱会波及全层，则全层皆变为紊流状态，此时便不会发展成水温分层。但在上午，当环境接近于无风状态，由于受到阳光照射，水库从中午到下午就会发展成弱态水温分层。这种分层大多在夜间冷却后就会消失，所以我们一般称之为“日成层”（diurnal stratification）。但经过 1 天之后，风力较弱且一致持续到次日，那么它有时也会对水质形成影响。

图 12. 2. 5 就表示，在日本第二大面积的霞浦湖的观测结果。此湖深度较小，最大水深还不到 7m。观测时间为 8 月上旬，夏季的日成层较强，有时也会维持到第二天。(a) 表示日照量，(b) 表示风速，(c) 表示每天下午的水温分层。在日照较强的日子里就会形成水温分层，在受到风力影响发生混合时，温跃层便会下降。可知，受到 8 月 4—5 日的强风影响，水体全层混合。

图 12. 2. 5（d）就表示中层（2. 5 m）和底层（5. 5 m）中溶解氧（dissolved oxygen，DO）的变化。中层部分的 DO 几乎达到了饱和值，在日照较强且几乎近似于无风状态的时间段中，达到了过饱和状态。另外，8 月 3—4 日、6—8 日时，温跃层滞留于湖底附近，此时底层部分的 DO 急速减少。这主要是因为水中有机物的分解会消耗掉 DO。在富营养化的湖体中，湖底附近所积累的有机物会快速消耗掉 DO，但在深度较小的湖泊和沼泽中，水面的 DO 通量会传达至湖底，所以平时的 DO 并不会下降太多。但是，当湖体形成温跃层，紊流混合就会受到抑制，DO 难以传达至湖底，它就会急速减少。

图 12. 2. 5（e）表示湖底附近的磷酸中磷酸根的浓度变化。由图可知，在 8 月 7 日，

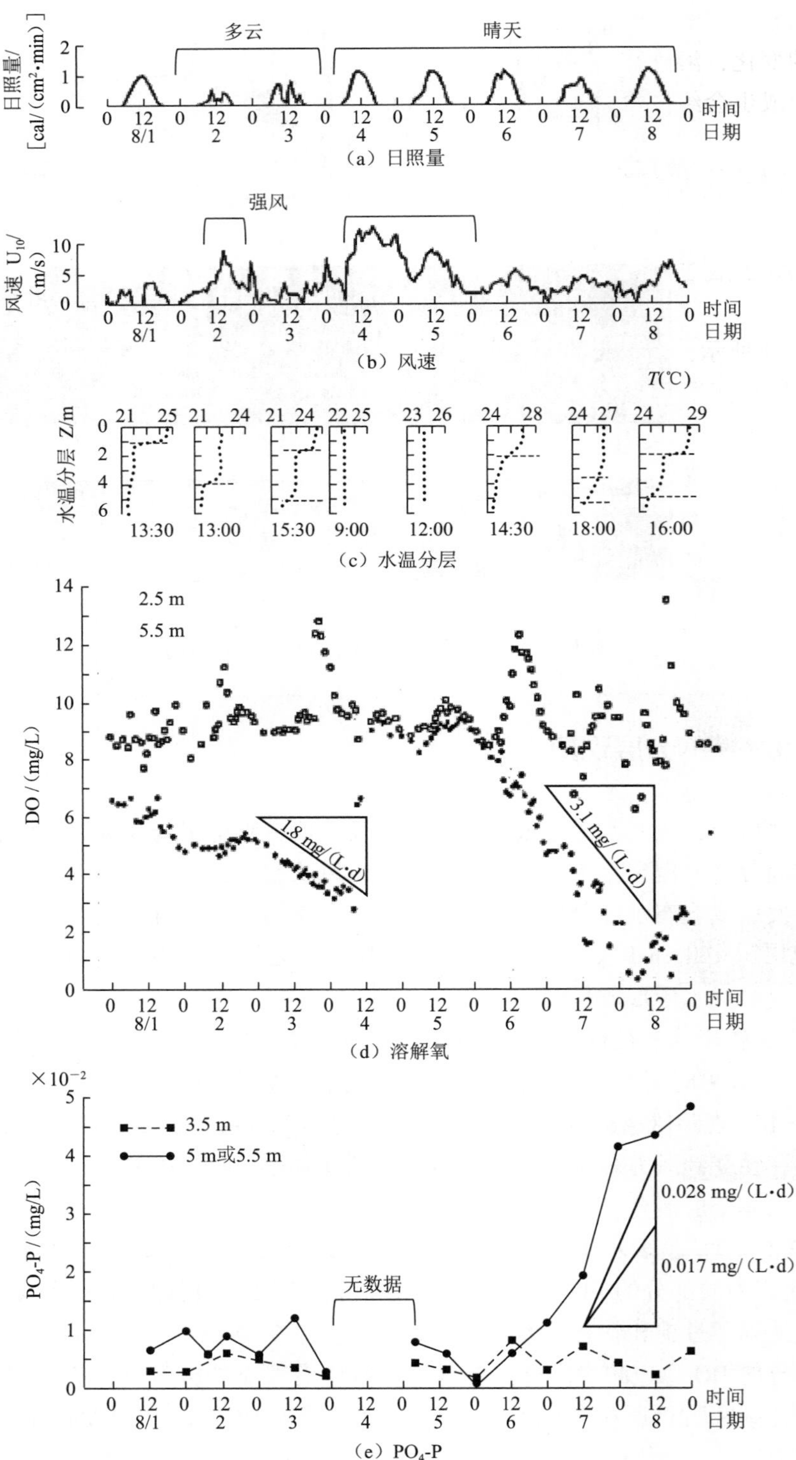

图 12.2.5 温跃层和少氧化及磷酸根的析出（霞浦湖）

当磷酸根小于 3 mg/L 时，DO 浓度迅速增加。磷是富营养化物质，但在 DO 丰富的水体中，其附着于悬浮物上，却不会被植物浮游生物的增殖所利用。但是当 DO 减少，由于氧化还原电位的变化，溶解性磷酸盐即变为磷酸根，便可被植物浮游生物所利用。像这样，水温分层的形成也会给湖沼的生物化学状态带来巨大变化。

12.3　河口区的盐度分层

12.3.1　盐淡水混合的三种形态

如图 12.3.1 所示，在河口部分，密度较高的海水潜入淡水下方，沿河床侵入。此状态还受到潮汐的影响而发生变化。当潮位较高时，海水的逆流距离则较长，潮位较低时则较短。因此，在淡水和海水的边界面处，由于水流的剪切力，即会引起紊流，产生混合。混合的强度则取决于潮汐波动的大小，由其波动大小可将混合分为图 12.3.2 所示的三种类型。

图 12.3.1　淡水和海水的混合

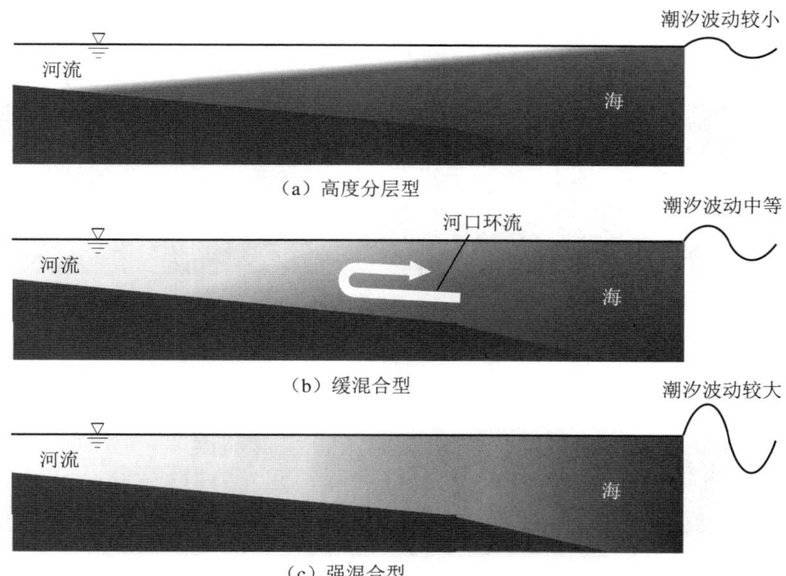

图 12.3.2　混合的三种形态

像日本海这种潮汐振幅较小的海域，其河口处即高度分层型（weakly mixing）[图 12.3.2（a）]，海水的逆流距离较长，且会发生滞留。此种类型的盐淡水界面明显，淡水的流动状态像在界面上滑动。

而在太平洋这种面向外海的河口处，其潮汐振幅程度中等，类型为缓混合型（moderate mixing）[图 12.3.2（b）]。缓混合状态是最常见的混合形态。此时的界面虽并不明显，但存在盐度跃层，在水面附近和底部附近存在有一定的盐度差。海水向河道的侵入距离小于高度分层型的距离。侵入河道的一部分海水和上层淡水混合，形成中间密度的盐水，并沿界面返回海洋。像这样的水流就叫作河口环流（estuary circulation）。

在深度较小向内延伸面积较大的海湾中，由于受到外海的潮位波动的影响，有时会产生非常大的潮差。流入这种海湾的河川中，就会产生强混合型（strong mixing）[图 12.3.2（c）]。在这种类型中，由于紊流混合，从水面到水底的盐度几乎相同，所以并不会变为分层状态。海水向河道的侵入距离较小。

上述三种形态并不是由各个河川所决定的，而是由小潮、大潮的波动以及河川的流量、水温的变化而变化的。

12.3.2 盐水层内的水流和水质

在缓混合状态下，由于潮汐波动，盐水层在纵向上移动，所以水质较好。但是如果建有堤坝等人工建筑物，就会使水流的移动受阻，那么混合状态就会发生变化。图 12.3.3 是对日本利根川的观测示例。此河流是流向太平洋的，所以它原来就是缓混合型。但是为防止盐水逆流，在距河口 18 km 处建造了一个堤坝，从而使盐水移动受阻。图 12.3.3（a）为盐度分布，表层水的盐度是非常小的，而下层水的盐度却相当的高。横轴为与河口处的距离，纵轴为水深。从河口处（图片右侧）向上游方向，盐度逐渐减少，

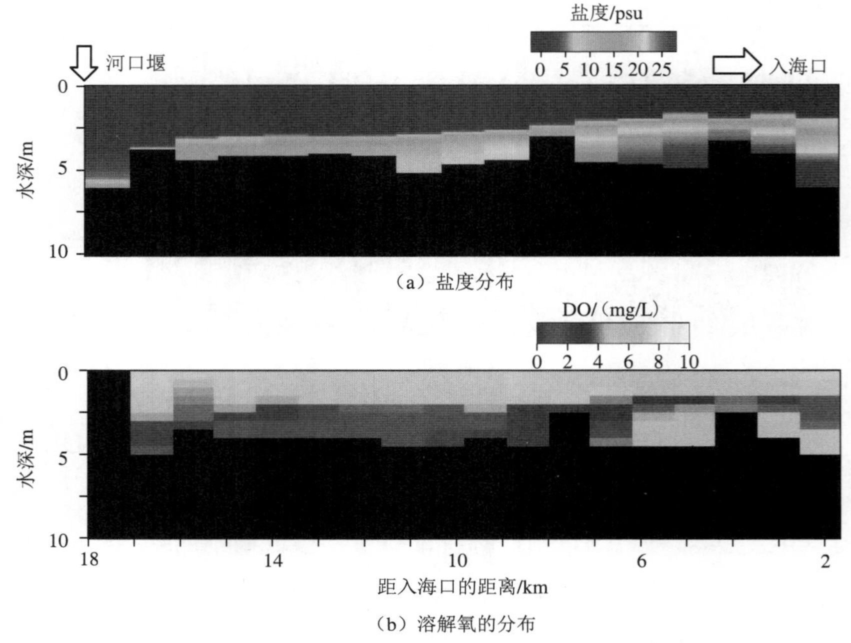

图 12.3.3 咸淡水水域的分层化和河口环流

形成了一个十分明显的界面。因此，即使是因为受到了风力和波浪的影响，表层处于紊流状态，但我们一般认为界面以下的区域状态还是平静的。图 12.3.3（b）是同时测量的溶解氧的分布。溶解氧的分布形状和盐度分布的形状相类似。由于大气向表层淡水中供给氧气，则其显示出接近饱和状态的数值，但在盐淡水界面急速减少。而这是因为，在密度界面，紊流混合受到抑制的同时，底层水所含有的有机物分解，从而消耗 DO。但是在近河口处高盐度水的 DO 数值较高，越往上游走其值越低。此外，DO 较低的水会沿着盐淡水界面流向海洋。像这种 DO 的分布，就是由图 12.3.2（b）所示的河口环流而形成的。也就是说，在河口流域，水流和水质（盐度、DO）产生相互作用，从而形成一种复杂的状态。

12.4 卷吸效应

12.4.1 分层水域垂直混合的特点

密度分层水域的混合形式与密度相同水域的混合形式明显不同。首先，我们先使用图 12.4.1 的模式图来说明密度一定水域的垂直混合的特点。在浅水域的上层和下层中，以不同的浓度来投入色素。初始状态下的浓度分布如图中黑线所示，呈阶梯状。当水面有强风吹拂形成紊流状态，则上层和下层发生混合，向垂直方向扩散。这个过程遵循第 3 章的【补充说明-3.4】中所示的扩散方程（3.4.3）。

$$\frac{\partial \phi}{\partial t} = \mu_T \frac{\partial^2 \phi}{\partial z^2} \tag{12.4.1}$$

但在这里，对坐标轴方向进行更改，$x \to z$，扩散系数有 $\mu \to \mu_T$。如果紊流状态全层均匀，其解则如图中曲线群所示，缓慢发生变化，最终从水面到水底都达到相同的状态。

图 12.4.2 是分层情况下的混合过程。下层密度仅比上层大 $\Delta\rho$，在上层所形成的紊流在分层界面上受到了抑制。而下层的水仅在与上层相接触的界面附近向上传递并扩散，所以就使得在维持住阶梯状浓度分布的情况下，界面向下方移动，这种现象就叫作“卷吸”（entrainment）。

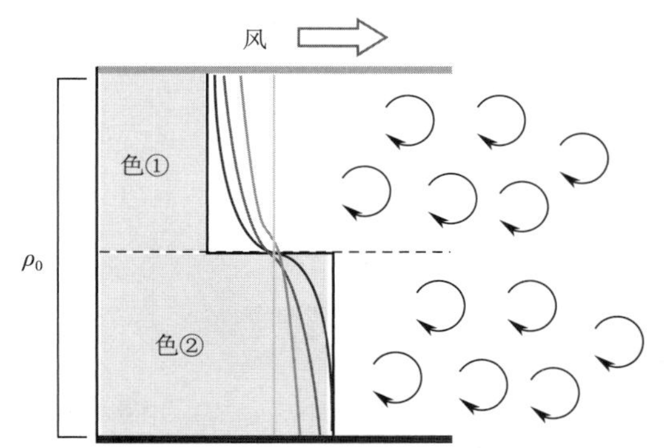

图 12.4.1 等密度水中色素的扩散

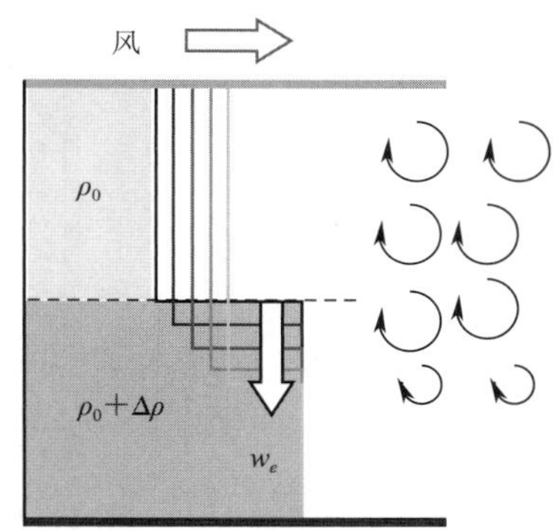

图 12.4.2 密度分层的垂直混合过程

图 12.4.3 向我们展示了 12.2.2 中介绍的较浅湖泊中日成层的观测数据。将每天下午的水温垂直分布按照时间顺序进行横向排列（此处请注意，如图 12.1.4 所示，水温和密

度呈负相关)。则可知，其与图 12.4.2 相同，温跃层是随时间的增加而下降的，也就是发生了卷吸效应。

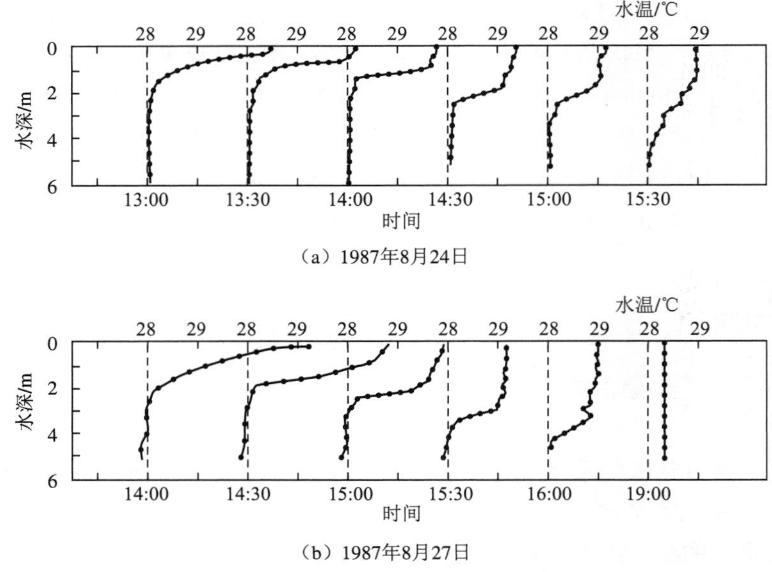

图 12.4.3 水温分层的混合过程

12.4.2 卷吸所需的能量

由卷吸引起的密度界面下降是需要能量的，对此，我们通过图 12.4.4 的模式图来进行详细说明。设密度的垂直分布由实线所示状态转变为虚线所示状态，那么阴影部分的质量就会提升至上方的部分，即重力势能增加。此增加部分 ΔPE，可近似表示如下：

$$\Delta PE \approx \Delta\rho_2 \Delta h g H \approx \Delta\rho_2 \Delta h g\left(h_1 + \frac{\Delta h}{2}\right) \tag{12.4.2}$$

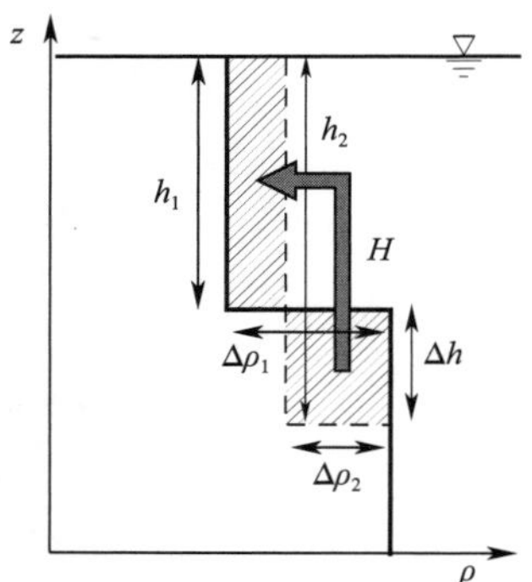

图 12.4.4 水温分层的混合过程

为产生 ΔPE 所需的每单位时间所做的功 WR 可表示如下：

$$WR \approx \frac{\Delta PE}{\Delta t} \approx \Delta\rho_2 g \frac{\Delta h}{\Delta t}\left(h_1 + \frac{\Delta h}{2}\right) \tag{12.4.3}$$

在这里，我们取 $\Delta t \to 0$ 的极限则可得下式：

$$WR \approx \frac{\mathrm{d}(PE)}{\mathrm{d}t} = \Delta\rho g \frac{\mathrm{d}h}{\mathrm{d}t} h = \Delta\rho g h w_e,\ w_e = \frac{\mathrm{d}h}{\mathrm{d}t} \tag{12.4.4}$$

我们将 w_e 叫作卷吸速度，以速度尺度 U 对其进行量纲一处理，w_e/U 就叫作卷吸系数。如图 12.4.2 所示，在因风而形成紊流的情况下，我们用到风对水面所产生的剪切力来求得的摩擦速度，则可表示如下。

$$\text{卷吸系数：} E = \frac{w_e}{u_{*a}},\ u_{*a} = \sqrt{\frac{\tau_a}{\rho_0}} \tag{12.4.5}$$

其中，τ_a 为风对水面产生的剪切应力，u_{*a} 为摩擦速度，ρ_0 为水的密度。

卷吸速度除了τ_a 之外，一般认为其也会由于界面密度差 $\Delta\rho$ 和界面深度 h 的影响而发生变化。因此，其与下述所示的参数之间的关系，我们通过实验来进行探讨，并提出实验式 empirical formula。

$$Ri = \frac{\Delta\rho g h}{\rho_0 {u_{*a}}^2} \Rightarrow E \propto Ri^{-1} \tag{12.4.6}$$

Ri 为量纲一的量，叫作理查森数（Richardson number）。

12.5　根据紊流模型再现卷吸效应

12.5.1　紊流模型

在 11.3 节的浅水流中，为求解水平涡动黏性 ν_H，我们对紊流模型做了一定的介绍，并将其称为 1-方程模型。也就是说，假设由紊流动能 k 规定的速度尺度为变量，导入 k 相关的微分方程，长度尺度则固定为水深 h。方程（11.3.3）中，$(u',\ v')$ 是水平方向的速度变动分量。但是，由于形成分层的水域较深，所以我们也必须要考虑到其垂直方向的速度变动分量。此外，我们还需要考虑到长度尺度也是随时间和空间发生变化的。因此，我们在此处就需要用到 2-方程模型。

对 k 的输送方程的三维形式，我们将方程（11.3.4）变形并写作下式：

$$\frac{\partial k}{\partial t} + u\frac{\partial k}{\partial x} + v\frac{\partial k}{\partial y} + w\frac{\partial k}{\partial z} = \frac{\partial}{\partial x}\left(\nu_T \frac{\partial k}{\partial x}\right) + \frac{\partial}{\partial y}\left(\nu_T \frac{\partial k}{\partial y}\right) + \frac{\partial}{\partial z}\left(\nu_T \frac{\partial k}{\partial z}\right) + P_r - \varepsilon \tag{12.5.1}$$

我们将方程（11.3.6）的书写方式进行简化，将紊流涡流黏性系数写成共通的 ν_T，并将紊流能量的生成项整理为 P_r。此外，P_r 虽与水中剪切力所做的功具有一定关系，但这样一来方程就会变得复杂且冗长，因此在这里我们对其略过不提。对这部分感兴趣的同学请参考专业书籍。而方程最末项的 ε 为紊流能量的损失率。

假设 ν_T 由方程（11.3.3）求得，其中，L_S 和 U_S 分别是涡流的空间尺度和速度尺度，U_S 就是上述的 k。因此，我们就需要重新导入为确定 L_S 的方程。作为代表性的 2-方程模型，也有 k-ε 模型和 k-ω 模型。

在 k-ε 模型中，准备与 ε 相关的输送方程。

$$\frac{\partial \varepsilon}{\partial t}+u\frac{\partial \varepsilon}{\partial x}+v\frac{\partial \varepsilon}{\partial y}+w\frac{\partial \varepsilon}{\partial z}=\frac{\partial}{\partial x}\left(\nu_{T\varepsilon}\frac{\partial \varepsilon}{\partial x}\right)+\frac{\partial}{\partial y}\left(\nu_{T\varepsilon}\frac{\partial \varepsilon}{\partial y}\right)+\frac{\partial}{\partial z}\left(\nu_{T\varepsilon}\frac{\partial \varepsilon}{\partial z}\right)+C_1\frac{\varepsilon}{k}P_r-C_2\frac{\varepsilon^2}{k} \tag{12.5.2}$$

其中，C_1，C_2 是由经验确定的常数，通过多次实验和数值模拟的比较，一般认为有 $C_1=1.44$，$C_2=1.92$。且 $\nu_{T\varepsilon}$ 是 ε 的紊流扩散系数，如 $\nu_{T\varepsilon}=0.77\nu_T$，假设其与 ν_T 成比例。

由于紊流能量的损失率 ε 并不是物理量，所以上述输送方程可以说只是一个特别处理。实际上，方程最右侧的两项（生成项和损失项）是方程（12.4.7）所对应的项乘以 ε/k，并整合了其维度。

涡流的空间尺度如下式所示，是用能将 k 和 ε 组合起来的长度尺度 L_S 来表示的，则使得涡流黏性系数写作下式：

$$L_S=\frac{k^{3/2}}{\varepsilon}\Rightarrow\nu_T=C_\mu\frac{k^2}{\varepsilon} \tag{12.5.3}$$

在 k-ω 模型中，我们使用下式所定义的变量 ω 来表示长度尺度 L_S 和涡流黏性系数 ν_T。

$$\omega=\frac{\varepsilon}{k}\Rightarrow L_S=\frac{\sqrt{k}}{\omega},\ \nu_T=C'_\mu\frac{k}{\omega} \tag{12.5.4}$$

关于 ω，我们也准备了与方程（12.5.2）类似的形式性输送方程，此处不再赘述。对这部分感兴趣的同学请参考专业书籍。

12.5.2 根据 k-ε 模型再现卷吸效应

在无限大的水域，假设水平方向上产生均匀的卷吸现象。取风向为 x 轴，垂直向上为 z 轴，则 x 方向的运动方程（11.1.1）和相对密度差 $\delta=\Delta\rho/\rho_0$ 的守恒定律可写作：

$$\frac{\partial u}{\partial t}-\frac{\partial}{\partial z}\left(\nu_T\frac{\partial u}{\partial z}\right)=0,\ \frac{\partial \delta}{\partial t}-\frac{\partial}{\partial z}\left(\nu_{T\delta}\frac{\partial \delta}{\partial z}\right)=0 \tag{12.5.5}$$

其中，$\nu_{T\delta}$ 是 δ 的紊流扩散系数，取 $1.2\nu_T$。

此外，k 的输送方程可写作下式：

$$\frac{\partial k}{\partial t}-\frac{\partial}{\partial z}\left(\nu_T\frac{\partial k}{\partial z}\right)=P_r-\varepsilon-G \tag{12.5.6}$$

紊流能量是由剪切变形而产生的，所以生成率 P_r 也通过剪切应力所做的功求得。让我们思考一下图 12.5.1 所示的厚度为 Δz 的层（该图是将第 4 章的图 4.3.2 的坐标轴进行了更改，将 y 轴改成了 z 轴）。图中上边的剪切力的功率（WR_A）和下边的功率（WR_B）的加和（ΔWR）可如方程（12.5.7）左侧等式那样求得。将其除以层厚 Δz，考虑到方程（11.3.3）中所定义的 k 是原紊流速度能量除以 ρ 所得的量，那么进一步地，将其除以 ρ，则单位体积的紊流能量生成率 P_r 可由右侧等式求得。

$$\Delta WR=WR_A+WR_B=\tau\frac{\partial u}{\partial z}\Delta z,\Rightarrow P_r=\frac{\tau}{\rho}\frac{\partial u}{\partial z}=\frac{\Delta WR}{\rho\Delta z}=\nu_T\left(\frac{\partial u}{\partial z}\right)^2 \tag{12.5.7}$$

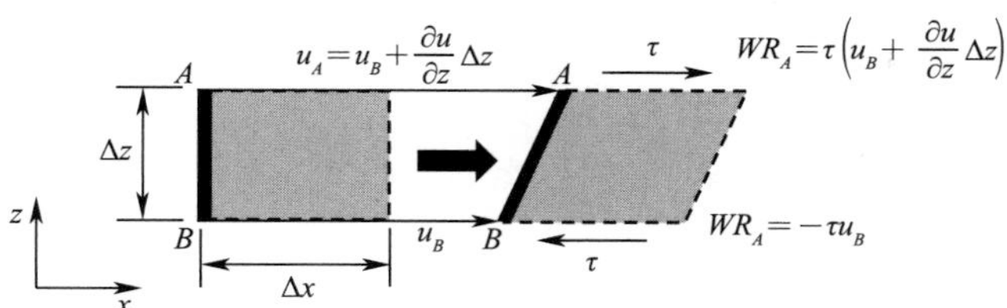

图 12.5.1　剪切力做的功

方程（12.5.6）的右侧最末项 G 表示图 12.4.4 中讲过的为增大势能而使用的紊流能量。但是，在 12.4 节中，我们设密度在界面上是非连续性变化，与此相对的，在紊流模型中，就需要我们将其作为连续函数来表示。由于这个过程的说明稍微有点复杂，所以我们在【补充说明-12.1】中来引导大家求出紊流所引起的垂直方向上所需的功率（WR_ρ）。方程（11.3.3）中所定义的 k 是原紊流速度能量除以 ρ 所得的量，所以 G 就是用 WR_ρ 除以 ρ 的值。

$$G=\frac{WR_\rho}{\rho}=-g\nu_{T\rho}\frac{1}{\rho}\frac{\mathrm{d}\rho}{\mathrm{d}z}=-g\nu_{T\rho}\frac{\mathrm{d}\delta}{\mathrm{d}z} \tag{12.5.8}$$

由上可得，k-ε 模型的方程可写作下式：

$$\frac{\partial k}{\partial t}-\frac{\partial}{\partial z}\left(\nu_T\frac{\partial k}{\partial z}\right)=\nu_T\left(\frac{\partial u}{\partial z}\right)^2+g\nu_{T\rho}\frac{\mathrm{d}\delta}{\mathrm{d}z}-\varepsilon$$

$$\frac{\partial \varepsilon}{\partial t}-\frac{\partial}{\partial z}\left(\nu_T\frac{\partial \varepsilon}{\partial z}\right)=C_1\frac{\varepsilon}{k}\left[\nu_T\left(\frac{\partial u}{\partial z}\right)^2+(1-C_3)g\nu_{T\rho}\frac{\mathrm{d}\delta}{\mathrm{d}z}\right]-C_2\varepsilon \tag{12.5.9}$$

其中，C_3 是新的经验常数，在这里设 $C_3=1$。

联立方程（12.5.5）和方程（12.5.9）进行计算，其结果的一例如图 12.5.2 所示。温跃层以一定速度均匀下降。也就是说，12.4 节中讲到的卷吸现象是由 k-ε 紊流模型来表示的。图 12.5.3 中的白色圆圈描绘的是方程（12.4.5）和方程（12.4.6）中所定义的卷吸系数（E）和理查森数（Ri）之间的关系所得出的多个计算结果。黑色圆圈则是过往论文中的实验结果。两者高度一致。

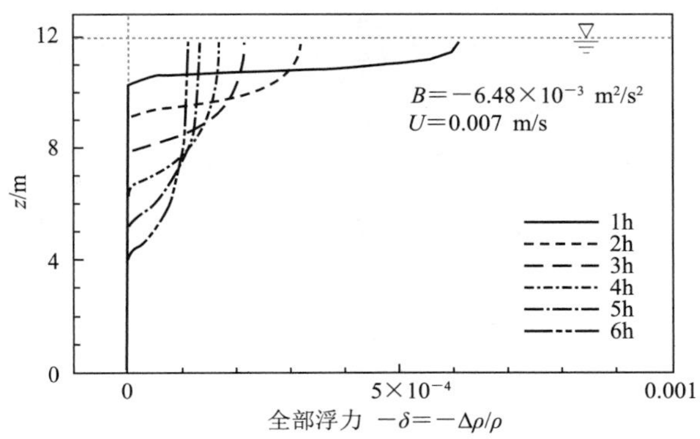

图 12.5.2　根据 k-ε 模型对分层混合的计算例

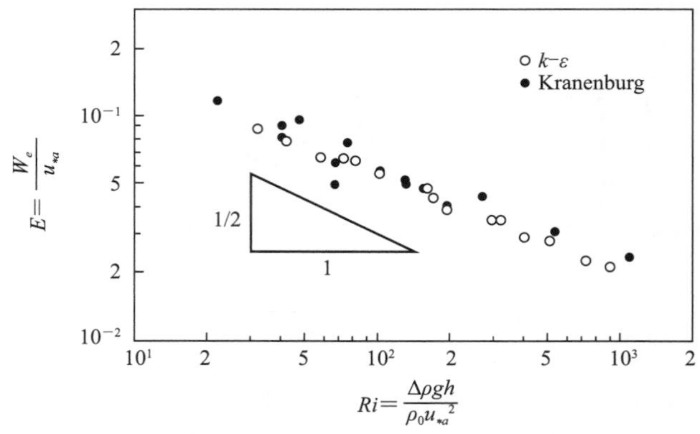

图 12.5.3 根据 k-ε 模型对卷吸效应的再现

12.6 分层流的数值模拟

正如我们之前所讲到的，k-ε 紊流模型很好地表现出了分层流的混合过程。因此，对图 12.3.3 中所示的河口区的盐水密度流，我们在这里将介绍一下它所适用的示例。图 12.6.1 表示在同一区域（利根川）的实际条件下来进行连续模拟所得到的一个结果。图的上层表示图 12.3.3 的观测期，且图中也表示了盐度和 DO 各自的配色。由图可知，观测数据和由数值模拟所得的结果十分相似，特别是其很好地再现了溶解氧在盐水前端较低，并沿着盐淡水界面流出的情况。

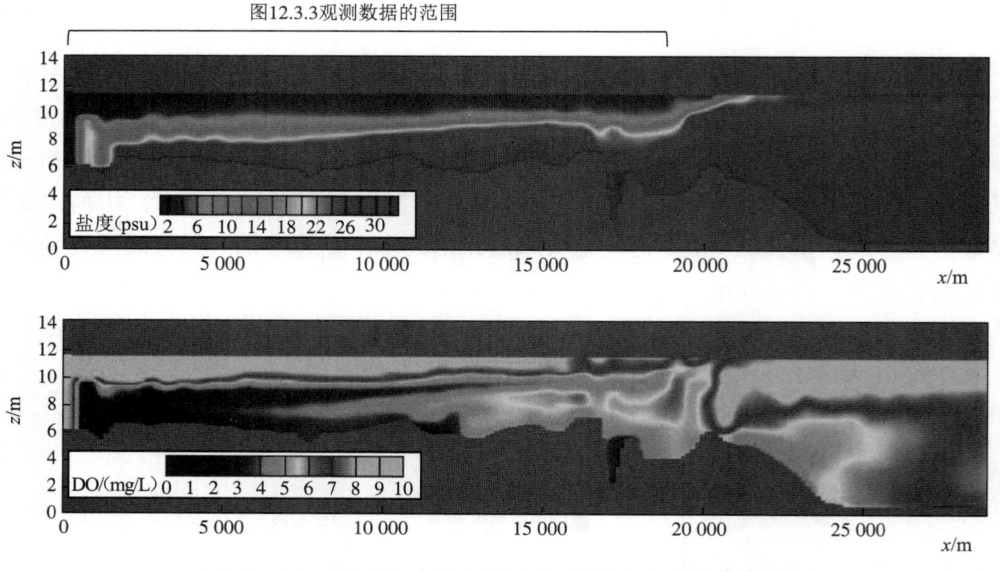

图 12.6.1 根据 k-ε 模型对入海口的盐水密度流的模拟

图 12.6.2 是我们在 12.3 节讲过的河口环流的某断面中流速分布的示意图。底层方向朝向上游，上层方向朝向河口的水流也出现在数值模拟中，其与观测结果大致相同。图 12.6.3 表示上游部分的底层处所产生的低氧状态（低 DO）的时间变化。圆点表示观

测结果，曲线表示模拟结果。两者高度一致。像这样，利用紊流模型来进行的数值模拟，是调查水环境动态变化的有力手段。

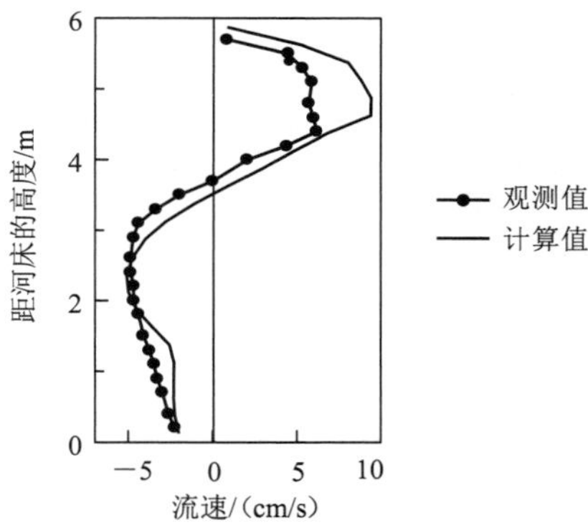

图 12.6.2　河口环流的再现

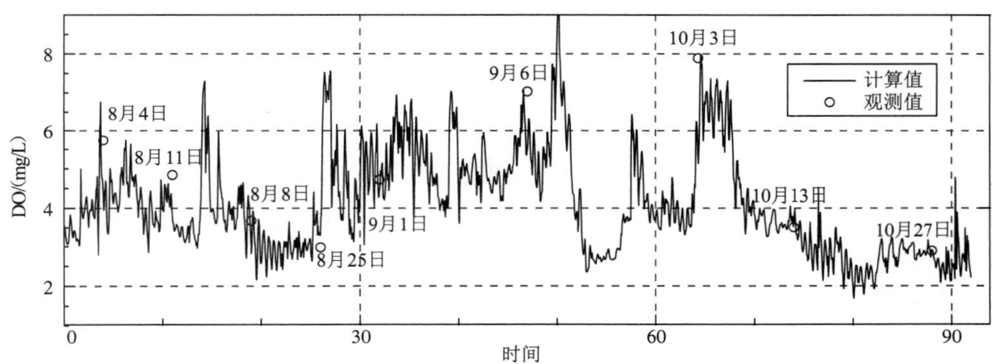

图 12.6.3　对溶解氧随时间变化的再现

【补充说明-12.1】　向上的密度通量和功率的关系

我们在这里用图 12.7.1 的示意图来说明垂直方向的密度扩散和势能的变化之间的关系。首先我们通过两个模型来思考一下垂直方向上的密度梯度。(a) 表示密度为 ρ_0 的水中悬浮着密度为 $\rho_1(=\rho_0+\Delta\rho)$ 的水粒子，如黑色圆圈所示。其浓度在垂直方向上减少。同时请设想在空白部分存在许多密度为 ρ_0 的水粒子。在 (b) 中，密度在垂直方向上以一定梯度减少，产生了向上的密度通量。请设想 (b) 的水平虚线部分的扩大图为 (a)。

如图 12.7.1 (a) 所示，假设下层中密度为 ρ_1 的水粒子和上层中密度为 ρ_0 的水粒子进行位置交换，其移动距离为 $\Delta h'$。则此时的重力势能的增加可写作下式：

$$\Delta PE' = \rho_1 g\Delta h' - \rho_0 g\Delta' h = \Delta\rho g\Delta h' = \Delta\rho g\,|w'|\,\Delta t \tag{12.7.1}$$

其中，Δt 为水粒子交换所需的时间，$|w'|$ 为移动速度的绝对值。

假设这种交换会产生于大多数的粒子之间，而每个粒子的 $\Delta h'$ 又不尽相同，那么平均的势能的增加即对其进行平均，则其如下式的左侧。将其除以 Δt，则单位时间内的平均功率为 WR_ρ。

$$\overline{\Delta PE'} = \Delta\rho g\overline{\Delta h'} = \Delta\rho g\,\overline{|w'|}\,\Delta t,\quad WR_\rho = \frac{\overline{\Delta PE'}}{\Delta t} = \Delta\rho g\,\overline{|w'|} \tag{12.7.2}$$

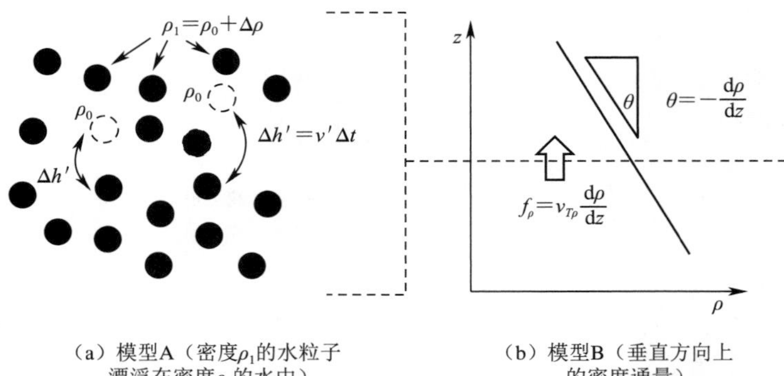

（a）模型A（密度ρ_1的水粒子漂浮在密度ρ_0的水中）

（b）模型B（垂直方向上的密度通量）

图 12.7.1 密度通量和功率

另外，正如2.2节的方程（2.2.3）中所定义的，与平面垂直相交的通量密度f可表示为方程（2.2.3）。

如图2.2.3所示，$\cos\theta$是平面垂线与流向之间夹角的角度，若两者为同向则有$\cos\theta=1$。因此，方程（12.7.2）的最末项中的$\Delta\rho\overline{|w'|}$，就是由一个水粒子交换而引起的密度差$\Delta\rho$的垂直方向上的通量密度$f_{\Delta\rho}^{(1)}$。在此，我们将其写作：

$$f_{\Delta\rho}^{(1)}=\Delta\rho\,|w'|\Rightarrow f_{\Delta\rho}=\Delta\rho\overline{|w'|}\Rightarrow WR_\rho=f_{\Delta\rho}g \tag{12.7.3}$$

若是使用扩散型方程，则垂直向上的密度通量可写作下述方程右侧。则可得WR_ρ如下述方程的右侧等式所示。

$$f_{\Delta\rho}=-\nu_{T\rho}\frac{d\rho}{dz}\Rightarrow WR_\rho=-\nu_{T\rho}\frac{d\rho}{dz}g=-\nu_{T\rho}\rho g\frac{d\delta}{dz} \tag{12.7.4}$$

其中，δ为相对密度差。则可得方程（12.5.8）。

【补充说明-12.2】 本章中出现的计算示例的参考文献

本章中的图片是对下述文献中的图进行修改后的。

图12.2.3

Takahira, K., Nakamura, T., Ishikawa, T.. Irie, M., Tarhouni, J. and Kojima, T., Meteorological Data Generation for Numerical simulation of stratified flow in the Joumine Reservoir, Tunisia, Proc. JSCE. 2013, 69 (4): 835-840.

图12.2.4

Umeda, M., Yokoyama, K. and Ishikawa, T.. Observation and simulation of Floodwater intrusion and Sedimentation in the Schichikashuku Reservoir, J. of Hydraulic Eng., ASCE. 2006: 881-891.

图12.2.5，图12.4.3

Ishikawa, T., Tanaka, M. and Koseki, M.. On the influence of diurnal stratification on water quality in a shallow lake, Proc. of JSCE. 1989, 411: 247-254.

图12.3.3，图12.6.1，图12.6.2，图12.6.3

Ishikawa, T. , Suzuki, T. and Qian, X. Hydraulic study of the onset of hypoxia in the Tone River, J. of Envr. Eng. 2004, 130 (5).

图 12. 5. 3, 图 12. 5. 4

Qian, X. and Ishikawa, T. . Examination of k-ε model for the Application of to the Deepening of Surface Mixed Layer of DI-type Entrainment, Proc. JSCE. 1998, 593: 177-182.

第 13 章　波的弥散性

在第 9 章中我们所讨论过的“长波”理论中，假设了速度 u 在垂直方向上是均匀的。此假设在波长 L 远大于水深 H 的情况下成立，这就使得波的传播速度并不取决于波长，其表示为 $\sqrt{gH}$。但是，当水深增加时，u 会在垂直方向上发生变化，传播速度也即取决于波长。而分析这种状态下的波，最简单的理论就是要假设其为无黏性（$\nu=0$）和非旋转（$\omega=0$）。ω 叫作“涡量”，其与书后附录 B-3（a）中所讲解的旋转矢量是具有一定关联的。

在本章中，关于水波的分析中假设流体为无黏性、非旋转的，我们首先对这种假设的依据进行说明，之后对水深较深时的二维波进行分析，并说明传播速度是取决于波长的。水波的这个性质就叫作“弥散性”（dispersion）。最后，我们推导出具有弥散性的波能的传播特点。

13.1　涡量

13.1.1　涡量的定义

在这里我们用图 13.1.1 来表示涡量的含义。对图中大小为（Δx，Δy）的长方形流体粒子，设其以 O 点为轴进行变形，并逆时针旋转单位时间后（$\Delta t=1$），变形为平行四边形。以 O 点为基准点，设 A 点的相对垂直速度为 Δv，B 点的相对水平速度为 Δu，则底边 $\overline{OA}$ 和左侧边 $\overline{OB}$ 的斜率如下所示。

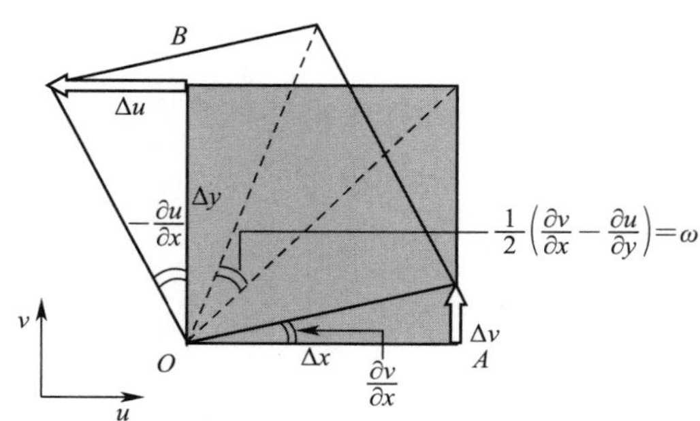

图 13.1.1　流体粒子的旋转

$$\overline{OA}\text{ 的斜率：}\frac{\partial v}{\partial x},\ \overline{OB}\text{ 的斜率：}-\frac{\partial u}{\partial y} \tag{13.1.1}$$

则流体粒子的平均旋转速度为两者的平均值，写作：

$$\omega=\frac{1}{2}\left(\frac{\partial v}{\partial x}-\frac{\partial u}{\partial y}\right) \tag{13.1.2}$$

ω 就叫作“涡量”。

如图 13. 1. 2（a）所示，假设有一水平流。为了便于表示我们将要在下文中讨论的水波，在这里设垂直向上的坐标轴为 z 轴。则涡量如方程（13. 1. 3）所示，因为在水平流中垂直流速 $w=0$，所以涡量与流速梯度成比例，如图 13. 1. 2（b）所示。

$$\omega = \frac{1}{2}\left(\frac{\partial w}{\partial x} - \frac{\partial u}{\partial z}\right) \Rightarrow \omega = -\frac{1}{2}\frac{\partial u}{\partial z} \tag{13.1.3}$$

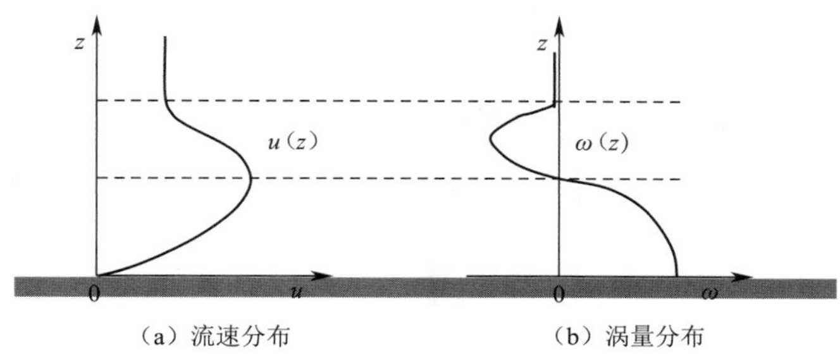

（a）流速分布　　（b）涡量分布

图 13. 1. 2　流速分布和涡量分布的示例

13. 1. 2　控制过渡流中黏性边界层的发展

在二维流场中，只要不人为地搅乱水中状态，在水域边界处产生的摩擦力就会产生涡量。为具体说明黏滞力的效果，我们来设想一下下面这种假想状态。假设在水极深的水域中，底面从静止状态开始以恒定速度 U 水平移动。由于此现象在 x 上是相同的，且 $v=0$、$w=0$，则运动方程可简化为下式：

$$\frac{\partial u}{\partial t} = \nu \frac{\partial^2 u}{\partial z^2} \tag{13.1.4}$$

设运动黏滞系数 ν 一定，则流速 $u(z)$ 可求解如下（但由于其求解过程过于复杂和冗长，我们在这里不再进行展开）：

$$u(z,t) = U\left(1 - \frac{2}{\sqrt{\pi}}\int_0^{\eta} \mathrm{e}^{-\xi^2}\mathrm{d}\xi\right),\ \eta = \frac{z}{2\sqrt{\nu t}} \tag{13.1.5}$$

将计算结果用图片示范出来即如图 13. 1. 3 所示。流动层的厚度随时间增加，在 $t \to \infty$（理论上）时，其即变为无限大。在这里，我们将流动层的厚度就叫作“边界层”。

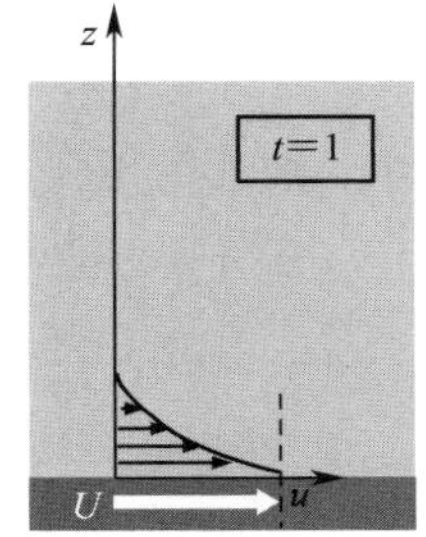

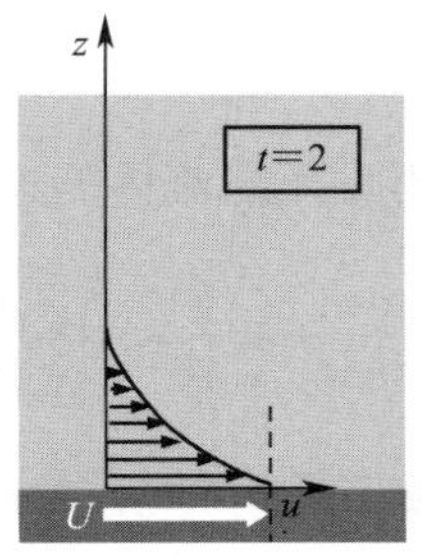

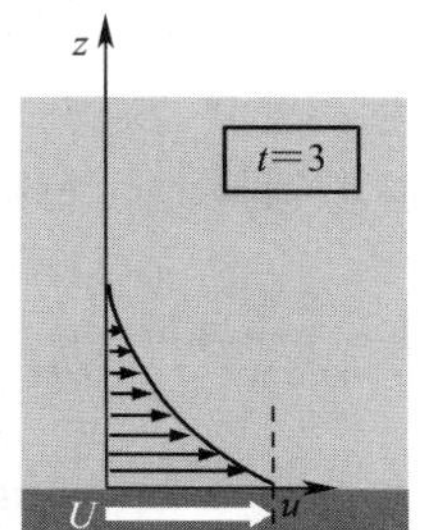

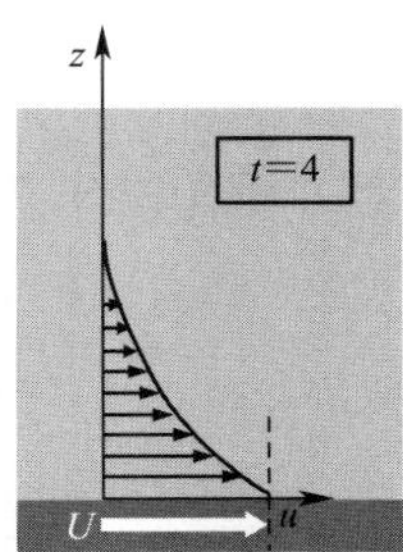

图 13. 1. 3　向流动层信息的扩散

接下来，我们来思考一下其他假想情况。当底面以 $U\cos\sigma t$ 的振幅进行左右振动时，这里的 σ 为振动频率。此时的运动方程与方程（13.1.4）相同。其所求得的解如下：

$$u(z,t)=Ue^{-\eta}\cos(\sigma t-\eta)，\ \eta=z\sqrt{\sigma/2\nu} \tag{13.1.6}$$

将计算结果用图片示范出来即如图 13.1.4 所示。$t=1$、2、3、4 即对应到振动的 1/4 个周期。流体受到底面运动的拉扯在发生左右振动，但其边界层的厚度并不会增大，其原因如下。当底面流速反转时，涡量也会反转，这样一来，顺时针旋转和逆时针旋转相互抵消，就不再向上方扩散。

由此类推，在流向发生反转的水波的运动中，其底面（或者是侧壁）的黏滞力的影响不会传递到水体内部。

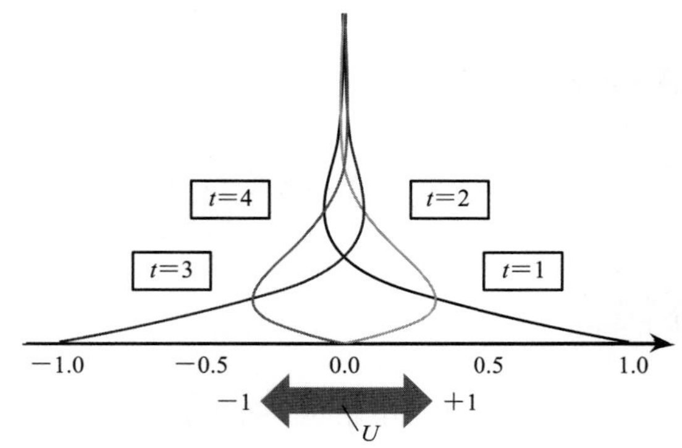

图 13.1.4　过渡流的流动层

13.1.3　水体内部中涡量的守恒

在这里，我们接下来都将使用下述这种忽略黏滞性项的运动方程。和前项相同，我们来求垂直二维面内的运动，取水平方向为 x 轴，垂直向上为 z 轴，并假设减去静水压后的压力为 p。

$$\frac{\partial u}{\partial t}+u\frac{\partial u}{\partial x}+w\frac{\partial u}{\partial z}=-\frac{1}{\rho}\frac{\partial p}{\partial x} \tag{13.1.7}$$

$$\frac{\partial w}{\partial t}+u\frac{\partial w}{\partial x}+w\frac{\partial w}{\partial z}=-\frac{1}{\rho}\frac{\partial p}{\partial z} \tag{13.1.8}$$

对方程（13.1.7）求 z 的偏微分，考虑到不可压缩流体的连续条件，则可得下式：

$$\frac{\partial^2 u}{\partial z\partial t}+\frac{\partial u}{\partial z}\frac{\partial u}{\partial x}+u\frac{\partial^2 u}{\partial z\partial x}+\frac{\partial w}{\partial z}\frac{\partial u}{\partial z}+w\frac{\partial^2 u}{\partial z^2}=-\frac{1}{\rho}\frac{\partial^2 p}{\partial z\partial x}$$

$$\Rightarrow\frac{\partial^2 u}{\partial z\partial t}+u\frac{\partial^2 u}{\partial z\partial x}+w\frac{\partial^2 u}{\partial z^2}+\frac{\partial u}{\partial z}\left(\frac{\partial u}{\partial x}+\frac{\partial w}{\partial z}\right)=-\frac{1}{\rho}\frac{\partial^2 p}{\partial z\partial x} \tag{13.1.9}$$

同样地，对方程（13.1.8）求 x 的偏微分，可得下式：

$$\Rightarrow \frac{\partial^2 w}{\partial x \partial t} + u\frac{\partial^2 w}{\partial x^2} + w\frac{\partial^2 w}{\partial x \partial z} = -\frac{1}{\rho}\frac{\partial^2 p}{\partial x \partial z} \tag{13.1.10}$$

用方程（13.1.10）减去方程（13.1.9），可得下式：

$$\frac{\partial}{\partial t}\left(\frac{\partial w}{\partial x} - \frac{\partial u}{\partial z}\right) + u\frac{\partial}{\partial x}\left(\frac{\partial w}{\partial x} - \frac{\partial u}{\partial z}\right) + w\frac{\partial}{\partial y}\left(\frac{\partial w}{\partial x} - \frac{\partial u}{\partial z}\right) = 0$$

$$\Rightarrow \frac{\partial \omega}{\partial t} + u\frac{\partial \omega}{\partial x} + w\frac{\partial \omega}{\partial z} = 0 \Rightarrow \frac{\mathrm{D}\omega}{\mathrm{D}t} = 0 \tag{13.1.11}$$

也就是说，如果其初始状态为 $\omega=0$，则在流动的过程中也有 $\omega=0$。像这样的流体就叫作“无旋流体”或“非旋转流体”。

13.2　速度势

在无旋的流场中，有下式所定义的“速度势”存在。

$$u = \frac{\partial \phi}{\partial x},\ w = \frac{\partial \phi}{\partial z} \tag{13.2.1}$$

将其代入涡量的定义式（13.1.3）中即可知，ω 始终为 0。

$$\omega = \frac{1}{2}\left(\frac{\partial w}{\partial x} - \frac{\partial u}{\partial z}\right) = \frac{1}{2}\left(\frac{\partial^2 \phi}{\partial x \partial z} - \frac{\partial^2 \phi}{\partial z \partial x}\right) = 0 \tag{13.2.2}$$

且 ϕ 为标量，$(u,\ w)$ 是 ϕ 的梯度向量，在这里请参考一下书后附录 B-3（b）中的方程（B.3.1）。因此，我们在流向上取 s 坐标，在与其正交的方向上取 n 坐标，则有下式成立：

$$\frac{\partial \phi}{\partial s} = U,\ \frac{\partial \phi}{\partial n} = 0 \tag{13.2.3}$$

其中，U 为流速的绝对值。

将方程（13.2.1）代入不可压缩流体方程的连续条件式中，则可得下式：

$$\frac{\partial u}{\partial x} + \frac{\partial w}{\partial z} = 0 \Rightarrow \frac{\partial^2 \phi}{\partial x^2} + \frac{\partial^2 \phi}{\partial z^2} = 0 \Rightarrow \nabla^2 \phi = 0 \tag{13.2.4}$$

这个方程式就叫作拉普拉斯方程（Laplace equation）。此外，∇^2 是叫作拉普拉斯算子（Laplacian）的微分算子，对其我们在书后附录 B-3（e）中有进行说明。

要想求解不可压缩、无黏性、非旋转的流场，就需要在给定的边界条件下求解拉普拉斯方程。

13.3　深水波

13.3.1　边界条件

如图 13.3.1 所示，我们来思考一下极深水域（如海洋）的水波。我们取垂直于静止水面向上为 z 轴，设自由水面的位移为 $\eta(t,\ x)$。如 6.2 节中所讲到的，自由水面中的边界条件有以下两种：

$$力学边界条件：p_s = p_a = 0 (z = \eta) \tag{13.3.1}$$

$$几何学边界条件：\frac{D\eta}{Dt} = \frac{\partial \eta}{\partial t} + u_s \frac{\partial \eta}{\partial x} = w_s (z = \eta) \tag{13.3.2}$$

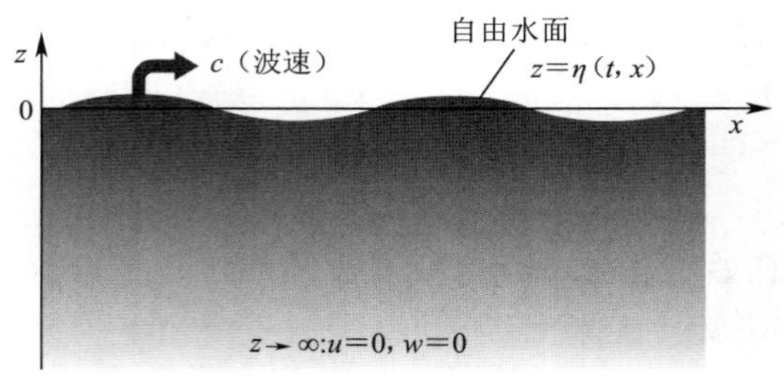

图 13.3.1　深水域水波的边界条件

物理量的下标 s 表示自由水面（$z=\eta$）中的数值。第一个方程中的 p_a 是大气压，就像我们在 6.2.2 节讲到的，在水力学的解析中，我们只考虑大气压的偏差值，取 $p_a = 0$。

此处用到速度势 ϕ，则方程（13.3.2）可写成下述方程。

$$\frac{D\eta}{Dt} = \frac{\partial \eta}{\partial t} + \frac{\partial \phi}{\partial x}\frac{\partial \eta}{\partial x} = \frac{\partial \phi}{\partial z}(z = \eta) \tag{13.3.3}$$

此外，在深海中，假设波的运动无法传递，则设定有以下的边界条件。

$$u = 0,\ w = 0 \Rightarrow \frac{\partial \phi}{\partial x} = 0,\ \frac{\partial \phi}{\partial z} = 0 \Rightarrow \phi = \text{const.} \to 0 (z = -\infty) \tag{13.3.4}$$

因为积分常数（const.）的数值为任意值，所以我们在这里设其为 0。

13.3.2　正弦波的假设和速度势

和 9.4 节长波的解析相同，我们将自由水面的位移 $\eta(t, x)$ 假设为正弦波形的行进波，用下面的复变函数来表示。

$$\eta = a \cdot \exp[ik(x - ct)] \tag{13.3.5}$$

其中，a 为振幅，k 为波数，c 为波速。

设速度势为以下形式：

$$\phi(t,x,z) = A \cdot \exp[ik(x - ct)] \cdot Z(z) \tag{13.3.6}$$

其中包括 t 和 x 的部分，是和 η 有相同形式的。否则，显然其就无法满足方程（13.3.3）中的等式关系。A 是复数的系数。其为复数的原因我们将在补充说明-13.1 中进行讲解。此外，$Z(z)$ 是只关于 z 的函数。像这样的方程就叫作“可分离变量的微分方程”。

将方程（13.3.6）代入拉普拉斯方程（13.2.4），可得下式：

$$\frac{\partial^2 \phi}{\partial x^2} + \frac{\partial^2 \phi}{\partial z^2} = 0 \Rightarrow -k^2 A \cdot \exp[ik(x - ct)] \cdot Z(z) + A \cdot \exp[ik(x - ct)] \cdot \frac{\partial^2 Z}{\partial z^2} = 0 \tag{13.3.7}$$

因此，$Z(z)$ 满足下述方程，而由方程（13.3.4）所示的条件（$z \to -\infty$ 时 $\phi = 0$），则

可确定为方程右侧所示的函数形式：

$$-k^2 Z + \frac{\partial^2 Z}{\partial z^2} = 0 \Rightarrow Z(z) = \exp(\pm kz) \Rightarrow Z(z) = \exp(kz) \tag{13.3.8}$$

因此，速度势可表示为下式：

$$\phi(t,x,z) = A \cdot \exp[ik(x - ct) + kz] \tag{13.3.9}$$

13.3.3　微幅波（Airy wave）假设

和 9.4 节长波的解析相同，设方程（13.3.5）所定义的振幅 a 和方程（13.3.6）所定义的速度势振幅 A 为“极小量”。基于此种假设的波即“微幅波（也叫线性波）”。但是，就像我们在第 9 章的［补充说明-9.1］中讲到的那样，微幅的意思不是说振幅小到什么程度，而是在于限制住“函数的形式（mode）”。也就是说，除了方程（13.3.5）和方程（13.3.6）的函数 $\exp[ik(x-ct)]$ 之外的函数形式，我们都假定其水波极小。

那么方程（13.3.1）的边界条件就包括自由水面上的压力 p_s。像我们在 6.2 节讲到的，若水体为连续体，则自由水面为流线。则（可以忽略黏性应力的情况下）此时可适用伯努利方程（5.3.2），对含有压力的关系式可求解如下：

$$\frac{1}{g}\int \frac{\partial U}{\partial t}\mathrm{d}s + \frac{U^2}{2g} + \frac{p}{\rho g} + z = \text{const.}\ (z = \eta) \tag{13.3.10}$$

在这里，由微幅波假设我们可以忽略第二项，由方程（13.3.1）可得第三项为 0，且有 $z=\eta \to z=0$，因此可得下式。此外，因为积分常数（const.）为任意值，则设其为 0。

$$\frac{1}{g}\int \frac{\partial U}{\partial t}\mathrm{d}s + \eta = 0(z = 0) \tag{13.3.11}$$

我们用到方程（13.2.3）的第一个等式对第一项进行变形，则可得下式：

$$\frac{1}{g}\int \frac{\partial U}{\partial t}\mathrm{d}s = \frac{1}{g}\int \frac{\partial^2 \phi}{\partial t \partial s}\mathrm{d}s = \frac{1}{g}\frac{\partial \phi}{\partial t} \Rightarrow \frac{1}{g}\frac{\partial \phi}{\partial t} + \eta = 0(z = 0) \tag{13.3.12}$$

此外，在微幅波中可以忽略掉方程（13.3.3）中的非线性项，则由下式：

$$\frac{\partial \eta}{\partial t} = \frac{\partial \phi}{\partial z}(z = 0) \tag{13.3.13}$$

13.4　深水波的特点

13.4.1　波速和弥散性

通过对方程（13.3.12）和方程（13.3.13）联立求解，对深水波的波速可如下求得。首先，对方程（13.3.12）用 t 求偏微分，可得下式：

$$\frac{\partial \eta}{\partial t} = -\frac{1}{g}\frac{\partial^2 \phi}{\partial t^2}(z = 0) \tag{13.4.1}$$

将其代入方程（13.3.13）消去 η，则可得到只含有 ϕ 的微分方程：

$$\frac{\partial^2\phi}{\partial t^2} + g\frac{\partial\phi}{\partial z} = 0 \tag{13.4.2}$$

将其代入方程（13.3.9），则表示如下：

$$-k^2c^2A\cdot\exp[ik(x-ct)+kz] + kgA\cdot\exp[ik(x-ct)+kz] = 0 \tag{13.4.3}$$

由此，对波速 c 和波数 k 的关系可由下述方程求得：

$$-k^2c^2 + kg = 0 \Rightarrow c = \sqrt{\frac{g}{k}} = \sqrt{\frac{gL}{2\pi}} \tag{13.4.4}$$

其中，L 为波长。也就是说，深水波的波速取决于波长，因此，如图 13.4.1 所示，较长的波行进较快，而短波则相对较慢。此外，如图 13.4.2 所示，当长波和短波重合时，它们会随时间逐渐分离开，这种性质就叫作“波的弥散性”。

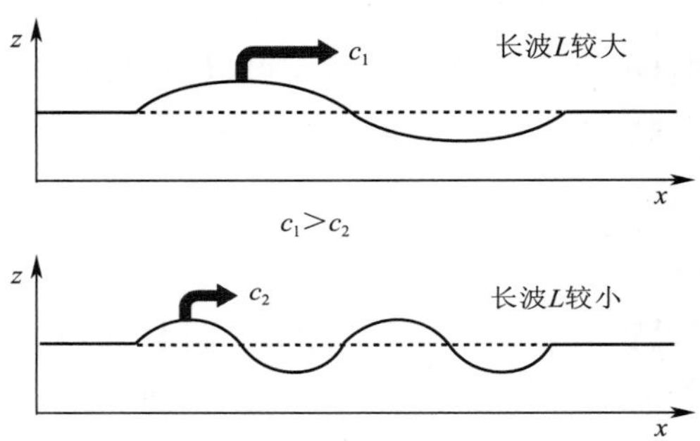

图 13.4.1　波速的波长依存性

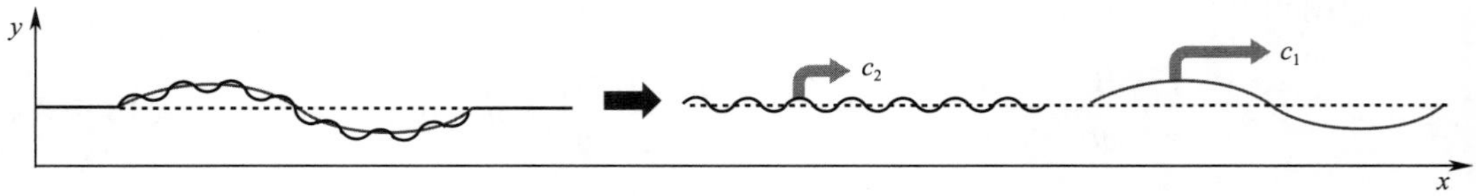

图 13.4.2　波的弥散性

在长波和深水波之间（在有限水深的情况下），方程较为复杂。因此我们将在［补充说明-13.2］中具体讲解，此处就仅说明其结果。

$$c = \frac{\sigma}{k} = \sqrt{\frac{g}{k}}\tanh(kH) = \sqrt{\frac{gL}{2\pi}}\tanh\left(\frac{2\pi H}{L}\right) \tag{13.4.5}$$

其中，H 为水深。此外，因为 $\tanh(x)$ 被叫作双曲函数，书后附录 C-3 中有进行说明。

如图 13.4.3 所示，$y=\tanh(x)$ 在原点附近有 $y=x$，在 $x\to\infty$ 时逐渐趋近于 $y=1$，因此，在两个极限处（即长波和深水波）有以下方程，与已经得到的方程（9.4.12）和方程（13.4.4）是一致的。

长波　　$\frac{H}{L}\to 0 \quad x\to 0 \quad \tanh(x)=x \quad c=\sqrt{gH}$

深水波　　$\frac{H}{L}\to \infty \quad x\to \infty \quad \tanh(x)=1 \quad c=\sqrt{\frac{gL}{2\pi}}$　　(13.4.6)

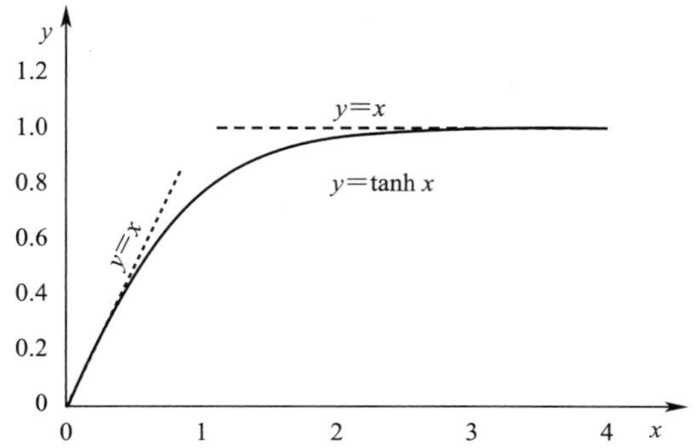

图 13.4.3　$y=\tanh x$

13.4.2　流速分布和水粒子轨道

将方程（13.3.5）和方程（13.3.9）代入方程（13.3.12）或方程（13.3.13）中，消去通项则可得下式：

$$A = ia\sqrt{\frac{g}{k}} \Rightarrow \therefore \phi(t,x,z) = ia\sqrt{\frac{g}{k}} \cdot \exp[ik(x-ct)+kz] \tag{13.4.7}$$

由于在方程右侧第一项即有纯虚数“i”，则可知 η 和 ϕ 之间具有 $\pi/2$ 的相位差（参考【补充说明-13.1】)。由方程（13.2.1）可得水粒子流速表示如下。

$$u = \frac{\partial\phi}{\partial x} = -a\sqrt{kg} \cdot \exp[ik(x-ct)+kz], w = \frac{\partial\phi}{\partial z} = ia\sqrt{kg} \cdot \exp[ik(x-ct)+kz] \tag{13.4.8}$$

根据［补充说明-13.1］中所讲到的原因，我们仅取其中的实部出来则可得下式：

$$u = -a\sqrt{kg} \cdot \exp(kz)\exp[ik(x-ct)] \Rightarrow -a\sqrt{kg} \cdot \exp(kz)\cos[k(x-ct)]$$
$$w = ia\sqrt{kg} \cdot \exp(kz)\exp[ik(x-ct)] \Rightarrow -a\sqrt{kg} \cdot \exp(kz)\sin[k(x-ct)] \tag{13.4.9}$$

以 t 来对（u，v）进行积分则可求得水粒子的位置（x，z）如下：

$$x = \int u\mathrm{d}t = a\exp(kz)\sin[k(x-ct)]$$
$$z = \int w\mathrm{d}t = -a\exp(kz)\cos[k(x-ct)] \tag{13.4.10}$$

对两式同时平方并加和可得下式：

$$x^2 + z^2 = [a \cdot \exp(kz)]^2 \tag{13.4.11}$$

也就是说，水粒子轨道为圆形，其半径如图 13.4.4 所示，随深度增加而减少。

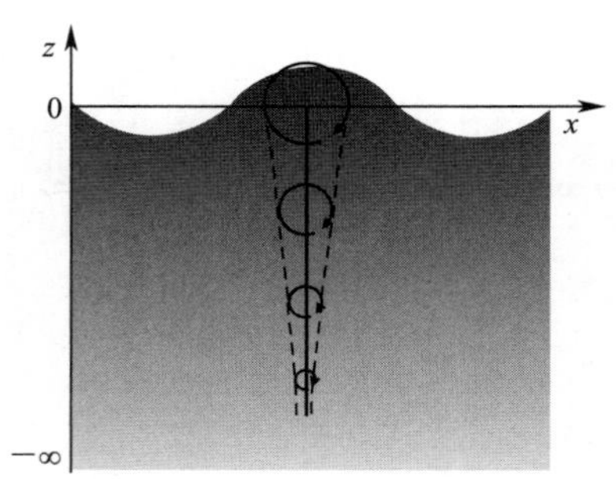

图 13.4.4 水粒子的轨道

13.5 深水波的能量

13.5.1 每个波长的能量

我们首先考虑一下在 $t=0$ 这个瞬间流速波形所具有的动能。此波为恒定波，其形状不会发生改变，所以该波在任何时间内都具有相同的动能。对方程（13.4.9）设 $t=0$，则流速分量可写作：

$$u = -a\sqrt{kg}\cdot\exp(kz)\cos(kx)$$

$$w = -a\sqrt{kg}\cdot\exp(kz)\sin(kx) \tag{13.5.1}$$

动能的空间分布如下：

$$K.E(x,z) = \frac{1}{2}\rho(u^2 + w^2) = \frac{1}{2}\rho a^2 kg\cdot\exp(2kz) \tag{13.5.2}$$

在 $x=0\sim L$、$z=-\infty\sim 0$ 处对方程（13.5.2）进行积分，则可求得每个波长的动能如下：

$$K.E = L\int_{-\infty}^{0}\frac{1}{2}\rho a^2 kg\cdot\exp(2kz)\,\mathrm{d}x = \frac{1}{4}\rho a^2 gL \tag{13.5.3}$$

此与 9.5 节求得的表示长波动能的方程式（9.5.11）是相同的。

另外，关于势能（$P.E$），因为我们是采用了和长波时相同的几何学方法（见图 9.5.1）来求解的，所以其结果不变。

$$P.E. = \frac{1}{4}\rho g a^2 L \tag{9.5.6}$$

因此，深水波每个波长的能量的总和（$T.E.$）表示如下：

$$T.E. = \frac{1}{2}\rho g a^2 L \tag{13.5.4}$$

13.5.2 群速

设存在如下述方程所示的两个水波。

$$\eta_1 = a\sin(k_1x - \sigma_1t),\quad \eta_2 = a\sin(k_2x - \sigma_2t) \tag{13.5.5}$$

振幅虽然相同，但波数 k 和频率 σ 却相当不同。即 $k_1 \approx k_2$、$\sigma_1 \approx \sigma_2$。因此，$k$ 及 σ 平均值和差值定义如下：

$$\tilde{k} = \frac{(k_1 + k_2)}{2},\ \Delta k = \frac{(k_1 - k_2)}{2}$$

$$\tilde{\sigma} = \frac{(\sigma_1 + \sigma_2)}{2},\ \Delta\sigma = \frac{(\sigma_1 - \sigma_2)}{2} \tag{13.5.6}$$

在这里我们用到高中所学的正弦函数加法运算法则，则这两个波的合成可表示如下：

$$\eta_1 + \eta_2 = 2a\sin(\tilde{k}x - \tilde{\sigma}t)\cdot\cos(\Delta kx - \Delta\sigma t) \tag{13.5.7}$$

那么，由方程（13.5.6）的定义可知，方程右侧第一个分量所包含的 $\tilde{k}$ 和 $\tilde{\sigma}$ 和原来两个水波波数 $k_1 \approx k_2$、$\sigma_1 \approx \sigma_2$ 是基本相同的。即其与方程（13.5.5）中所表示的原水波几乎相同。另外，第二个分量中所包含的 Δk 和 $\Delta\sigma$ 的数值很小。波数和频率很小就意味着波长和周期很大。

因此，将第二个分量提前，并将方程（13.5.8）[　] 部分视作振幅，则如图 13.5.1 所示，水波振幅即会沿着虚线缓慢变化。

$$\eta_1 + \eta_2 = [2a\cdot\cos(\Delta kx - \Delta\sigma t)]\sin(\tilde{k}x - \tilde{\sigma}t) \tag{13.5.8}$$

这种现象就叫作“差拍”（beat）。那么“差拍”的传播速度又会怎样变化呢？

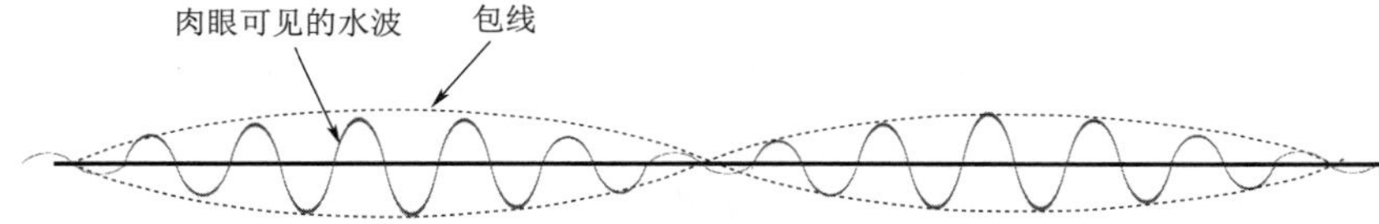

图 13.5.1　水波干涉所引起的差拍现象

在这里我们用到 9.2 节与波速相关的方程（9.2.4），则方程（13.5.7）可写作：

$$\eta_1 + \eta_2 = 2a\sin[\tilde{k}(x - c_1t)]\cdot\cos[\Delta k(x - c_2t)] \tag{13.5.9}$$

c_1 和 c_2 如下：

$$c_1 = \frac{\tilde{\sigma}}{\tilde{k}} \approx \frac{\sigma}{k}, c_2 = \frac{\Delta\sigma}{\Delta k} \tag{13.5.10}$$

首先由方程（13.4.4）可求得深水波中 σ 和 k 的关系如下：

$$c_1 = \frac{\sigma}{k} = \sqrt{\frac{g}{k}} \Rightarrow \sigma = \sqrt{gk} \tag{13.5.11}$$

其次，对方程（13.5.9）的第二个等式求极限可得下式：

$$c_2 = \frac{\mathrm{d}\sigma}{\mathrm{d}k} = \frac{1}{2}\sqrt{\frac{g}{k}} = \frac{1}{2}c_1 \tag{13.5.12}$$

因此，如图 13.5.2 所示，同时包络有波峰和波谷的包线（虚线）即以每个波的 1/2 的速度前进着。如图 13.5.3 所示，如果波只存在于空间的一部分（wave pocket），那么每个波都产生在包线后方，穿过包线后在其前方消失。

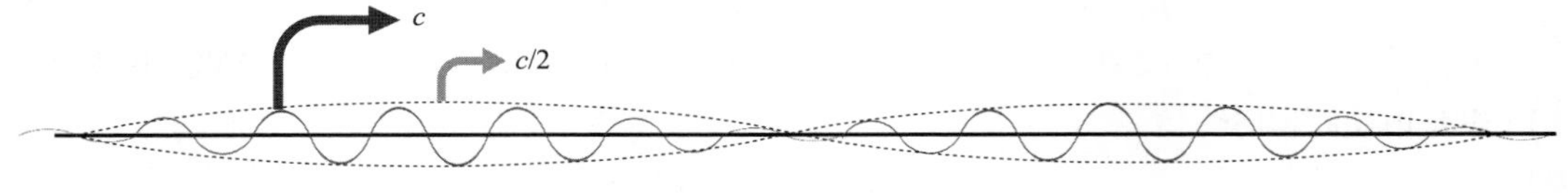

图 13.5.2 群速

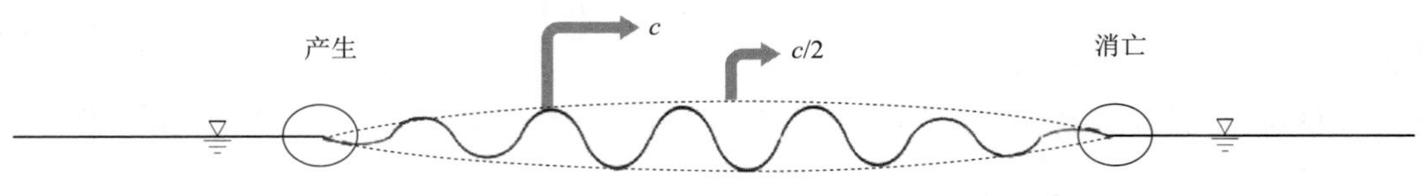

图 13.5.3 波包

c_2 是波群的移动速度，所以叫作“群速”。此外，水波所具有的能量如方程（13.5.4）所示，与振幅的平方成正比。因此，像图 13.5.2 和图 13.5.3 这样，振幅随空间发生变化的情况下，能量都集中在振幅较大的部分。换句话说，包线的形状即显示了能量的分布。这就意味着，群速（包线的移动速度）就是能量传递的速度。

此外，“差拍”也会通过声波产生。频率稍有不同的声波叠加在一起，强度就会发生周期性变化，这就是“差拍”。但音速并不取决于波长，群速也是与音速相等的，也就是说会发生图 13.5.2 这样的情况。

这样解释可能有点画蛇添足，但如果音速是取决于波长（即音的高低）的，那么高音和低音的传播速度就会变得不同，音乐也就不复存在了。

【补充说明-13.1】 速度势的系数 A 为复数的原因

在本书中，自由水面的波形以 $a\cdot\exp[ik(x-ct)]$ 这样的“复数表示法”来表示。但在现实世界的现象中，其必须是“实数”间的关系。也就是说，复数表示法最多只是为了方便计算而使用的方法，最终还是要从中只取出“实部”的。那么在这里就先说明一下，我们一般将 a 设想为复数时会出现怎样的情况。我们来调查一下下述复数函数的性质。

$$y=(a+ib)\cdot\exp(ix)=(a+ib)(\cos x+i\sin x) \tag{13.6.1}$$

对系数（$a+ib$）以极坐标表示，则可展开如下。

$$\begin{aligned}y&=[r(\cos\theta+i\sin\theta)](\cos x+i\sin x)=r(\cos\theta\cos x-\sin\theta\sin x)+i(\cos\theta\sin x+\sin\theta\cos x)\\&=r[\cos(x+\theta)+i\sin(x+\theta)]=r\cdot\exp[i(x+\theta)]\end{aligned} \tag{13.6.2}$$

即设系数为复数时，“相位”会发生变化。

作为具体参考，我们以实数表示法和复数表示法来试求解下述问题。其中，a 为实数。首先实数表示法中 z（x）的解如方程右侧所示。

$$y(x)=a\cos x,\ z(x)=\frac{\mathrm{d}y}{\mathrm{d}x}\Rightarrow z(x)=-a\sin x \tag{13.6.3}$$

在复数表示法中其转变如下：

$$y(x)=a(\cos x+i\sin x)=a\cdot\exp(ix) \tag{13.6.4}$$

$$z(x)=\frac{\mathrm{d}y}{\mathrm{d}x}=ia\cdot\exp(ix)=A\cdot\exp(ix) \tag{13.6.5}$$

也就是说，$z(x)$ 的系数 A 包含纯虚数，将其展开则可得如下：

$$z(x) = ia(\cos x + i\sin x) = -a\sin x + ia\cos x \tag{13.6.6}$$

在这里我们仅考虑到实数部，则可知其与方程（13.6.3）是一致的。此外，由于复数的系数 A 为纯虚数，则 $y(x)$ 和 $z(x)$ 之间具有 $\pi/2$ 相位差，这就使得前者的 $\cos x$ 在后者变为 $-\sin x$。

所以我们在 13.3.2 的解析中，先设自由水面变量的波形 $a \cdot \exp[ik(x-ct)]$ 的振幅 a 为实数，速度势 ϕ 的系数 A 为复数来进行分析，之后在 13.4.2 中再取 ϕ 的实部来推进讨论。

【补充说明-13.2】 有限水深下的水波

如图 13.5.4 所示，在水深为 H 的水域中，在 $z=-H$ 时要满足垂直流速 w 为 0 的边界条件。就像方程（13.3.8）求得的那样，速度势垂直方向的函数 $Z(z)$ 有可能含有两个指数函数，则设其表示如下：

$$Z(z) = \exp(\pm kz) \Rightarrow Z(z) = A_z\exp(kz) + B_z\exp(-kz) \tag{13.6.7}$$

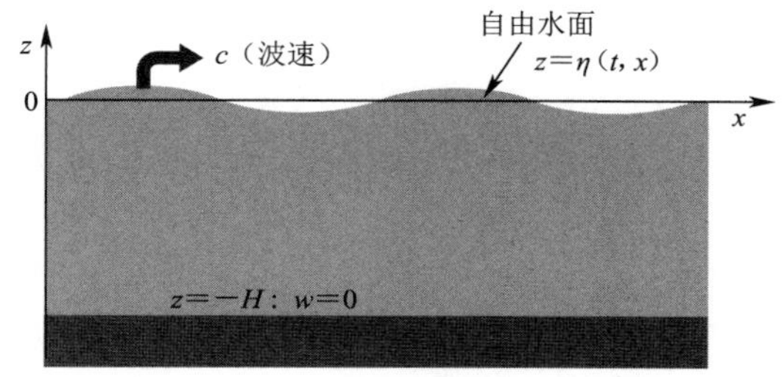

图 13.5.4　有限水深水域中波的边界条件

A_z 和 B_z 为任意常数，为满足 $z=-H$ 的边界条件确定其数值后可得下式：

$$w = \frac{\partial\phi}{\partial z} \propto \frac{\partial Z}{\partial z} = A_z k \cdot \exp(kz) - B_z k \cdot \exp(-kz) \tag{13.6.8}$$

$$w(-H) = 0 \Rightarrow A_z\exp(-kH) - B_z\exp(kH) = 0$$

$$\Rightarrow A_z = \exp(kH),\ B_z = \exp(-kH)$$

因此，方程（13.6.7）转化为下式：

$$Z(z) = \exp[k(z+H)] + \exp[-k(z+H)] \tag{13.6.9}$$

由此，则满足了水底（$z=-H$）的边界条件，因此将方程（13.4.2）代入方程（13.3.6），得：

$$-k^2c^2A \cdot \exp[ik(x-ct)] \cdot Z(z) + gA \cdot \exp[ik(x-ct)]\frac{\mathrm{d}Z(z)}{\mathrm{d}z} = 0(z=0)$$

$$\Rightarrow -k^2c^2Z(0) + g\frac{\mathrm{d}Z}{\mathrm{d}z}(0) = 0 \tag{13.6.10}$$

由方程（13.6.7）可求得 $z=0$ 处的数值如下：

$$Z(0) = \exp(kH) + \exp(-kH) = 2\cosh(kH)$$

$$\frac{dZ}{dz}(0)=k[\exp(kH)-\exp(-kH)]=2k\sinh(kH) \tag{13.6.11}$$

将上述等式代入方程（13.6.8）求解 c，则可得下式：

$$-k^2c^2 2\cosh(kH)+g2k\sinh(kH)\Rightarrow c=\sqrt{\frac{g}{k}\tanh(kH)} \tag{13.6.12}$$

此外，$\cosh(x)$、$\sinh(x)$、$\tanh(x)$ 都是双曲函数，书后附录 C-3 中有说明。

附录
本书中使用的公式要点及补充说明

- A　微分相关事项
- B　向量
- C　三角函数和指数函数

A　微分相关事项

A-1　常微分

在水力学中，我们用到了许多偏微分方程，所以我们需要充分理解偏微分的含义。偏微分可以理解为常微分（一般微分）的延展。因此，我们首先来复习一下常微分。

常微分的定义如图 A-1-1 所示。如图中曲线所示，有函数 $\phi(x)$。在呈曲线状的白点处，我们引一条直线与 $\phi(x)$ 相切。白点就叫作切点，直线就叫作切线。切线的斜率 $\tan\theta$ 就叫作 $\phi(x)$ 的导数（derivative），可写为下式：

$$\frac{\mathrm{d}\phi}{\mathrm{d}x}=\tan\theta \tag{A.1.1}$$

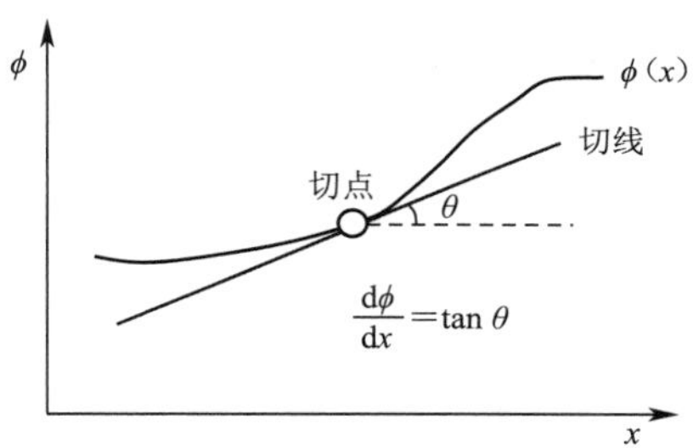

图 A-1-1　常微分的定义

导数的求解方法如图 A-1-2 所示。此时我们假设切点的 x 坐标为 x_0，在与 x_0 相距 Δx 的 x_1 处，取函数 $\phi(x)$ 上一点与切点以直线相连。其斜率可表示为下式：

$$\frac{\phi(x_1)-\phi(x_0)}{\Delta x}=\frac{\Delta\phi}{\Delta x} \tag{A.1.2}$$

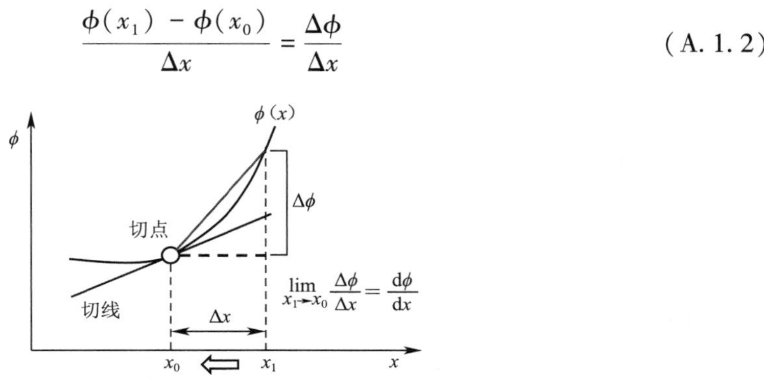

图 A-1-2　从差分求微分

将 x_1 向 x_0 处移动，则上方直线的斜率会接近下方直线的斜率。即

$$\lim_{\Delta x \to 0} \frac{\Delta\phi}{\Delta x} = \frac{d\phi}{dx} \qquad (A.1.3)$$

我们在此将其作为一个示例，来试求 $\phi(x) = x^2$ 的导数。

$$\phi(x_1) = (x_0 + \Delta x)^2 = x_0{}^2 + 2x_0\Delta x + \Delta x^2, \ \phi(x_0) = x_0{}^2 \qquad (A.1.4)$$

$$\Rightarrow \frac{\Delta\phi}{\Delta x} = \frac{\phi(x_1) - \phi(x_0)}{\Delta x} = 2x_0 + \Delta x \Rightarrow \lim_{\Delta x \to 0} \frac{\Delta\phi}{\Delta x} = 2x_0 \Rightarrow \therefore \ \frac{d\phi}{dx} = 2x$$

同样地，我们可以求出许多函数的微分系数。作为参考，三角函数的导数如下。对此的求解方法，我们将在附录-A-a-1 中进行讲解。

$$\frac{d(\sin x)}{dx} = \cos x \ \frac{d(\cos x)}{dx} = -\sin x \qquad (A.1.5)$$

因为导数也是函数，所以其也可进一步进行微分。将方程（A.1.5）左侧的等式进行微分可得下式。将其写作右侧等式那样，它就叫作二阶导数（second derivative）。

$$\frac{d}{dx}\left\{\frac{d(\sin x)}{dx}\right\} = \frac{d(\cos x)}{dx} = -\sin x \Rightarrow \frac{d^2(\sin x)}{dx^2} = -\sin x \qquad (A.1.6)$$

而对其再次微分所求得的函数就叫作三阶导数（third derivative）。正弦函数和余弦函数可进行多次微分。一般来说，如果导数不能满足下述可微分条件，则其只能进行有限次的微分。比如说，只能进行 2 次微分的函数就叫作“二次可微连续函数”。

将方程（A.1.5）和 A.4（b）中讲到的定理进行组合，则可得 tan$x$ 的导数如下。此推导过程我们将在附录-A-a-2 中进行讲解。

$$\frac{d(\tan x)}{dx} = \frac{1}{(\cos x)^2} \qquad (A.1.7)$$

要通过上述方法求解导数，则函数 $\phi(x)$ 必须满足“连续”，“光滑”且“一元”这三个条件（图 A-1-3）。图 A-1-3（a）所示的非连续点中，不可求导数。如图 A-1-3（b）所示，若存在极值点，则左右两侧的导数不同。另外，如图 A-1-3（c）所示，若其弯曲具有两个数值，那么我们也无法确定其导数。也就是说，函数 $\phi(x)$ 要具有导数，就必须满足“连续”“光滑”“一元”这三个条件。

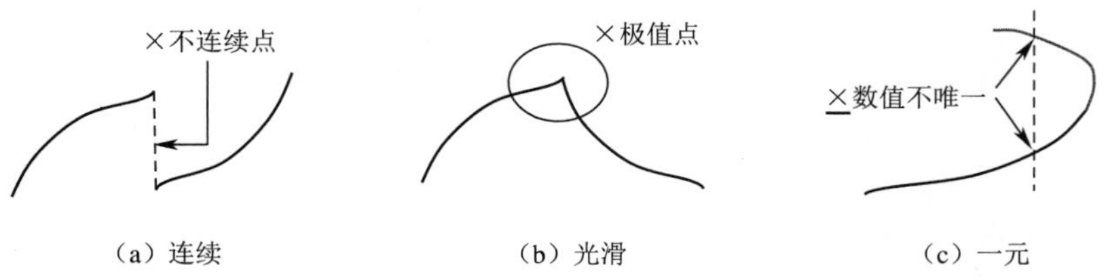

图 A-1-3 函数可微的条件

如图 A-1-4（a）所示，$x<0$ 时 $\phi(x)=0$，$x\geqslant 0$ 时 $\phi(x)=x^2$ 的函数满足上述三个条件，则其可微，其导数如下。

$$x < 0: \frac{d\phi}{dx} = 0 \quad x \geqslant 0 \ \frac{d\phi}{dx} = 2x \qquad (A.1.8)$$

但是方程（A.1.8）的导数形式，在 $x=0$ 时产生极值点［图 A-1-4（b）］。因此，它已经无法再进行微分。也就是说，[图 A-1-4（a）]的函数是“一次可微函数”。

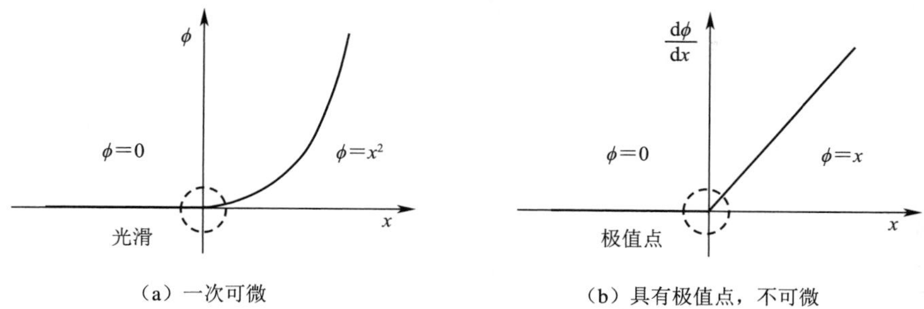

（a）一次可微　　（b）具有极值点，不可微

图 A-1-4　一次可微函数的示例

A-2　偏微分

A-2-1　偏微分的定义

函数 ϕ 是（x，y）这两个变量的函数，则 $\phi(x, y)$ 如图 A-2-1（a）所示，其在（x，y）面上形成一个曲面（淡色）。当此曲面“连续”、“光滑”且“一元”时，则在此平面上的点存在“切面”。图中的点即“切点”，深色所示的面即切面。切点也包含在内，在这么一个小范围内，切面与曲面几乎趋近一致。

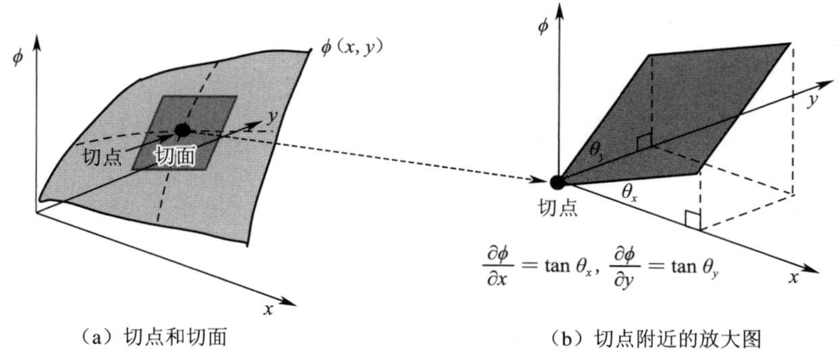

（a）切点和切面　　（b）切点附近的放大图

图 A-2-1　偏微分的定义

将切点近处右上方的 1/4 放大，则其如图 A-2-1（b）所示。为进行简单说明，我们设切点为原点，来定义（ϕ，x，y）坐标。设切面和（ϕ，x）面的交线为 x 轴，所成夹角角度为 θ_x，切面和（ϕ，y）面的交线为 y 轴，所成夹角角度为 θ_y，则对函数 $\phi(x, y)$ 的 x 的偏微分和对 y 的偏微分定义如下：

$$\frac{\partial\phi}{\partial x} = \tan\theta_x, \ \frac{\partial\phi}{\partial y} = \tan\theta_y \tag{A.2.1}$$

为和常微分进行区别，在偏微分中，我们用“∂”来代替“d”的使用。标记“∂”有很多种读法，但因为它是将“d”变圆了，所以我们一般称之为“round-d”，或者是“partial”。

方程（A. 2. 1）与方程（A. 1. 1）相似。即偏微分与常微分类似，我们不用把它想得太难。但这里也需要各位同学注意，在对 x 求的 ϕ 的偏微分中，我们一般将 y 视作常数，同样地，在对 y 求的偏微分中，一般将 x 视作常数。除此之外，偏微分和常微分几乎相同，此二者对后面要讲到的微分相关公式都能够全部适用。

作为参考，$\phi(x,y)=x^3y^2$ 的偏微分系数如下：

$$\frac{\partial\phi}{\mathrm{d}x}=3x^2y^2,\quad \frac{\partial\phi}{\partial y}=2x^3y \tag{A.2.2}$$

二阶偏导数有三种。当 $\phi(x,y)=x^3y^2$ 时，如下所示：

$$\frac{\partial^2\phi}{\partial x^2}=\frac{\partial}{\partial x}\left\{\frac{\partial\phi}{\partial x}\right\}=6xy^2,\quad \frac{\partial^2\phi}{\partial x\partial y}=\frac{\partial}{\partial y}\left\{\frac{\partial\phi}{\partial x}\right\}=6x^2y=\frac{\partial^2\phi}{\partial y\partial x},\quad \frac{\partial^2\phi}{\partial y^2}=\frac{\partial}{\partial y}\left\{\frac{\partial\phi}{\partial y}\right\}=2x^3 \tag{A.2.3}$$

A-2-2　全微分和偏微分的关系

我们通过图 A-2-2 来说明数学的重要定理之一。我们在图 A-2-1（b）中标出了为进行说明所需要的变量。设从点 O 来进行测量的点 P 的坐标为（Δx，Δy），点 O 和点 P 的高度差为 $\Delta\phi$。$\Delta\phi$ 等于点 O 和点 Q 的高度差与点 Q 和点 P 的高度差的加和，所以有下式成立：

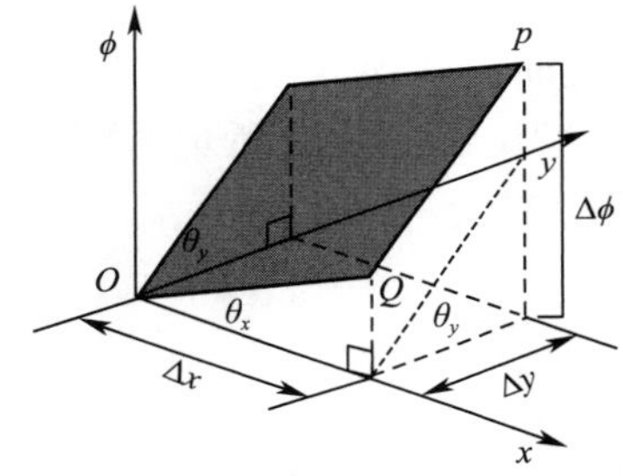

图 A-2-2　全微分的说明

$$\Delta\phi=\Delta(O\rightarrow Q)+\Delta(Q\rightarrow P)=\tan\theta_x\Delta x+\tan\theta_y\Delta y=\frac{\partial\phi}{\partial x}\Delta x+\frac{\partial\phi}{\partial y}\Delta y \tag{A.2.4}$$

设（Δx，Δy）无限小，则可得下式。$\mathrm{d}\phi$ 就叫作“全微分”。

$$\mathrm{d}\phi=\frac{\partial\phi}{\partial x}\mathrm{d}x+\frac{\partial\phi}{\partial y}\mathrm{d}y \tag{A.2.5}$$

即使包含 ϕ 的变量增加，同类型方程仍然成立。比如，当 ϕ 随时间 t 和空间（x，y）发生变化时，有下式。在 2.4 节，此式表示为方程（2.4.1）。

$$\mathrm{d}\phi=\frac{\partial\phi}{\partial t}\mathrm{d}t+\frac{\partial\phi}{\partial x}\mathrm{d}x+\frac{\partial\phi}{\partial y}\mathrm{d}y \tag{A.2.6}$$

A-3　函数的线性近似

A-3-1　一个变量的函数

虽然函数 $\phi(x)$ 是非线性函数，但如图 A-3-1 所示，在极小的区间，我们可将其看作直线（也就是切线）。也就是说，$\phi(x)$上的圆点的数值，可近似于切线上三角点的数值，如下式所示：

$$\phi_1 \approx \phi_0 + \left|\frac{\partial \phi}{\partial x}\right|_{x_0} \Delta x \tag{A.3.1}$$

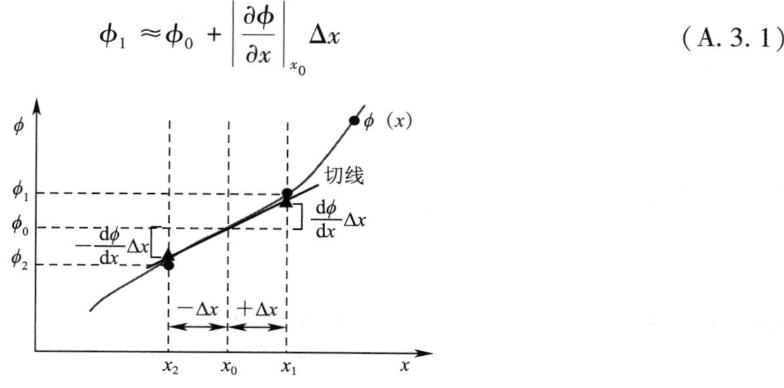

图 A-3-1　函数的线性近似

下面是一些例子。

$$\phi = x^3:\ \frac{d\phi}{dx} = 3x^2 \Rightarrow (x_0 + \Delta x)^3 \approx x_0^3 + 3x_0^2\Delta x$$

$$\phi = \frac{1}{x}:\ \frac{d\phi}{dx} = -\frac{1}{x^2} \Rightarrow \frac{1}{(x_0 + \Delta x)} \approx \frac{1}{x_0} - \frac{1}{x_0^2}\Delta x$$

$$\phi = \sin\theta:\ \frac{d\phi}{dx} = \cos\theta \Rightarrow \sin(x_0 + \Delta x) \approx \sin x_0 + \cos x_0 \Delta x \tag{A.3.2}$$

这里希望大家注意，x_0 为已知量，变量是 Δx。方程（A.3.1）和方程（A.3.2）都是 Δx 的一次函数（线性函数）。一般来说，线性函数的解析都比非线性函数的要容易一些，所以我们常用上述手段来进行近似分析。

A-3-2　两个变量的函数

对 2 个变量的函数 $\phi(x,y)$ 也可以进行同样的线性近似。图 A-3-2 中，$\phi(x,y)$ 的曲面为淡色，点 $O(x_0,y_0)$ 的切面为深色。假设切点 O 上有 $\phi=\phi_0$，将与 O 距离$(\Delta x,\Delta y)$的曲面上的点 R 的高度近似为 ϕ_R，则可用切面上点 P 的高度 ϕ_P。我们此时使用方程

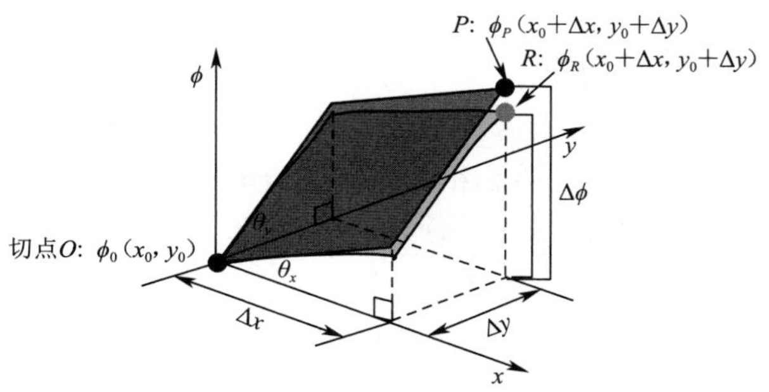

图 A-3-2　全微分的说明

（A. 2. 4），则可得结果如下：

$$\phi_R \approx \phi_P = \phi_0 + \Delta\phi = \phi(x_0, y_0) + \frac{\partial\phi}{\partial x}(x_0, y_0)\Delta x + \frac{\partial\phi}{\partial y}(x_0, y_0)\Delta y \quad (A.3.3)$$

作为具体参考例，我们来思考一下 $\phi(x, y) = x\sin y$。则偏导如下：

$$\frac{\partial\phi}{\partial x} = \sin y,\ \frac{\partial\phi}{\partial y} = x\cos y \quad (A.3.4)$$

将其代入方程（A. 3. 3）可得下述结果：

$$(x_0 + \Delta x)\sin(y_0 + \Delta y) = x_0\sin y_0 + \sin y_0\Delta x + x_0\cos y_0\Delta y \quad (A.3.5)$$

A-3-3 牛顿迭代法（Newton-Raphson method）

牛顿迭代法（也称牛顿-拉夫逊方法）是使用线性近似来求解非线性代数方程的一种方法。本书中并未使用此方法，但在此处对其进行一个大致介绍。图 A-3-3 曲线所示的非线性函数 $\phi(x)$ 为 0 时，我们来求解此处的交点 x_p。首先来计算出 x_0 处 ϕ 的数和导数，则 $\phi(x)$ 由方程（A. 3. 1）可近似为直线，则此直线与 x 轴相交的点坐标 x_1 可得如下。

$$x_1 = x_0 - \Delta x = x_0 - \phi_0 \Big/ \left|\frac{\partial\phi}{\partial x}\right|_{x_0} \quad (A.3.6)$$

接下来我们对 x_1 处的值进行同样的过程，将此过程反复，就可以无限接近点 x_p。

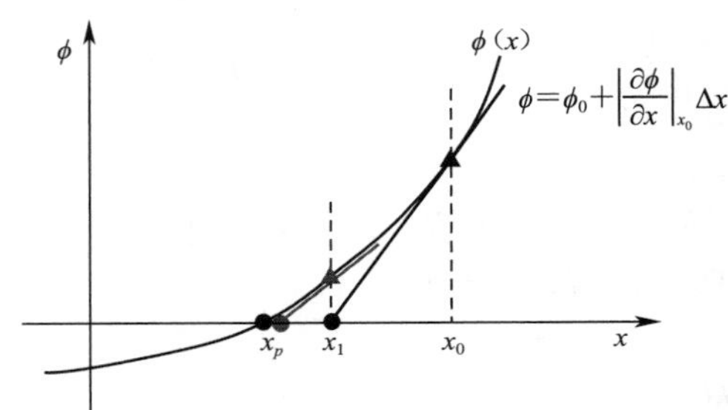

图 A-3-3 牛顿迭代法示意

A-4 微分相关的简洁公式

A-4-1 两函数乘积的函数微分

我们来思考一下由两个函数的乘积组成的 $\phi(x) = f(x)g(x)$ 的微分，则其如下：

$$\begin{aligned}\lim_{\Delta x\to 0}\frac{\Delta\phi}{\Delta x} &= \lim_{\Delta x\to 0}\frac{f(x+\Delta x)g(x+\Delta x) - f(x)g(x)}{\Delta x} \\ &= \lim_{\Delta x\to 0}\frac{[f(x+\Delta x) - f(x)]g(x+\Delta x) + f(x)[g(x+\Delta x) - g(x)]}{\Delta x} \\ &= \lim_{\Delta x\to 0}\left[\frac{f(x+\Delta x) - f(x)}{\Delta x}\right]g(x) + f(x)\lim_{\Delta x\to 0}\left[\frac{g(x+\Delta x) - g(x)}{\Delta x}\right]\end{aligned}$$

$$= \frac{\mathrm{d}f(x)}{\mathrm{d}x} g(x) + f(x) \frac{\mathrm{d}f(x)}{\mathrm{d}x} \tag{A.4.1}$$

举出一个例子。

$$\phi(x) = x\sin x,\ f(x) = x, g(x) = \sin x,\ \frac{\mathrm{d}f}{\mathrm{d}x} = 1 \quad \frac{\mathrm{d}g}{\mathrm{d}x} = \cos x$$

$$\Rightarrow \frac{\mathrm{d}\phi}{\mathrm{d}x} = \sin x + x\cos x \tag{A.4.2}$$

A-4-2　复合函数的微分

(b-1) 一个变量的情况

我们来思考一下，当函数中所含变量为另一个变量的函数这种情况。比如说，作用于水流底部的摩擦力τ_0是流速 U 的函数，而流速又是纵断高程 x 的函数。即$\tau_0(x) = \tau_0[U(x)]$是复合函数。

此时，我们来思考一下对 x 的函数 ϕ 有 $\phi[\xi(x)]$的形式，则 ξ 叫作中间变量。在方程（A.1.3）所示的导数的定义式中，对取极限的 $\Delta x \to 0$ 的方程的分子分母同时乘以 $\Delta\xi$，并取极限可得下式。也就是两个导数的乘积。

$$\frac{\mathrm{d}\phi}{\mathrm{d}x} = \lim_{\Delta x \to 0} \frac{\Delta\phi}{\Delta x} = \lim_{\Delta x \to 0} \frac{\Delta\phi}{\Delta\xi}\frac{\Delta\xi}{\Delta x} = \frac{\mathrm{d}\phi}{\mathrm{d}\xi}\frac{\mathrm{d}\xi}{\mathrm{d}x} \tag{A.4.3}$$

下面是两个例子。

$$\phi(x) = (\sin x)^2:\ \sin x \to \xi, \Rightarrow \phi = \xi^2 \ \frac{\mathrm{d}\phi}{\mathrm{d}\xi} = 2\xi = 2\sin x \ \frac{\mathrm{d}\xi}{\mathrm{d}x} = \cos x$$

$$\Rightarrow \therefore \ \frac{\mathrm{d}\phi}{\mathrm{d}x} = \sin x\cos x$$

$$\phi(x) = \sin kx:\ kx \to \xi, \Rightarrow \phi = \sin\xi \ \frac{\mathrm{d}\phi}{\mathrm{d}\xi} = \cos\xi = \cos kx \ \frac{\mathrm{d}\xi}{\mathrm{d}x} = k$$

$$\Rightarrow \therefore \ \frac{\mathrm{d}\phi}{\mathrm{d}x} = k\cos kx \tag{A.4.4}$$

第 2 个例子通常写作下述方程：

$$\phi(kx):\ kx \to \xi, \Rightarrow \frac{\mathrm{d}\phi}{\mathrm{d}\xi} = \frac{\mathrm{d}\phi}{\mathrm{d}\xi}\frac{\mathrm{d}\xi}{\mathrm{d}x} = k\frac{\mathrm{d}\phi}{\mathrm{d}\xi} \tag{A.4.5}$$

也就是说，在已知 $\phi(x)$ 的导数的情况下，将其乘以 k 则可得 $\phi(kx)$ 的导数。

(b-2) 两个变量的情况

存在两个变量的函数 $\phi(x, y)$，则对其每个变量都存在偏导。此时，当变量 x 和 y 可以整理成一个变量 ξ 时，如下所示，也就是其可写作 $\phi[\xi(x,y)]$时，ξ 作为中间变量，可以使计算更有效率地推进。9.2 节恒定波的解析就是一个很好的例子。

$$\begin{aligned} \frac{\partial\phi}{\partial x} &= \lim_{\substack{\Delta x \to 0 \\ y:\mathrm{const.}}} \frac{\Delta\phi}{\Delta x} = \lim_{\substack{\Delta x \to 0 \\ y:\mathrm{const.}}} \frac{\Delta\phi}{\Delta\xi}\frac{\Delta\xi}{\Delta x} = \frac{\mathrm{d}\phi}{\mathrm{d}\xi}\frac{\partial\xi}{\partial x} \\ \frac{\partial\phi}{\partial y} &= \lim_{\substack{\Delta y \to 0 \\ x:\mathrm{const.}}} \frac{\Delta\phi}{\Delta y} = \lim_{\substack{\Delta x \to 0 \\ x:\mathrm{const.}}} \frac{\Delta\phi}{\Delta\xi}\frac{\Delta\xi}{\Delta y} = \frac{\mathrm{d}\phi}{\mathrm{d}\xi}\frac{\partial\xi}{\partial y} \end{aligned} \tag{A.4.6}$$

举出一个例子。

$$\phi(x,y)=\sin(x+y^2),\ x+y^2\rightarrow\xi\Rightarrow\phi=\sin\xi,\ \frac{\mathrm{d}\phi}{\mathrm{d}\xi}=\cos\xi,\ \frac{\partial\xi}{\partial x}=1,\ \frac{\partial\xi}{\partial y}=2y$$

$$\Rightarrow\frac{\partial\phi}{\partial x}=\cos\xi\times1=\cos(x+y^2)$$

$$\Rightarrow\frac{\partial\phi}{\partial y}=\cos\xi\times2y=2y\cos(x+y^2) \tag{A.4.7}$$

【附录-A-a-1】 正弦函数和余弦函数导数

我们通过图 A-a-1 来求解三角函数的导数。我们首先设原点为 O，思考一下以其为坐标原点的笛卡尔坐标（x，y）和极坐标（r，θ）的关系。图中的曲线是以 O 为圆心，半径为 r 的圆的 1/4 圆弧。原点和圆弧上一点所连接而形成的矢量（x_1，y_1）的顶端坐标可表示如下。

$$(x_1,y_1)=(r\cos\theta,r\sin\theta),\ \cos\theta=\frac{x_1}{r},\ \sin\theta=\frac{y_1}{r} \tag{A.a.1}$$

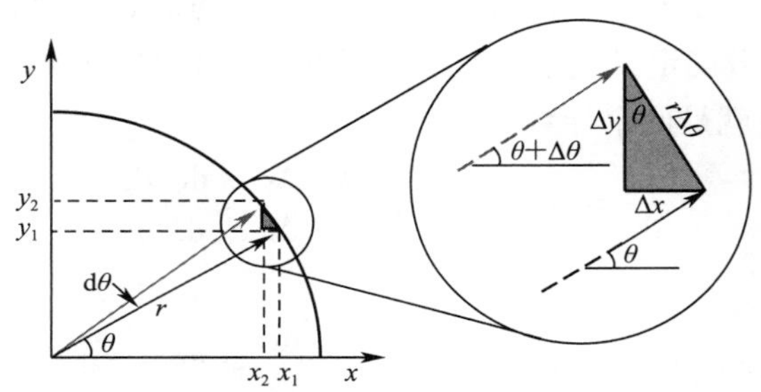

图 A-a-1 三角函数求导示意

当角度仅增加 $\Delta\theta$ 时，有矢量（x_2，y_2）。

$$(x_2,y_2)=(r\cos(\theta+\Delta\theta),\ r\sin(\theta+\Delta\theta)),\ \cos(\theta+\Delta\theta)=\frac{x_2}{r},\ \sin(\theta+\Delta\theta)\ \frac{y_2}{r} \tag{A.a.2}$$

若 $\Delta\theta$ 极小，则矢量（x_1，y_1）和（x_2，y_2）（几乎）平行。那么我们来设想一下两个矢量顶端有一个如图中灰色区域所示的极小的直角三角形，将此部分放大如图右侧所示。其顶角为 θ，那么它的斜边、底边，以及三角形的高则分别表示如下：

斜边：$r\Delta\theta$；底边：$\Delta x=x_2-x_1\approx-r\Delta\theta\sin\theta$；高：$\Delta y=y_2-y_1\approx r\Delta\theta\cos\theta$ (A.a.3)

此外，由于圆周角的增加方向为正，则 Δx 为负值，前面要加上负号“-”。

此时对正弦函数和余弦函数取差分，其分别表示如下：

$$\Delta(\sin\theta)=\sin(\theta+\Delta\theta)-\sin\theta=\frac{y_2-y_1}{r}=\frac{\Delta y}{r}\approx\Delta\theta\cos\theta$$

$$\Delta(\cos\theta)=\cos(\theta+\Delta\theta)-\cos\theta=\frac{x_2-x_1}{r}=\frac{\Delta x}{r}\approx-\Delta\theta\sin\theta \tag{A.a.4}$$

因此，其各自的导数可如下求得：

$$\frac{\mathrm{d}}{\mathrm{d}\theta}(\sin\theta)=\lim_{\Delta\theta\to0}\left[\frac{\sin(\theta+\Delta\theta)-\sin\theta}{\Delta\theta}\right]=\cos\theta$$

$$\frac{d}{d\theta}(\cos\theta) = \lim_{\Delta\theta\to 0}\left[\frac{\cos(\theta+\Delta\theta)-\cos\theta}{\Delta\theta}\right] = -\sin\theta \tag{A.a.5}$$

【附录-A-a-2】 正切函数的导数

若使用方程（A.4.1），则可得下式。

$$\tan\theta = \frac{\sin\theta}{\cos\theta} \Rightarrow \frac{d(\tan\theta)}{d\theta} = \frac{d(\sin\theta)}{d\theta}\frac{1}{\cos\theta} + \sin\theta\frac{d}{d\theta}\left(\frac{1}{\cos\theta}\right) \tag{A.a.6}$$

方程右侧第一项为 1。另外，第二项中的微分项有 $\cos\theta \to \xi$，用到方程（A.4.3）则有：

$$\frac{d}{d\theta}\left(\frac{1}{\cos\theta}\right) = \frac{d}{d\xi}\left(\frac{1}{\xi}\right)\frac{d\xi}{d\theta} = -\frac{1}{\xi^2}\frac{d\xi}{d\theta} = \frac{\sin\theta}{\cos^2\theta} \tag{A.a.7}$$

将其代入方程（A.a.6）可得下述结果：

$$\frac{d(\tan\theta)}{d\theta} = 1 + \frac{\sin^2\theta}{\cos^2\theta} = \frac{1}{\cos^2\theta} \tag{A.a.8}$$

B 向 量

B-1 向量的定义

B-1-1 向量和标量

向量（vector）就是定义为具有大小和方向的物理量。图 B-1-1 就给出了具有代表性的向量的例子。图 B-1-1（a）中的速度（velocity）就是具有速度（speed）和行驶方向（direction）的向量；图 B-1-1（b）中的加速度（acceleration）是表示速度变化率的向量，但与速度向量的方向不一定相同。做圆周运动的物体的加速度向量朝向圆心，因此，其与速度向量呈直角；图 B-1-1（c）中空手道练习者的踢腿是一个具有强度（magnitude）和方向的向量，根据踢腿的方向不同，对对手造成的伤害也不同；图 B-1-1（d）中的光线（light beam）是具有强度（intensity）和方向（orientation）的向量；而图 B-1-1（e）中的平面是具有面积和垂线方向的向量。像这样数一下就可以知道，在我们周围存在有很多种向量。

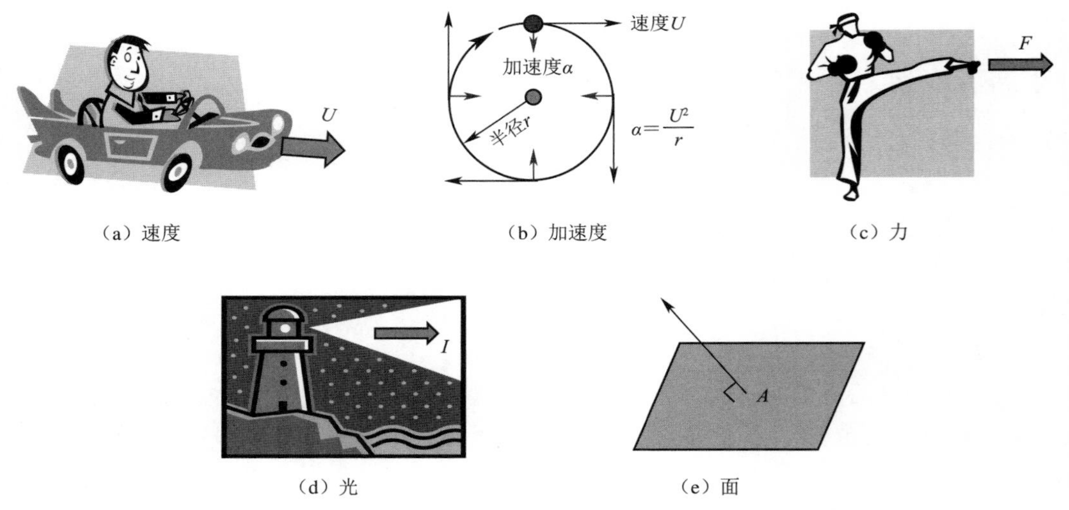

（a）速度　（b）加速度　（c）力

（d）光　（e）面

图 B-1-1　各种向量

而不具有方向（即只具有大小）的物理量就叫作标量（scalar）。下面我们就通过举例来对比一下标量和向量。图 B-1-2（a）中的温度并不具有方向性，则其为标量；但在此图 B-1-2（b）中，高温和低温之间产生了“温度差”，这个量具有方向，所以其为向量。热量向温差较低的方向移动。图 B-1-3（a）中的苹果质量为 M，质量为标量；但图 B-1-3（b）中的称重器的刻度显示苹果的“重量”是向量，重量是质量 M 和向下的重力加速度 $\boldsymbol{g}$ 的乘积，所以其具有方向。图 B-1-4 是地形数据，图 B-1-4（a）是断面图，图 B-1-4（b）是等高线图。在地形测量时我们会测量每个地点的标高 $h(x, y)$，标高自身是一个标量，但由等高线图可知，地形梯度是具有方向的向量。为和标量进行一个区分，我们对向量使用黑体 $\boldsymbol{X}$ 或标注箭头 $\vec{X}$ 来表示。本书中将使用黑体 $\boldsymbol{X}$ 来表示。

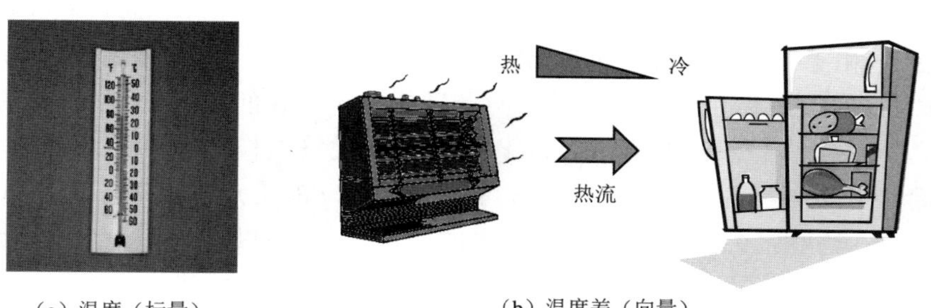

（a）温度（标量）　（b）温度差（向量）

图 B-1-2　温度和温度差

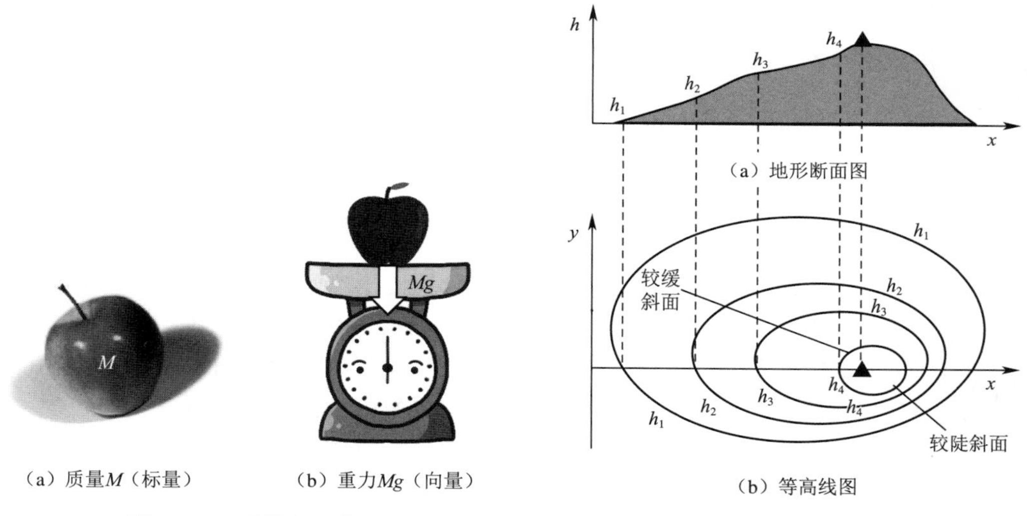

（a）质量M（标量）　（b）重力Mg（向量）　（b）等高线图

图 B-1-3　质量和重力　**图 B-1-4　地形数据**

向量的维度就表示确定其变量的数量。也就是说，在二维笛卡尔坐标系中，确定了（x，y）这两个数字之后就可以确定一向量，所以就称其为二维向量。在确定（x，y，z）的情况下就是三维向量。也就是说，在平面空间内的向量即二维向量，在立体空间内的即三维向量。但是，地球上的向量放在笛卡尔坐标系中来说是立体空间，但由于其只确定纬度和经度两个数字，所以其还是二维向量。对空间坐标加上时间，确定为（t，x，y，z）的情况下（取决于不同观点），也称之为四维向量。那么进一步地，因为多维度的亚空间可以放在数学中来进行考量，所以我们也可以去定义多维向量。像这样，将向量的概念进行扩展，标量也就可以被叫作“一维向量”。

但在本书中，基于物理学的一般常识，我们将一维向量叫作标量，平面向量就叫作二维向量，空间向量就叫作三维向量，且不考虑具有时间和空间的四维向量，仅假设三维向量是随时间变化的物理量。而这是因为，与空间不同，我们是无法在时间上来去自由的。

B-1-2 向量的分解和加减运算

由于向量被规定为具有大小和方向的量，若如图 B-1-5 所示，其起点和终点位置的差值（Δx，Δy）相等，我们即认为此为相同的向量。

因此，如图 B-1-6 所示，我们可以对向量进行分解。我们设与向量 $\boldsymbol{X}_T$ 具有同一起点的为 $\boldsymbol{X}_1$，设其终点为另一起点的向量为 $\boldsymbol{X}_2$，并设将此终点作为起点的向量为 $\boldsymbol{X}_3$，$\boldsymbol{X}_4$ 为将这个向量的终点作为起点的向量。当 $\boldsymbol{X}_4$ 的终点与 $\boldsymbol{X}_T$ 的终点一致时，则可认为有 $\boldsymbol{X}_T=\boldsymbol{X}_1+\boldsymbol{X}_2+\boldsymbol{X}_3+\boldsymbol{X}_4$。也就是说，若沿着这一连串的向量进行移动时，其起点和终点的差值相等，则无论其中途的路径是怎样的，我们都认为这是相同的向量。

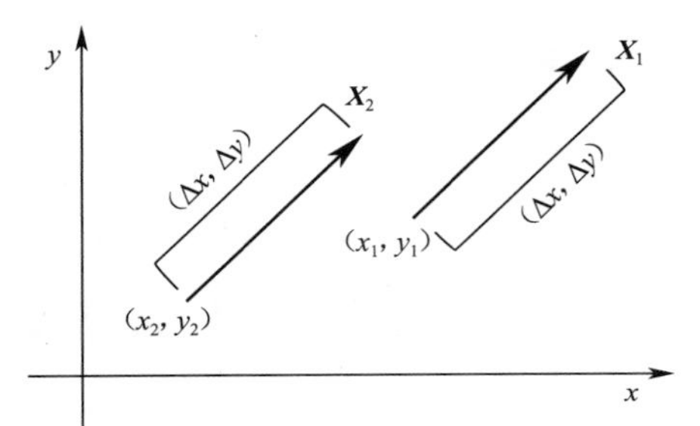

图 B-1-5 向量的同一性

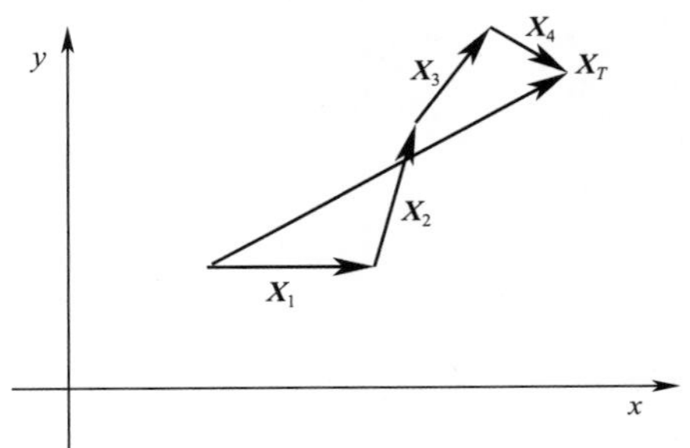

图 B-1-6 向量的分解

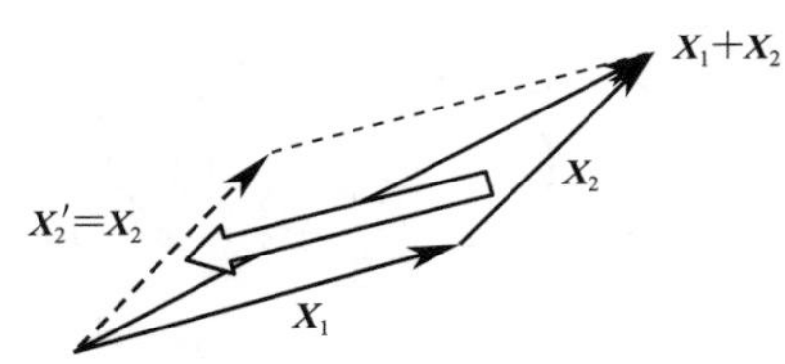

图 B-1-7 向量的加减运算

因此，如图 B-1-7 所示，$\boldsymbol{X}_1$ 和 $\boldsymbol{X}_2$ 这两个向量的加和就被定义为 $\boldsymbol{X}_1+\boldsymbol{X}_2$。就像我们之前讲到的，向量可以在维持之前所具有的大小和方向的情况下进行移动，所以我们可以将 $\boldsymbol{X}_2$ 移动到使 $\boldsymbol{X}_1$ 和 $\boldsymbol{X}_2$ 的起点相同，则 $\boldsymbol{X}_1+\boldsymbol{X}_2$ 为两个向量所形成的平行四边形的对角线。

将两个向量的起点置为坐标原点，则图 B-1-8 的浅色区域所示的平行四边形的对角线为 $\boldsymbol{X}_1+\boldsymbol{X}_2$，此时，$\boldsymbol{X}_1+\boldsymbol{X}_2$ 的终点的位置即确定如下：

$$\boldsymbol{X}_1(x_1,y_1)+\boldsymbol{X}_2(x_2,y_2)=(\boldsymbol{X}_1+\boldsymbol{X}_2)(x_1+x_2,y_1+y_2) \tag{B.1.1}$$

在图 B-1-8 中，$\boldsymbol{X}_1-\boldsymbol{X}_2$ 如虚线所示。也就是说，向量的减法运算和$-\boldsymbol{X}_2$ 的加法运算是相同的。$\boldsymbol{X}_1-\boldsymbol{X}_2$ 的终点的位置即确定如下：

$$\boldsymbol{X}_1(x_1,y_1)-\boldsymbol{X}_2(x_2,y_2)=(\boldsymbol{X}_1-\boldsymbol{X}_2)(x_1-x_2,y_1-y_2) \tag{B.1.2}$$

我们将向量的分解形成普遍形式，如图 B-1-9 所示，三维向量 $\boldsymbol{X}$ 分解为沿笛卡尔坐标系的三个轴方向的向量。图中的 $\boldsymbol{e}_x$、$\boldsymbol{e}_y$、$\boldsymbol{e}_z$ 为各坐标轴上长度单位为 1 的向量，叫作单位向量。设向量 $\boldsymbol{X}$ 三个分量的大小为（a_x，a_y，a_z），则可得下式：

$$\boldsymbol{X}=a_x\boldsymbol{e}_x+a_y\boldsymbol{e}_y+a_z\boldsymbol{e}_z \tag{B.1.3}$$

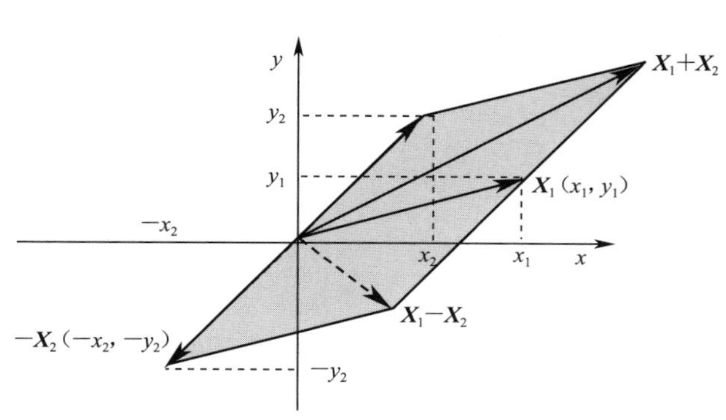

图 B-1-8　向量的加减运算

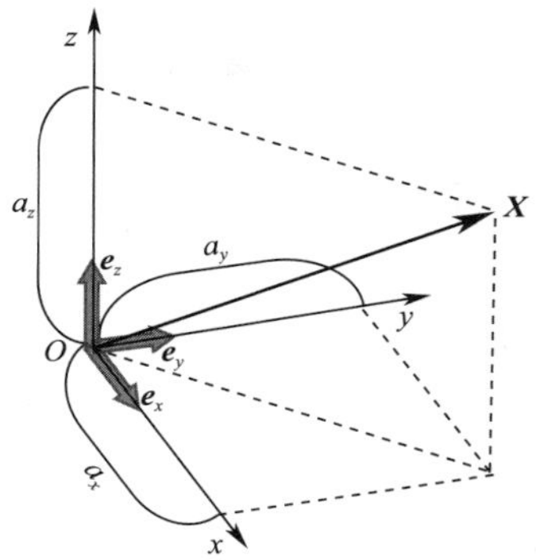

图 B-1-9　笛卡尔坐标系中的向量分解

B-1-3　向量的微分

设向量 $\boldsymbol{X}$ 为时间的函数，写作 $\boldsymbol{X}(t)$，则对极小时间段 Δt 的 $\boldsymbol{X}$ 的变化 $\Delta\boldsymbol{X}$，在二维空间中可认为其如图 B-1-10 所示。向量 $\boldsymbol{X}$ 的微分即有如下定义：

$$\frac{\mathrm{d}\boldsymbol{X}}{\mathrm{d}t}=\lim_{\Delta t\to 0}\frac{\boldsymbol{X}(t+\Delta t)-\boldsymbol{X}(t)}{\Delta t}=\lim_{\Delta t\to 0}\frac{\Delta\boldsymbol{X}}{\Delta t}=\lim_{\Delta t\to 0}\frac{(\Delta x,\Delta y)}{\Delta t}=\lim_{\Delta t\to 0}\left(\frac{\Delta x}{\Delta t},\frac{\Delta y}{\Delta t}\right)=\left(\frac{\mathrm{d}x}{\mathrm{d}t},\frac{\mathrm{d}y}{\mathrm{d}t}\right) \tag{B.1.4}$$

例如，如图 B-1-11 所示，有一物体在半径为 r 的圆周上以 U 的速度做匀速圆周运动，我们试求此物体的加速度。物体的位置以角度 θ 来表示，则如下所示：

$$x=r\cos\theta,\quad y=r\sin\theta \tag{B.1.5}$$

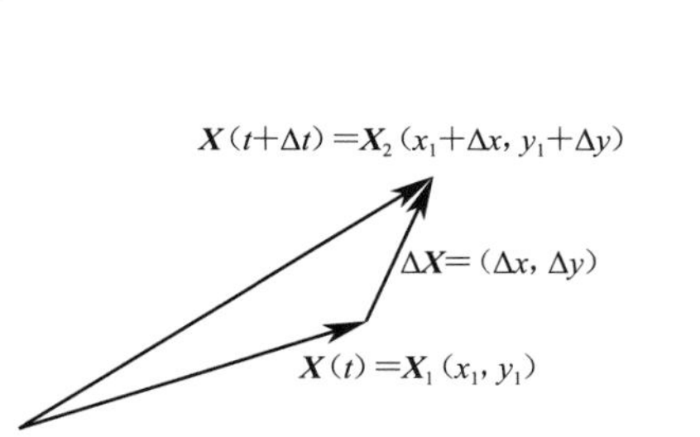

图 B-1-10　向量的微分

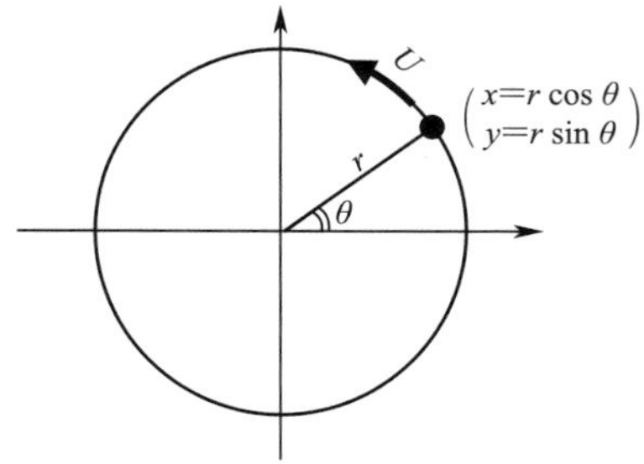

图 B-1-11　匀速圆周运动的物体

我们用 A-4（b）中讲到的双重复合函数的相关方程（A.4.3）来对 $(x,\ y)$ 进行微分，求解其速度的方向分量（u，v），如下所示：

$$u=\frac{\mathrm{d}x}{\mathrm{d}t}=\frac{\mathrm{d}x}{\mathrm{d}\theta}\frac{\mathrm{d}\theta}{\mathrm{d}t}=-r\sin\theta\frac{U}{r}=-U\sin\theta,\quad v=\frac{\mathrm{d}y}{\mathrm{d}t}=\frac{\mathrm{d}x}{\mathrm{d}\theta}\frac{\mathrm{d}\theta}{\mathrm{d}t}=U\cos\theta \tag{B.1.6}$$

再对其进行进一步微分，则可求得其加速度向量的方向分量（α_x，α_y）。

$$\alpha_x=\frac{\mathrm{d}u}{\mathrm{d}t}=\frac{\mathrm{d}u}{\mathrm{d}\theta}\frac{\mathrm{d}\theta}{\mathrm{d}t}=-U\cos\theta\frac{U}{r}=-\frac{U^2}{r}\cos\theta,\quad \alpha_y=\frac{\mathrm{d}v}{\mathrm{d}t}=\frac{\mathrm{d}v}{\mathrm{d}\theta}\frac{\mathrm{d}\theta}{\mathrm{d}t}=-\frac{U^2}{r}\sin\theta \tag{B.1.7}$$

由此可得此加速度的大小 α 如下所示：

$$\alpha = \sqrt{\alpha_x^2 + \alpha_y^2} = \frac{U^2}{r} \quad (B.1.8)$$

B-2 向量的乘法运算

B-2-1 向量内积

对向量有两种乘法运算的方式。一种就是“内积”。在图 B-2-1 所示的两个向量上，标有笛卡尔坐标系和极坐标系的值。两者具有以下关系：

$$\begin{aligned} \boldsymbol{X}_1: x_1 = r_1\cos\theta_1,\ y_1 = r_1\sin\theta_1 \\ \boldsymbol{X}_2: x_2 = r_2\cos\theta_2,\ y_2 = r_2\sin\theta_2 \end{aligned} \quad (B.2.1)$$

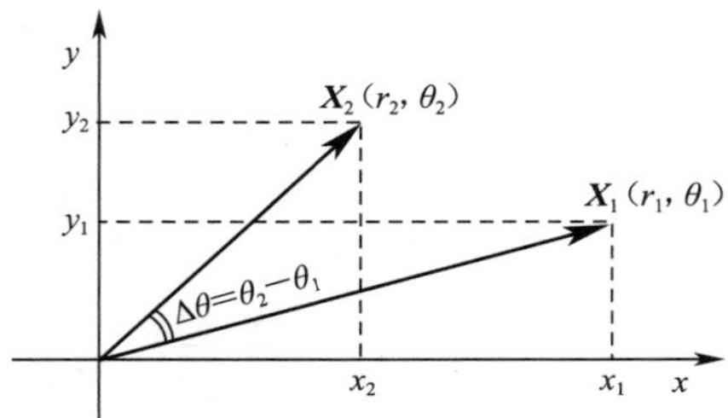

图 B-2-1 向量的内积

将两向量之间的夹角 $\theta_1-\theta_2$ 写作 $\Delta\theta$，则其内积有如下定义：

$$\boldsymbol{X}_1 \cdot \boldsymbol{X}_2 = r_1 r_2 \cos\Delta\theta \quad (B.2.2)$$

当 $\Delta\theta=\pi/2$ 时，有 $\cos\Delta\theta=0$，所以 $\boldsymbol{X}_1$ 和 $\boldsymbol{X}_2$ 正交时其内积为 0。

在这里我们使用到三角函数的相关公式，则方程（B.2.2）可进行以下变形：

$$\cos\Delta\theta = \cos(\theta_1 - \theta_2) = \cos\theta_1\cos\theta_2 + \sin\theta_1\sin\theta_2$$

$$\boldsymbol{X}_1 \cdot \boldsymbol{X}_2 = r_1 r_2\cos\Delta\theta = r_1\cos\theta_1 r_2\cos\theta_2 + r_1\sin\theta_1 r_2\sin\theta_2$$

$$\Rightarrow \therefore \boldsymbol{X}_1 \cdot \boldsymbol{X}_2 = x_1 x_2 + y_1 y_2 \quad (B.2.3)$$

将方程（B.2.3）中的 $\boldsymbol{X}_1$ 和 $\boldsymbol{X}_2$ 顺序进行改变也会得到相同的结果。也就是说，$\boldsymbol{X}_1 \cdot \boldsymbol{X}_2 = \boldsymbol{X}_2 \cdot \boldsymbol{X}_1$。

对方程（B.2.3），我们也可以由方程（B.1.3）推导出来。为简化方程，我们以二维向量的形式来表示。将 $\boldsymbol{X}_1(x_1, y_1)$ 和 $\boldsymbol{X}_2(x_2, y_2)$ 以单位向量的加和来表示，则其如下：

$$\boldsymbol{X}_1 = x_1\boldsymbol{e}_x + y_1\boldsymbol{e}_y,\ \boldsymbol{X}_2 = x_2\boldsymbol{e}_x + y_2\boldsymbol{e}_y \quad (B.2.4)$$

将内积 $\boldsymbol{X}_1 \cdot \boldsymbol{X}_2$ 分解，则可得如下：

$$\boldsymbol{X}_1 \cdot \boldsymbol{X}_2 = x_1x_2(\boldsymbol{e}_x \cdot \boldsymbol{e}_x) + x_1y_2(\boldsymbol{e}_x \cdot \boldsymbol{e}_y) + y_1x_2(\boldsymbol{e}_y \cdot \boldsymbol{e}_x) + y_1y_2(\boldsymbol{e}_y \cdot \boldsymbol{e}_y) \quad (B.2.5)$$

如图 B-1-9 所示，$\boldsymbol{e}_x$ 和 $\boldsymbol{e}_y$ 正交，则 $\boldsymbol{e}_x \cdot \boldsymbol{e}_y$ 和 $\boldsymbol{e}_y \cdot \boldsymbol{e}_x$ 为 0。且 $\boldsymbol{e}_x$ 和 $\boldsymbol{e}_y$ 都是长度为 1 的

向量，则 $\boldsymbol{e}_x \cdot \boldsymbol{e}_x$ 和 $\boldsymbol{e}_y \cdot \boldsymbol{e}_y$ 为 1。将此代入方程（B.2.5）中，会得到和方程（B.2.3）相同的结果。

以上即乘法运算。大家这时可能就会想到——那么除法运算是怎样的呢？实际上，并不存在与内积相对应的除法运算。我们在这里通过图 B-2-2 来说明其原因。我们用 $\boldsymbol{X}_2$ 向 $\boldsymbol{X}_1$ 的方向上进行投影，则可得一浅色向量，设其为 $\boldsymbol{X}_2'$，则有 $\boldsymbol{X}_1 \cdot \boldsymbol{X}_2 = \boldsymbol{X}_1 \cdot \boldsymbol{X}_2'$。而满足这一关系的向量如虚线箭头所示，存在无数个。也就是说，即使我们确定了和 $\boldsymbol{X}_1$ 的内积的数值，也没办法求出唯一的 $\boldsymbol{X}_2$。即，与内积对应的除法运算并不存在。

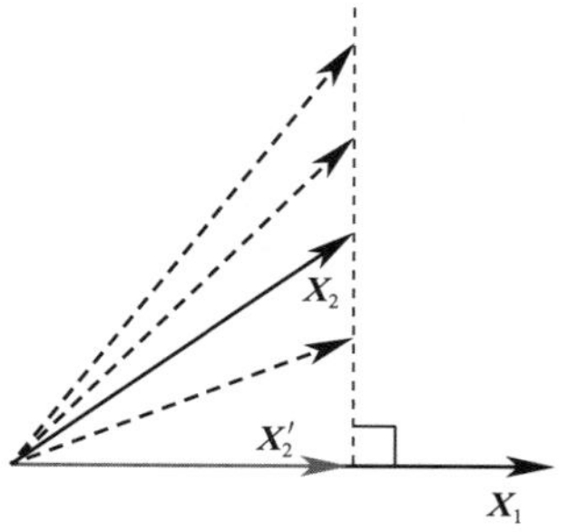

X_2

X_2'

X_1

图 B-2-2　与内积对应的除法运算并不唯一确定

此外，在图 B-1-1（b）中，我们讲到匀速圆周运动的加速度 α 和速度 U 正交。对此我们可以用内积来简单证明。由方程（B.1.6）和方程（B.1.7）可得以下结果：

$$u = -U\sin\theta,\ v = U\cos\theta$$

$$\alpha_x = -\frac{U^2}{r}\cos\theta,\ \alpha_y = -\frac{U^2}{r}\sin\theta \qquad (\text{B.2.6})$$

在这里，我们取速度向量 $\boldsymbol{U}$ 和 $\boldsymbol{\alpha}$ 的内积则可得下式：

$$\boldsymbol{U} \cdot \boldsymbol{\alpha} = u\alpha_x + v\alpha_y = \frac{U^3}{r}(-\sin\theta\cos\theta + \cos\theta\sin\theta) = 0 \qquad (\text{B.2.7})$$

就像方程（B.2.2）所讲到的，内积为 0 即意味着这两个向量之间的夹角 $\Delta\theta = \pi/2$（即直角）。

B-2-2　向量外积

在向量的乘法运算中，除了内积还有“外积”。$\boldsymbol{X}_1$ 和 $\boldsymbol{X}_2$ 的外积就写作 $\boldsymbol{X}_1 \times \boldsymbol{X}_2 = \boldsymbol{X}_3$。如图 B-2-3 所示，$\boldsymbol{X}_1$ 和 $\boldsymbol{X}_2$ 之间的夹角写作 $\Delta\theta$，则两向量所形成的平行四边形的面积即 $r_1 r_2 \sin\Delta\theta$，而 $\boldsymbol{X}_3$ 是和这个面积具有相同大小，且与平行四边形正交的一个向量。即，$\boldsymbol{X}_1$ 和 $\boldsymbol{X}_2$ 的外积具有以下定义：

$$\boldsymbol{X}_1 \times \boldsymbol{X}_2 = r_1 r_2 \sin\Delta\theta \boldsymbol{e}_z \qquad (\text{B.2.8})$$

其中，$\boldsymbol{e}_z$ 是和平行四边形正交方向上的单位向量。这里需要注意的是 $\boldsymbol{X}_3$ 的方向。如图所示，我们从 $\boldsymbol{X}_1$ 向 $\boldsymbol{X}_2$ 的方向去测量角度 $\Delta\theta$，在 $\Delta\theta$ 的方向上以“右手法则”旋转时，取大拇指的方向为 $\boldsymbol{e}_z$。因此，当向量顺序相反时，外积向量的方向也相反。也就是说：

$$\boldsymbol{X}_1 \times \boldsymbol{X}_2 = -\boldsymbol{X}_2 \times \boldsymbol{X}_1 \qquad (\text{B.2.9})$$

对外积，也不存在与之对应的除法运算。我们在这里通过图 B-2-4 来说明其原因。满足方程（B.2.8）的向量并不只有$\boldsymbol{X}_2$，在图中存在无数个向量可以构成相同面积的平行四边形。

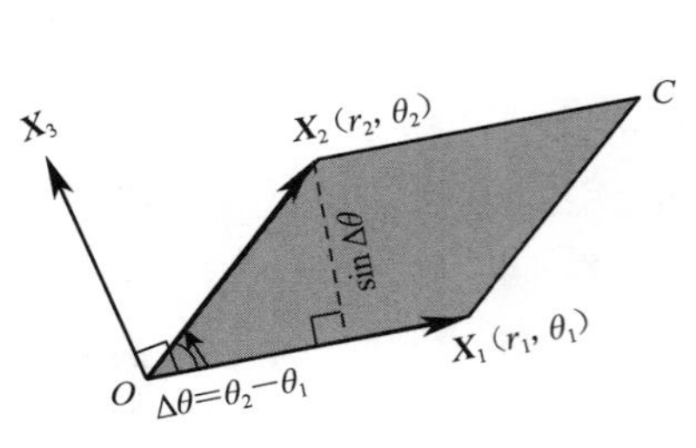

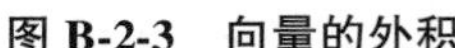

图 B-2-3 向量的外积

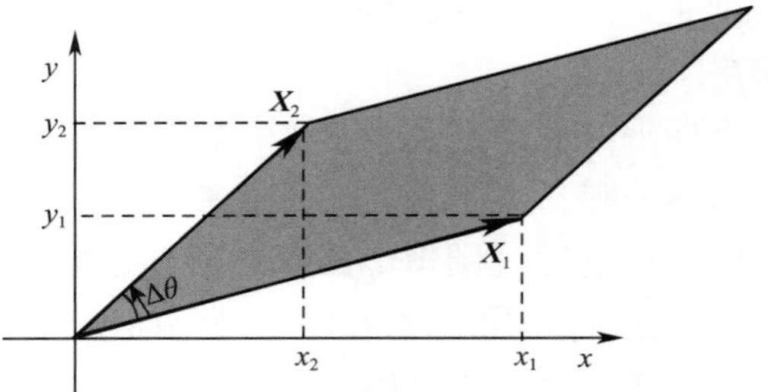

图 B-2-4 外积向量在 z 方向的分量

B-3 向量的微分算子

B-3-1 向量微分算子（nabla）

将空间的三个偏微分记号进行整理构成以下的类似向量。这就叫作向量微分算子（又称劈形算子，倒三角算子，哈密顿算子），读作“*nabla*”。

$$\nabla = \left(\frac{\partial}{\partial x}, \frac{\partial}{\partial y}, \frac{\partial}{\partial z}\right) \tag{B.3.1}$$

我们用向量微分算子就可以简单表记偏微分方程。下面我们就来举几个主要的例子。

B-3-2 梯度向量（gradient vector）

将向量微分算子乘以标量就可以表示梯度，比如其乘以压力 p 即压力梯度。

$$\nabla p = \left(\frac{\partial p}{\partial x}, \frac{\partial p}{\partial y}, \frac{\partial p}{\partial z}\right) \tag{B.3.2}$$

此外，二维向量微分算子乘以图 B-1-4 所示的标高 h，则表示倾斜度。

$$\nabla h = \left(\frac{\partial h}{\partial x}, \frac{\partial h}{\partial y}\right) \tag{B.3.3}$$

倾斜度就是一个具有梯度的大小和斜面方向的向量。

B-3-3 发散（diversion）

向量微分算子和向量的内积就叫作发散。流速向量 $\boldsymbol{U}(u,v,w)$ 的发散即如下所示。此时，需要先写出向量微分算子。

$$\nabla \cdot \boldsymbol{U} = \left(\frac{\partial}{\partial x}, \frac{\partial}{\partial y}, \frac{\partial}{\partial z}\right) \cdot (u,v,w) = \frac{\partial u}{\partial x} + \frac{\partial v}{\partial y} + \frac{\partial w}{\partial z} \tag{B.3.4}$$

因此，用到向量微分算子时，3.3 中讲到的体积守恒方程（3.2.4）则如下所示：

$$\nabla \cdot \boldsymbol{U} = S_V \tag{B.3.5}$$

且本书 3.2 节讲到的一般输送方程（3.2.3）的左侧即向量微分算子和密度通量向量

$\boldsymbol{f}$ 的内积，其表示如下：

$$\nabla\cdot\boldsymbol{f}=\left(\frac{\partial}{\partial x},\frac{\partial}{\partial y},\frac{\partial}{\partial z}\right)\cdot(\phi u,\phi v,\phi w)=\frac{\partial\phi u}{\partial x}+\frac{\partial\phi v}{\partial y}+\frac{\partial\phi w}{\partial z}\tag{B.3.6}$$

B-3-4　实质微分（substantial differential）

我们首先写出流速向量 $\boldsymbol{U}(u,\ v,\ w)$，取其与向量微分算子的内积，则可得如下：

$$\boldsymbol{U}\cdot\nabla=(u,v,w)\cdot\left(\frac{\partial}{\partial x},\frac{\partial}{\partial y},\frac{\partial}{\partial z}\right)=u\frac{\partial}{\partial x}+v\frac{\partial}{\partial y}+w\frac{\partial}{\partial z}=\frac{\mathrm{D}}{\mathrm{D}t}-\frac{\partial}{\partial t}\tag{B.3.7}$$

我们在 2.4 节中讲到的实质微分的方程（2.4.8）减去时间相关的偏微分项，所得结果即与此方程相同。因此，4.2 节中讲到的动量守恒定律的三个方程（方程 4.2.10~方程 4.2.12）的左侧除去时间相关的偏微分项，其所得部分可写作：

$$\begin{aligned}
(\boldsymbol{U}\cdot\nabla)u&=\left[(u,v,w)\cdot\left(\frac{\partial}{\partial x},\frac{\partial}{\partial y},\frac{\partial}{\partial z}\right)\right]u=u\frac{\partial u}{\partial x}+v\frac{\partial u}{\partial y}+w\frac{\partial u}{\partial z}\\
(\boldsymbol{U}\cdot\nabla)v&=\left[(u,v,w)\cdot\left(\frac{\partial}{\partial x},\frac{\partial}{\partial y},\frac{\partial}{\partial z}\right)\right]v=u\frac{\partial v}{\partial x}+v\frac{\partial v}{\partial y}+w\frac{\partial v}{\partial z}\\
(\boldsymbol{U}\cdot\nabla)w&=\left[(u,v,w)\cdot\left(\frac{\partial}{\partial x},\frac{\partial}{\partial y},\frac{\partial}{\partial z}\right)\right]w=u\frac{\partial w}{\partial x}+v\frac{\partial w}{\partial y}+w\frac{\partial w}{\partial z}
\end{aligned}\tag{B.3.8}$$

将这三个方程整理后可写作如下形式：

$$(\boldsymbol{U}\cdot\nabla)\boldsymbol{U}=\left[(u,v,w)\cdot\left(\frac{\partial}{\partial x},\frac{\partial}{\partial y},\frac{\partial}{\partial z}\right)\right]\begin{pmatrix}u\\v\\w\end{pmatrix}\tag{B.3.9}$$

最后一项竖着写了流速向量的分量，这就表示方程是有三个的。

B-3-5　拉普拉斯算子

两个向量微分算子的内积叫作 Laplacian 算子（拉普拉斯算子，是一个二阶微分算子），写作∇^2：

$$\nabla\cdot\nabla=\nabla^2=\left(\frac{\partial}{\partial x},\frac{\partial}{\partial y},\frac{\partial}{\partial z}\right)\cdot\left(\frac{\partial}{\partial x},\frac{\partial}{\partial y},\frac{\partial}{\partial z}\right)=\frac{\partial^2}{\partial x^2}+\frac{\partial^2}{\partial y^2}+\frac{\partial^2}{\partial z^2}\tag{B.3.10}$$

本书 4.2 节所讲到的动量守恒定律，其左侧的黏滞性项有以下形式。也就是说：

$$\begin{aligned}
(\nabla\cdot\nabla)u&=\nabla^2u=\frac{\partial^2u}{\partial x^2}+\frac{\partial^2u}{\partial y^2}+\frac{\partial^2u}{\partial z^2}\\
(\nabla\cdot\nabla)v&=\nabla^2v=\frac{\partial^2v}{\partial x^2}+\frac{\partial^2v}{\partial y^2}+\frac{\partial^2v}{\partial z^2}\\
(\nabla\cdot\nabla)w&=\nabla^2w=\frac{\partial^2w}{\partial x^2}+\frac{\partial^2w}{\partial y^2}+\frac{\partial^2w}{\partial z^2}
\end{aligned}\tag{B.3.11}$$

将这三个方程整理后可写作如下形式：

$$(\boldsymbol{\nabla}\cdot\boldsymbol{\nabla})\boldsymbol{U}=\boldsymbol{\nabla}^2\boldsymbol{U}=\left(\frac{\partial^2}{\partial x^2}+\frac{\partial^2}{\partial y^2}+\frac{\partial^2}{\partial z^2}\right)\begin{pmatrix}u\\v\\w\end{pmatrix} \quad \text{(B. 3. 12)}$$

由上可知，将重力也考虑在内的动量守恒方程（4. 3. 11）~方程（4. 3. 13）可如下，整理写作一个向量方程。

$$\frac{\partial \boldsymbol{u}}{\partial t}+(\boldsymbol{U}\cdot\boldsymbol{\nabla})\boldsymbol{u}=-\frac{1}{\rho}\boldsymbol{\nabla}p+\nu\boldsymbol{\nabla}^2\boldsymbol{u}+\boldsymbol{g} \quad \text{(B. 3. 13)}$$

其中，$\boldsymbol{U}(u,v,w)$为流速向量，p为压力，ν为运动黏滞系数，$\boldsymbol{g}(0,0,-g)$为重力加速度的向量。

（注：矢量又叫向量。一般单独称呼为矢量，但对一些特定名称，如空间向量等较多称之为向量，此处为表示方便，附录中统一称为向量，但与正文中的矢量并无不同。）

C　三角函数和指数函数

C-1　指数函数

C-1-1　指数函数的定义和指数定律

满足下述微分方程的函数就叫作指数函数（exponential function），其表记如下述右侧等式。

$$\frac{\mathrm{d}\phi}{\mathrm{d}x}=\phi \quad \phi(x)=\exp(x) \tag{C.1.1}$$

指数函数就是由此微分方程而定义的。也就是说，我们要注意，$\exp(x)$ 并不是求解这个微分方程所能得到的结果。

由 A-4（C）的方程（A.4.5），当 $x \to kx$，在函数 $\varphi(x)$ 中有下式成立。

$$\varphi(x)=\exp(kx) \Rightarrow \frac{\mathrm{d}\varphi}{\mathrm{d}x}=k\varphi \tag{C.1.2}$$

我们将 $\exp(kx)$ 也叫作指数函数，但在这里，为了能够区分它与方程（C.1.1），我们将其称作“系数为 k 的指数函数”。关于指数函数，有需要证明的重要定理如下所示。

系数为 k_1 和 k_2 的两个函数，分别满足以下的微分方程。

$$\varphi_1(x)=\exp(k_1x) \Rightarrow \frac{\mathrm{d}\varphi_1}{\mathrm{d}x}=k_1\varphi_1 \qquad ①$$

$$\varphi_2(x)=\exp(k_2x) \Rightarrow \frac{\mathrm{d}\varphi_2}{\mathrm{d}x}=k_2\varphi_2 \qquad ② \tag{C.1.3}$$

将这两个方程组合如下，则可得到合成函数 $\varphi_1\varphi_2$ 的微分方程。

$$① \times \varphi_2 + ② \times \varphi_1 : \frac{\mathrm{d}\varphi_1}{\mathrm{d}x}\varphi_2+\varphi_1\frac{\mathrm{d}\varphi_2}{\mathrm{d}x}=(k_1+k_2)\varphi_1\varphi_2$$

$$\Rightarrow \frac{\mathrm{d}(\varphi_1\varphi_2)}{\mathrm{d}x}=(k_1+k_2)\varphi_1\varphi_2 \tag{C.1.4}$$

设 $\varphi_1\varphi_2 \to \varphi_3$，则 φ_3 满足下述微分方程，所以其可表示为下述方程右侧的函数。

$$\frac{\mathrm{d}\varphi_3}{\mathrm{d}x}=(k_1+k_2)\varphi_3,\ \varphi_3(x)=\exp\{(k_1+k_2)x\} \tag{C.1.5}$$

由方程（C.1.3）~方程（C.1.5）可得下式：

$$\varphi_1(x)\varphi_2(x)=\varphi_3(x) \Rightarrow \exp(k_1x)\exp(k_2x)=\exp\{(k_1+k_2)x\} \tag{C.1.6}$$

也就是说，这两个指数函数的乘积就是系数相加后的指数函数。这个定理就叫作

“指数运算法则”。

C-1-2 指数函数满足的二阶微分方程

将方程（C. 1. 2）的微分方程再次进行微分可得下式：

$$\frac{d^2\varphi}{dx^2}=\frac{d(k\varphi)}{dx}=k\frac{d(\varphi)}{dx}=k^2\varphi \tag{C.1.7}$$

可知存在两个满足此微分方程的函数。

$$\frac{d^2\varphi}{dx^2}=k^2\varphi\Rightarrow\varphi(x)=\exp(\pm kx) \tag{C.1.8}$$

因此，其通解可表示为下式：

$$\frac{d^2\varphi}{dx^2}=\varphi\Rightarrow\varphi(x)=A\exp(kx)+B\exp(-kx) \tag{C.1.9}$$

其中，A，B 为任意常数。

C-2 正弦函数和余弦函数的性质

C-2-1 由微分方程而得的指数函数的关系

如附录 A-1 所示，正弦函数和余弦函数的二阶导表示如下：

$$\frac{d^2(\sin x)}{dx^2}=-\sin x,\quad \frac{d^2(\cos x)}{dx^2}=-\cos x \tag{A.1.6}$$

也就是说，正弦函数和余弦函数都是下述微分方程的解。

$$\frac{d^2\phi}{dx^2}=-\phi \tag{C.2.1}$$

此微分方程并不含有 $\phi(x)$ 或是 $\phi(x)$ 的导数的乘法运算（除法运算）。也就是说，其为“线性微分方程”。

线性微分方程的解的线性加和也满足方程，也就是说，

$$\phi(x)=A\cos x+B\sin x,\quad \frac{d^2\phi}{dx^2}=-A\cos x-B\sin x=-\phi \tag{C.2.2}$$

在这里我们将方程（C. 1. 8）和方程（C. 2. 1）进行比较可知 $k^2=-1$。这表明，若在指数函数中设 k 为$\pm i$，则其为正弦函数和余弦函数。其中，i 为纯虚数。

我们可以将指数函数和正弦函数与余弦函数的对应关系写作公式如下。这里我们来求解方程（C. 2. 2）的 $\phi(x)$ 等于 $\exp(ix)$ 时的系数 A，B。也就是说，

$$\phi(x)=A\cos x+B\sin x=\exp(ix) \tag{C.2.3}$$

对方程两侧用 x 进行一次微分可得下式：

$$\frac{d\phi}{dx}=-A\sin x+B\cos x=i\exp(ix)=iA\cos x+iB\sin x \tag{C.2.4}$$

要使等式成立，则系数 A，B 之间存在以下关系。

$$-A = iB, \quad B = iA \tag{C.2.5}$$

对左侧等式乘以 $-i$ 即可得右侧等式，所以这两个等式等同。因此，将后者代入方程（C.2.3）则可得下式。A 为任意点数，当 $x=0$ 时有 $\exp(0)=1$，$\cos(0)=1$，$\sin(0)$，则 $A=1$。

$$\exp(ix) = A(\cos x + i\sin x) \Rightarrow \exp(ix) = \cos x + i\sin x \tag{C.2.6}$$

上述关系式就叫作欧拉公式（Euler's formula）。

C-2-2　三角函数公式

将方程（C.1.6）和方程（C.2.6）进行组合，则可推导出三角函数相关的各种公式。对方程（C.2.6）分别设 $x \to \theta_1$、θ_2、$\theta_1+\theta_2$，则可得如下：

$$\exp(i\theta_1) = \cos\theta_1 + i\sin\theta_1, \quad \exp(i\theta_2) = \cos\theta_2 + i\sin\theta_2$$

$$\exp\{i(\theta_1 + \theta_2)\} = \cos(\theta_1 + \theta_2) + i\sin(\theta_1 + \theta_2) \tag{C.2.7}$$

由方程（C.2.6）可进行下述的方程变形。

$$\exp\{i(\theta_1 + \theta_2)\} = \exp(i\theta_1)\exp(i\theta_2)$$

$$\therefore \cos(\theta_1 + \theta_2) + i\sin(\theta_1 + \theta_2) = (\cos\theta_1 + i\sin\theta_1)(\cos\theta_2 + i\sin\theta_2)$$

$$= (\cos\theta_1\cos\theta_2 - \sin\theta_1\sin\theta_2) + i(\sin\theta_1\cos\theta_2 + \cos\theta_1\sin\theta_2) \tag{C.2.8}$$

为使等式成立，它的实部和虚部必须各自相等，则可得下式：

$$\cos(\theta_1 + \theta_2) = \cos\theta_1\cos\theta_2 - \sin\theta_1\sin\theta_2$$

$$\sin(\theta_1 + \theta_2) = \sin\theta_1\cos\theta_2 + \cos\theta_1\sin\theta_2 \tag{C.2.9}$$

设 $\theta_1, \theta_2 = \theta$，则可得倍角公式。

$$\cos 2\theta = \cos^2\theta - \sin^2\theta, \quad \sin 2\theta = 2\sin\theta\cos\theta \tag{C.2.10}$$

像这样，我们通过使用复数表示的指数函数，就可以比较简单地推导出三角函数公式。

C-3　双曲函数

方程（C.2.6）是用正弦函数和余弦函数来表示指数函数。那么在这里，我们反过来用指数函数来表示正弦函数和余弦函数。我们将用到下面两个方程。

$$\exp(ix) = \cos x + i\sin x \cdots\cdots ①$$

$$\exp(-ix) = \cos x - i\sin x \cdots ② \tag{C.2.11}$$

由此，余弦函数和正弦函数表示如下：

$$\frac{① + ②}{2}: \cos x = \frac{1}{2}\{\exp(ix) + \exp(-ix)\}$$

$$\frac{① - ②}{2}: \sin x = \frac{1}{2i}\{\exp(ix) - \exp(-ix)\} \tag{C.2.12}$$

此外，正弦函数与余弦函数所满足的微分方程，和指数函数所满足的微分方程如下所示，二者较为相似。

$$\text{正弦·余弦函数：}\frac{d^2\phi}{dx^2}=-\phi\text{，指数函数：}\frac{d^2\phi}{dx^2}=\phi \quad (C.2.13)$$

因此，对后者，我们对方程（C.1.9）的任意系数 A，B 进行调整，并认为其是和方程（C.2.12）相同的函数，则可得：

$$\cosh x=\frac{1}{2}\{\exp(x)+\exp(-x)\}$$

$$\sinh x=\frac{1}{2}\{\exp(x)-\exp(-x)\} \quad (C.2.12)$$

对两式的二次方取差值则可得如下：

$$\cosh^2 x-\sinh^2 x=1 \quad (C.2.13)$$

也就是说，正弦和余弦函数与一般满足 $\cos^2\theta+\sin^2\theta=1$ 这个等式是类似的。设 $\xi=\cos x$，$\eta=\sin x$，则（ξ，η）落在圆周曲线上，若设 $\xi=\cosh x$，$\eta=\sinh x$，则（ξ，η）落在 $\xi^2-\eta^2=1$ 的双曲线上。因此，这就叫作双曲函数。

且二者之比写作 $\tanh x$，此定义也与三角函数相似。

$$\text{三角函数：}\tan x=\frac{\sin x}{\cos x}\text{，双曲函数：}\tanh x=\frac{\sinh x}{\cosh x}=\frac{\exp(x)-\exp(-x)}{\exp(x)+\exp(-x)} \quad (C.2.14)$$